高等职业教育电子信息课程群系列教材

IT 产品销售与服务管理

（第二版）

主　编　朱伟华　潘　谈

副主编　孙　弢　杨　铭　王　珂　王　鹏

中国水利水电出版社
www.waterpub.com.cn
·北京·

内 容 提 要

本书以 IT 产品为依托，以 IT 行业销售岗位的需求为导向，以胜任 IT 销售工作岗位为基础，按照 IT 产品销售职业能力形成路径，采用全程导入、全程渐进的方式，由易到难、由仿真到实战组织教学内容。

全书共有九个项目。内容包括：IT 产品分销渠道的选择与设计管理、IT 产品销售员岗前职业素养与礼仪培训、IT 产品销售员岗前技能培训、IT 产品销售策略、IT 产品销售沟通、IT 产品招投标技术、IT 产品商务谈判、IT 产品售后服务管理、销售指导手册案例展示等。本书以项目销售流程为基准安排先后顺序，模拟实际工作岗位，帮助读者为今后工作积累经验。

本书可以作为高职高专计算机及相关专业的基础课教材，也可作为 IT 产品营销的培训教材。

本书配有电子教案，读者可以从中国水利水电出版社网站（www.waterpub.com.cn）或万水书苑网站（www.wsbookshow.com）免费下载。

图书在版编目（CIP）数据

IT产品销售与服务管理 / 朱伟华，潘谈主编. -- 2版. -- 北京 : 中国水利水电出版社，2020.12（2024.11 重印）
高等职业教育电子信息课程群系列教材
ISBN 978-7-5170-9258-2

Ⅰ. ①I… Ⅱ. ①朱… ②潘… Ⅲ. ①IT产业－工业产品－市场营销学－高等职业教育－教材 Ⅳ. ①F764

中国版本图书馆CIP数据核字(2020)第262134号

策划编辑：石永峰　　责任编辑：张玉玲　　封面设计：李　佳

书　名	高等职业教育电子信息课程群系列教材 IT 产品销售与服务管理（第二版） IT CHANPIN XIAOSHOU YU FUWU GUANLI
作　者	主　编　朱伟华　潘　谈 副主编　孙　弢　杨　铭　王　珂　王　鹏
出版发行	中国水利水电出版社 （北京市海淀区玉渊潭南路 1 号 D 座　100038） 网址：www.waterpub.com.cn E-mail：mchannel@263.net（答疑） sales@mwr.gov.cn 电话：（010）68545888（营销中心）、82562819（组稿）
经　售	北京科水图书销售有限公司 电话：（010）68545874、63202643 全国各地新华书店和相关出版物销售网点
排　版	北京万水电子信息有限公司
印　刷	三河市鑫金马印装有限公司
规　格	184mm×260mm　16 开本　12.25 印张　303 千字
版　次	2014 年 12 月第 1 版　2014 年 12 月第 1 次印刷 2020 年 12 月第 2 版　2024 年 11 月第 4 次印刷
印　数	10001—12000 册
定　价	36.00 元

第二版前言

现今的IT行业和IT就业市场日新月异，伴随着互联网的发展，IT行业良好的就业前景及优厚的薪酬待遇越来越被广大求职者看好。近年来，为了最大化地适应职业需求，许多高职院校在人才培养模式、专业建设、课程建设等方面都进行了大量的调整和改革，这样的改革创新更加注重课程的实践性及针对性。针对高职院校的学生特点和人才培养目标，以为学生拓宽就业方向为目的，开设IT产品销售服务管理课程重在职业能力的培养。本书以企业市场销售实践工作过程为依据，以完成产品销售策划方案为主线，对知识性内容采用任务驱动模式，实务性内容采用项目导向模式，通过形式多样的教学，做到“教学项目化、学习自主化、实践职场化”，更好地培养学生的销售职业能力和综合素质。

本书依照职业成长和认知规律，以能力为本位，以工作过程为导向，将实际工作内容转换成学习领域的任务模块。采用任务驱动的方法，突出实用性、实践性、先进性和拓展性。根据当今社会发展的需要，在第一版的基础上进行了内容改进和扩充。全书共分为九个项目。项目一分析了IT产品分销渠道的选择与管理的重要性；项目二和项目三从职业心态、服务规范、商务礼仪、专业技术能等方面，帮助学生深入了解IT产品销售服务领域的职业素质内涵；项目四对IT产品的产品本身特点及优势，以及针对IT产品销售客户做重点研究；项目五对与IT产品客户的销售沟通进行了重点阐述，锻炼学生沟通表达能力，合作能力；项目六主要围绕政府采购或大型企业采用招投标形式购买IT产品的过程，突出培养学生投标方案的编写；项目七介绍从商务谈判角度考虑IT产品购买的过程，目的在于掌握更多的谈判策略及技巧；项目八介绍售后服务管理的内容，锻炼IT销售人员的对产品的故障诊断能力及服务管理能力；项目九展示了一个比较完整的销售手册案例，让销售员有一个系统详细的认识。

本书由吉林电子信息职业技术学院朱伟华、潘谈任主编，吉林电子信息职业技术学院孙弢、杨铭、王珂、王鹏任副主编。

由于时间和水平有限，书中错漏之处在所难免，请广大读者和专家批评指正，并提出宝贵意见。

编　者

2020年10月

第一版前言

现今的IT行业和IT就业市场日新月异，伴随着互联网的发展，IT行业良好的就业前景及薪酬待遇越来越被看好。近年来，为了最大化地适应职业需求，大多高职院校在人才培养模式、专业建设、课程建设等方面都进行了大量的调整和改革，这样的改革创新目的就是更加注重课程的实践性及针对性。针对高职院校的学生特点和人才培养目标，以为学生拓宽就业方向为目标，开设IT产品销售服务管理课程重在职业能力的培养。本书以企业市场销售实践工作过程为依据，以完成产品销售策划方案为主线，对知识性内容采用任务驱动模式，实务性内容采用项目导向模式，通过形式多样的教学，做到“教学项目化、学习自主化、实践职场化”，更好地培养学生的销售职业能力和综合素质。

本书依照职业成长和认知规律，以能力为本位，以工作过程为导向，配置转换成学习领域的任务模块。采用任务驱动的方法，突出实用性、实践性、先进性和拓展性。全书共分为七个项目。项目一和项目二从职业心态、服务规范、商务礼仪、专业技术能力等方面，帮助学生深入了解IT产品销售服务领域的职业素质内涵。项目三对IT产品的产品本身特点及优势，以及针对IT产品销售客户做重点研究。项目四对与IT产品客户的销售沟通进行了重点阐述，锻炼学生的沟通表达能力、合作能力。项目五主要围绕政府采购或大型企业采用招投标形式购买IT产品的过程进行讲述，突出培养学生投标方案的编写。项目六介绍从商务谈判角度考虑IT产品购买的过程，目的在于掌握更多的谈判策略及技巧。项目七介绍售后服务管理的内容，锻炼IT销售人员对产品故障的诊断能力及服务管理能力。

本书由朱伟华、潘谈、王鹏任主编，孙弢、杨铭、郑茵、王珂、孙炳欣、戴微微任副主编，另外，陈巍、田磊、王中宝、周莹也参与了部分项目的编写。

由于时间和水平有限，书中错漏之处难免，恳请广大读者和专家批评指正，并提出宝贵意见。

编　者

2014年10月

目　录

项目一　IT 产品分销渠道的选择与设计管理

学习目标

1. 了解 IT 产品分销渠道的模式。
2. 熟悉分销渠道的设计管理。

信息通信技术的发展，使得 IT 行业不断推出新的分销方式，电话订购、互联网销售、电子商务不断深化，上下游跨国公司合力打造供应和分销链。随着竞争的加剧，产品利润不断减少，如何提高对客户即时需求的响应速度、控制并降低非生产成本、对现有的分销体系改造并优化、提高产品利润率等成为每个企业所关注的重点。

在分销管理方面，准确的市场预测和完善的销售管理，对企业分销成功与否同样起着关键的作用。提高市场预测的精确度和改进信息传递管理，通过协调分销渠道成员的关系，来控制市场节奏，把握好市场发展的大趋势，将相对被动的市场分销逐渐转变为主动的市场分销。引导市场，取得主动权。分销体系的设计和管理是市场销售模式中的一种战术选择，对具体企业来讲却更具有战略层面的意义。

任务 1　IT 产品分销渠道的模式发展

1.1　分销渠道是什么

分销渠道是指当产品从生产者向最后消费者或产业用户移动时，直接或间接转移所有权所经过的途径。

分销渠道的概念可以从三个要点理解：

（1）分销渠道的起点是生产者，终点是消费者或者用户。销售渠道作为产品据以流通的途径，就必然是一端连接生产，一端连接消费，通过销售渠道把生产者提供的产品或劳务源源不断地流向消费者。在这个流通过程中，主要包含着另种转移：商品所有权转移和商品实体转移。这两种转移，既相互联系又相互区别。商品的实体转移是以商品所有权转移为前提的，它也是实现商品所有权转移的保证。

（2）分销渠道是一组路线，是由生产商根据产品的特性进行组织和设计的，在大多数情况下，生产商所设计的渠道策略充分考虑其参与者——中间商。

（3）产品在由生产者向消费者转移的过程中，通常要发生两种形式的运动：

1）作为买卖结果的价值形式运动，即商流。它是产品的所有权从一个所有者转移到另一个所有者，直至到消费者手中。

2）伴随着商流所有发生的产品实体的空间移动，即物流。商流和物流通常都会围绕着产品价值的最终实现，形成从生产到消费者的一定路线或通道，这些通道从营销的角度来看，就是分销渠道。

1.2 分销渠道模式的主要类型

厂商生产的产品是以盈利为目的的，最终是为了售出产品取得利润。产品策略最终是使厂商创造了价值，再通过促销策略可以使消费者了解商品价值，但最后要通过分销渠道策略来实现交换得到产品的价值。由此看来，分销渠道是营销策略中的一个重要不可缺少的组成部分。由于各国的文化、社会制度、生产关系和生产力发展水平的不同，再加上产品自然属性的千差万别，营销渠道的结构也是复杂多样的，没有一个永久不变的模式。随着经济的发展和市场需求的变化，分销渠道的模式日益演变。

我国个人消费者与生产性团体用户消费的主要商品不同，消费目的与购买特点等具有差异性，客观上使我国企业的销售渠道构成两种基本模式：企业对生产性团体用户的销售渠道模式和企业对个人消费者销售渠道模式。根据有无中间商参与交换活动，可以归纳为两种最基本的销售渠道类型：直接分销渠道和间接分销渠道。间接渠道又分为短渠道与长渠道。

1. 直接分销渠道

直接分销渠道是指生产者将产品直接供应给消费者或用户，没有中间商介入。直接分销渠道的形式是：生产者→用户。直接分销渠道是工业品分销的主要类型。例如大型设备、专用工具及技术复杂等需要提供专门服务的产品，都采用直接分销，消费品中有部分也采用直接分销类型。

直接分销渠道的具体实现方式：

- 订购分销。它是指生产企业与用户先签订购销合同或协议，在规定时间内按合同条款供应商品，交付款项。一般来说，主动接洽方多数是销售生产方（如生产厂家派员推销），也有一些走俏产品或紧俏原材料、备件等由用户上门求货。
- 自开门市部销售。它是指生产企业通常将门市部设立在生产区外、用户较集中的地方或商业区。也有一些邻近于用户或商业区的生产企业将门市部设立于厂前。
- 联营分销。如工商企业之间、生产企业之间联合起来进行销售。

直接分销渠道的优点是有利于产、需双方沟通信息，可以按需生产，更好地满足目标顾客的需要。由于是面对面的销售，用户可更好地掌握商品的性能、特点和使用方法；生产者能直接了解用户的需求、购买特点及其变化趋势，进而了解竞争对手的优势和劣势及其营销环境的变化，为按需生产创造了条件；可以降低产品在流通过程中的损耗。由于去掉了商品流转的中间环节，减少了销售损失，有时也能加快商品的流转；可以使购销双方在营销上相对稳定。一般来说，直销渠道进行商品交换，都签订合同，数量、时间、价格、质量、服务等都按合同规定履行，购销双方的关系以法律的形式于一定时期内固定下来，使双方把精力用于其他方面的战略性谋划；可以在销售过程中直接进行促销。企业直接分销，实际上又往往是直接促销的活动。

直接分销渠道的缺点是在产品和目标顾客方面：对于绝大多数生活资料商品，其购买呈小型化、多样化和重复性。生产者若凭自己的力量去广设销售网点，往往力不从心，甚至事与愿违，很难使产品在短期内广泛分销，难以迅速占领或巩固市场，企业目标顾客的需要得不到及时满足，势必转移方向购买其他厂家的产品，这就意味着企业失去了目标顾客和市场占有率；

在商业协作伙伴方面：商业企业在销售方面比生产企业的经验丰富，这些中间商最了解顾客的需求和购买习性，在商业流转中起着不可缺少的桥梁作用。而生产企业自销产品，就拆除了这一桥梁，需要自己去进行市场调查，包揽了中间商所承担的人、财、物等费用。这样，加重生产者的工作负荷，分散生产者的精力。更重要的是，生产者将失去中间商在销售方面的协作，产品价值的实现增加了新的困难，目标顾客的需求难以得到及时满足；在生产者与生产者之间：当生产者仅以直接分销渠道销售商品，致使目标顾客的需求得不到及时满足时，同行生产者就可能趁势而进入目标市场，夺走目标顾客和商品协作伙伴。在生产性团体市场中，企业的目标顾客常常是购买本企业产品的生产性用户，他们又往往是本企业专业化协作的伙伴。所以，失去目标顾客，又意味着失去了协作伙伴。当生产者之间在科学技术和管理经验的交流受到阻碍以后，将使本企业在专业化协作的旅途中更加步履艰难，这又影响着本企业的产品实现市场份额和商业协作，从而造成一种不良循环。

2. 间接分销渠道

间接分销渠道是指生产者利用中间商将商品供应给消费者或用户，中间商介入交换活动。

间接分销渠道的典型形式是：生产者→批发商→零售商→个人消费者。现阶段，我国消费品需求总量和市场潜力很大，且多数商品的市场正逐渐由卖方市场向买方市场转化。与此同时，对于生活资料商品的销售，市场调节的比重已显著增加，工商企业之间的协作已日趋广泛、密切。因此，如何利用间接渠道使自己的产品广泛分销，已成为现代企业进行市场营销时所研究的重要课题之一。

间接分销渠道的优点是有助于产品广泛分销。中间商在商品流转的始点同生产者相连，在其终点与消费者相连，从而有利于调节生产与消费在品种、数量、时间与空间等方面的矛盾。既有利于满足生产厂家目标顾客的需求，也有利于生产企业产品价值的实现，更能使产品广泛地分销，巩固已有的目标市场，扩大新的市场；缓解生产者人、财、物等力量的不足。中间商购买了生产者的产品并交付了款项，就使生产者提前实现了产品的价值，开始新的资金循环和生产过程。此外，中间商还承担销售过程中的仓储、运输等费用，也承担着其他方面的人力和物力，这就弥补了生产者营销中的力量不足；还起到间接促销的作用。消费者往往是货比数家后才购买产品，而一位中间商通常经销众多厂家的同类产品，中间商对同类产品的不同介绍和宣传，对产品的销售影响甚大。此外，实力较强的中间商还能支付一定的宣传广告费用，具有一定的售后服务能力。所以，生产者若能取得与中间商的良好协作，就可以促进产品的销售，并从中间商那里及时获取市场信息；有利于企业之间的专业化协作。现代机器大工业生产的日益社会化和科学技术的突飞猛进，使专业化分工日益精细，企业只有广泛地进行专业化协作，才能更好地迎接新技术、新材料的挑战，才能经受住市场的严峻考验，才能大批量、高效率地进行生产。中间商是专业化协作发展的产物。生产者产销合一，既难以有效地组织商品的流通，又使生产精力分散。有了中间商的协作，生产者可以从烦琐的销售业务中解脱出来，集中力量进行生产，专心致志地从事技术研究和技术革新，促进生产企业之间的专业化协作，以提高生产经营的效率。

间接分销渠道的缺点是可能形成“需求滞后差”。中间商购走了产品，并不意味着产品就从中间商手中销售出去了，有可能销售受阻。对于某一生产者而言，一旦其多数中间商的销售受阻，就形成了“需求滞后差”，即需求在时间或空间上滞后于供给。但生产规模既定，人员、机器、资金等照常运转，生产难以剧减。当需求继续减少，就会导致产品的供给远远大于需求。

若多数商品出现类似情况，便造成所谓的市场疲软现象，可能加重消费者的负担，导致抵触情绪。流通环节增大储存或运输中的商品损耗，如果都转嫁到价格中，就会增加消费者的负担。此外，中间商服务工作欠佳，可能导致顾客对商品的抵触情绪，甚至引起购买的转移；不便于直接沟通信息。如果与中间商协作不好，生产企业就难以从中间商的销售中了解和掌握消费者对产品的意见、竞争者产品的情况、企业与竞争对手的优势和劣势、目标市场状况的变化趋势等。在当今风云变幻、信息爆炸的市场中，企业信息不灵，生产经营必然会迷失方向，也难以保持较高的营销效益。

3. 长渠道和短渠道

分销渠道的长短一般是按通过流通环节的多少来划分，具体包括以下四层：

- 零级渠道：制造商－消费者。
- 一级渠道：制造商－零售商－消费者。
- 二级渠道：制造商—批发商—零售商—消费者，多见于消费品分销。或者是制造商—代理商—零售商—消费者。
- 三级渠道：制造商—代理商—批发商—零售商—消费者。

可见，零级渠道最短，三级渠道最长。

4. 宽渠道与窄渠道

渠道宽窄取决于渠道的每个环节中使用同类型中间商数目的多少。企业使用的同类中间商多，产品在市场上的分销面广，称为宽渠道。如一般的日用消费品（毛巾、牙刷、开水瓶等），由多家批发商经销，又转卖给更多的零售商，能大量接触消费者，大批量地销售产品。企业使用的同类中间商少，分销渠道窄，称为窄渠道，它一般适用于专业性强的产品，或贵重耐用的消费品，由一家中间商统包，几家经销。它使生产企业容易控制分销，但市场分销面受到限制。

5. 单渠道和多渠道

当企业全部产品都由自己直接所设的门市部销售，或全部交给批发商经销，称为单渠道。多渠道则可能是在本地区采用直接渠道，在外地则采用间接渠道；在有些地区独家经销，在另一些地区多家分销；对消费品市场用长渠道，对生产资料市场则采用短渠道等。

1.3 IT 产品的分销渠道模式

分销企业如何选择适合自己的分销渠道模式，这将根据这个企业所销售的产品类型、市场变化和客户真实需求而定。

分销渠道理论研究模式的演变过程是：从以效率和效益为重心的机构模式到以权力和冲突为重心的行为模式再到以关系和网络为重心的关系模式。如何将产品交换出去，得到利润价值将始终贯穿这三种分销渠道模式的演变。

寻找差异化的发展方式去开拓属于自己企业生存和发展的方向，同样还需要培育行业市场需求。有竞争力的分销商应该能快速响应市场，甚至反映市场的趋势发展。一个好的分销商必须随时关注技术产品的更新换代和市场发展需求，寻找能够满足用户未来需求的产品。

IT 行业分销渠道的主要模式如下：

- 制造商－一级代理商－二级代理－用户
- 制造商－分公司－代理商－用户

- 制造商－分公司－用户
- 制造商－代理商－专卖店－用户

任务 2　IT 产品分销渠道的设计与选择

2.1　设计 IT 产品分销渠道的必要性

随着互联网时代的到来，信息的公开化程度会越来越高，信息的传播速度越来越快，这样会使市场竞争越来越激烈。分销渠道作为企业必不可少的外部资源，同样面临着市场巨变所带来的巨大压力。

企业为何要制定营销渠道战略呢?世界著名营销大师菲利普·克特勒曾经作过这样一个比喻："不管你制定的企业发展战略多么完美，也不管你制定的企业营销战略多么完善，如果没有有效的营销渠道战略作保障，就无异于大脚穿小鞋，所有的一切都是空谈。"的确，在实践中，很多企业往往非常关注企业的发展战略和企业的营销战略，而对企业的营销渠道战略却不够重视，他们错误地认为，营销渠道管理的关键是如何处理好与渠道成员之间的关系，如何解决渠道中出现的各类矛盾冲突，与最根本的战略问题不相关。事实上，很多企业正是由于战略上的失误，才造成一些不必要的市场损失。

众所周知，企业的发展战略是指企业为实现长期总体目标而制定的基本思想。企业的营销战略是指企业为实现实现营销目标而确定的总的原则方针。同样，企业的营销渠道战略是指企业为实现营销渠道目标而制定的一整套指导方针，它的使命在于贯彻企业的营销战略。企业营销渠道战略的目标是在最大程度上发挥渠道和产品战略、价格战略以及促销战略的协同作用，从而创造渠道价值链的长期竞争战略优势，为企业营造核心竞争力奠定基础。

2.2　影响分销渠道选择的因素

1. 市场因素

市场是分销渠道设计时最重要的影响因素之一，影响渠道的市场特征主要包括以下几方面：

（1）市场类型。不同类型的市场，要求不同的渠道与之相适应。例如，生产消费品的最终消费者购买行为与生产资料用户的购买行为不同，所以就需要有不同的分销渠道。

（2）市场规模。一个产品的潜在顾客比较少，企业可以自己派销售员进行推销；如果市场大，分销渠道就应该长些、宽些。

（3）顾客集中度。在顾客数量一定的条件下，如果顾客集中在某一地区，则可由企业派人直接销售；如果顾客比较分散，则必须通过中间商才能将产品转移到顾客手中。

（4）用户购买数量。如果用户每次购买的数量大，购买频率低，可采用直接分销渠道；如果用户每次购买数量小、频率高时，则宜采用长而宽的渠道。一家食品生产企业会向一家大型超市直接销售，因为其订购数量庞大。但是，同样是这家企业会通过批发商向小型食品店供货，因为这些小商店的订购量太小，不宜采取过短的渠道。

（5）竞争者的分销渠道。在选择分销渠道时，应考虑竞争者的分销渠道。如果自己的产品比竞争者有优势，可选择同样的渠道；反之，则应尽量避开。

2. 产品因素

产品的特性不同，对分销渠道的要求也不同。

（1）价值大小。一般而言，商品单价越低，分销渠道则越宽越长，以追求规模效益。反之，单价越高，分销渠道则越窄越短。

（2）体积与重量。体积庞大、重量较大的产品，如组网设备、大型机器设备等，要求采取运输路线最短、搬运过程中搬运次数最少的渠道，这样可以节省物流费用。

（3）变异性。对式样、款式变化快的时尚商品，也应采取短而宽的渠道，避免不必要的损失。

（4）标准化程度。产品的标准化程度越高，采用中间商的可能性越大。而对于一些技术性较强或是一些定制产品，企业要根据顾客要求进行生产，一般由生产者自己派员直接销售。

（5）技术性。产品的技术含量越高，渠道就越短，常常是直接向工业用户销售，因为技术性产品，一般需要提供各种售前售后服务。消费品市场上，技术性产品的分销是一个难题，因为生产者不可能直接面对众多的消费者，生产者通常直接向零售商推销，通过零售商提供各种技术服务。

3. 企业自身因素

企业自身因素是分销渠道选择和设计的根本立足点。

（1）企业的规模、实力。企业规模大、实力强，往往有能力担负起部分商业职能，如仓储、运输、设立销售机构等，有条件采取短渠道。而规模小、实力弱的企业无力销售自己的产品，只能采用长渠道。声誉好的企业，希望为之推销产品的中间商就多，生产者容易找到理想的中间商进行合作；反之则不然。

（2）产品组合。企业产品组合的宽度越宽，越倾向于采用较短渠道；产品组合的深度越大，越适宜采取短渠道。反之，生产者只能通过批发商、零售商来转卖商品。

（3）企业的营销管理能力和经验。管理能力较强和经验较丰富的企业往往可以选择较短的渠道，甚至直销；而管理能力较差和经验较少的企业一般将产品的分销工作交给中间商去完成，自己则专心于产品的生产。

（4）对分销渠道的控制能力。生产者为了实现其战略目标，往往要求对分销渠道实行不同程度的控制。如果这种愿望强，就会采取短渠道；反之，渠道可适当长些。

4. 中间商因素

不同类型的中间商在执行分销任务时各自有其优势和劣势，分销渠道的设计应充分考虑不同中间商的特征。一些技术性较强的产品，一般要选择具备相应技术能力或设备的中间商进行销售。零售商的实力较强，经营规模较大，企业就可直接通过零售商经销产品；零售商实力较弱，规模较小，企业只能通过批发商进行分销。

2.3 IT 产品分销渠道设计的内容

对于生产企业来说，不管其产品有多么完美，不管其产品价格多么优惠，也不管其促销方式有多好的创意，如果没有渠道的有力配合，最终还是无法通过产品获得竞争优势。渠道作为企业必不可少的外部资源，其构建质量直接关系到企业的生存和发展。制定完美的营销渠道战略是企业营造长期竞争优势的必然要求，有助于企业实现市场营销组合策略效益的最大化，也有利于企业在更大的范围内进行资源配置。基于实证的分析，中国现在的 IT 产品分销渠道由如下内容组成。

1. 品牌营销设计

渠道品牌是以企业经营产品的质量和服务水准为依托的，同时也是市场经济时代渠道竞争要素中的一个重要的砝码。品牌的核心意义是以有限的投入，将渠道商的形象和经营理念以及优秀的产品和服务最大限度地传达给终端客户，并给客户留下深刻的印象，在客户选择 IT 产品时发挥导向作用。

企业形象识别系统 CIS 设计对渠道商塑造品牌、提高竞争力、实现规模化经营具有重要意义，它一般包括理念识别、行为识别、视觉识别三部分。理念识别和行为识别更多地属于企业文化建设的范畴，它定义了一个企业的核心价值观和员工应该怎么做的问题；而视觉识别与品牌建设有更多的联系，它视觉化地传达了企业、产品以及员工的外在形象。

2. 终端渗透扩张设计

规模化有两个鲜明的优点，一是可以提高市场的覆盖率，增加和客户直接接触的机会，增加产品的销售份额；二是可以增加渠道商与产品生产厂家讨价还价的重要砝码，因为渠道商对终端用户的渗透越深，产品的销售额就越大，产品销售额是渠道商从生产商取得好价格的重要因素，所以低价格是渠道商竞争力的一个重要体现。但是，规模化不是简单地通过增加销售网点来扩大销售规模，不是一蹴而就的，而是要考虑不同地域 IT 产品的消费特点以及渠道建设成本，在追求边际效益递增的基础上适度地进行规模化，在实现外延扩张的同时提高服务内涵。同时培养和挖掘顾问式“以客户为中心”终端销售，既能准确及时地了解和引导客户的真实需求，又能把公司的产品价格、服务和差异化的方案陈列在客户面前，让客户放心地和企业合作。规模化与效益是相伴相随的。

3. 个性化咨询方案与增值服务设计

这是咨询服务式 IT 产品销售渠道的核心特点，也是销售渠道真正体现以客户为中心的关键所在。它以全程、全员和全面服务为特点，在保留原有的渠道重视产品售后服务传统的同时，大大强化了客户购买之前的咨询服务，提高服务的含金量。努力做到真正根据每个客户的需求，为客户提供顾问式和个性化的服务，使客户购买行为从由产品到附带服务的产品向由服务到附带产品的服务方向转变。系统集成包括硬件系统集成、软件系统集成及软件与硬件的集成。系统集成商通过最大程度地集成厂商的 IT 产品，满足用户个性化的需求，来达到更大程度地发挥 IT 产品应用价值的效果，其增值过程主要体现在对各类软件、硬件产品的综合运用及功能开发方面，能够帮助消费者获得更多的适用的使用价值。同时快捷方便的物流、售后免费技术指导和障碍电话咨询等增值服务，为增强客户的购买意识做好扎实的基础。

4. 贸工技和软件外包战略设计

“贸工技”模式并不是简单的渠道为王，也需要一定程度的技术创新，更重要的是它找到了一种了解客户需求、快速变现的途径。

IT 产品分销渠道商设法打造好自己的营销通路，当成功建立起一个横跨上下游的高效产业平台时，该产业平台早已超越了简单的“贸工技”企业功能模块划分，使得渠道能够通过与上游供应商和下游客户的有效互动，将核心优势（依然是营销）掌握在手中，而将其劣势（技术、某些产品的生产等）通过外包给合作伙伴（供应商）而进行补足，从而支撑起企业的整体发展战略和战术。

分销是企业规模化的一条重要捷径。我们要向他们学习，实现自己的核心能力，从 IT 业的下游走向上游。营销渠道作为企业的核心竞争力，着重用出众的营销网络和营销能力去撬动利润杠杆，再做有自主知识产权的产品，弥补技术研发上的不足。

在近几年全球软件产业的又一次大规模变迁，使得中国找到了切入外包市场的最佳时机。在日本和美国市场的突破，促使这几年来中国软件外包业崛起。而中国政府近年来不间断的扶持，客观上为中国的软件外包产业提供了一个良好的创业环境。

人员配备是外包中的一大关键因素，也是促进外包的主要原因之一。软件的核心力量来自技术人才。当然在新一代数据中心选择外包服务的过程中，评估外包商的技术实力只是第一步。一些专家认为，最重要的是看哪家外包商所提供的技术能够与企业的业务流程最好地匹配在一起。设立软件外包的业务部门，提高企业自身员工的技术实力，使企业可以将众多厂商的技术与客户的商业战略及业务流程结合在一起；同时有效地利用公司准备为客户提供服务的人员的技术实力，并转化为赢利的重要手段。

5. 渠道的扁平化和产品多元化

渠道的扁平化并不意味着取消渠道，对于 IT 产品而言更是如此。因为 IT 产品通常具有一定的技术性、抽象性和复杂性，生产商开展直销，将需要大量的技术型销售员和庞大的销售费用，从成本和效益角度来讲是一般厂商所难以承受的。厂商通过与渠道商的分工合作，可以更好地发挥各自的专业优势，节约销售成本，贴近市场，提高效率。对产品生产商而言需要渠道的扁平化，而对于渠道商来说也是如此。因为通过渠道扁平化，渠道商会有更多的机会与 IT 产品生产厂商及最终用户进行面对面的交流和沟通，实现信息的通畅，缩短供货时间，加快新产品上市速度，从而更有效地发挥渠道商处于生产者与最终消费者之间的桥梁和纽带作用。同时也因为减少了其他渠道环节的介入使渠道商获得更多的利润。

中国 IT 网络应用进入细化和复杂阶段，渠道产品发展目标是建立完整的、有层次的、重点突出的价值链产品合作，这在行业内部竞争、顾客议价能力和供货商争价能力等方面都是极其有竞争力的。通过与国外一流厂商紧密合作，更好地调整厂商渠道资源，不断强化分销渠道企业的战略环节并扩展价值链，以增强企业在业界的核心竞争能力。

6. 业务模式结构设计

目前我国 IT 产品分销渠道业务模式为“1 加 N 多产品+终端用户+地域+服务”的螺旋立体式渠道模式，在这复杂的模式内容结构下，企业势必需要符合这内容结构的管理体制来发挥其作用。渠道业务模式结构设计应是以客户需求为中心的，它与传统的以产品为中心的结构设计最大的不同在于，其是按照客户的需求来组织产品供货和销售而不是根据已有的产品供货来发掘客户。由此我们可以根据这一思路有效地进行渠道终端行业客户市场细分，制定区域销售网点建设策略。如设定分销产品的种类与数量，适度地加大对重点大城市、省会城市及一些 IT 产品需求旺盛的二级城市的覆盖和渗透，审慎地调研介入那些购买力不足的地域和城市。通过规模化运作和信息管理系统的建设等，形成良好的客户关系和完善的供货渠道，降低渠道成本，缩减中间环节，使产品种类、质量和价格在市场上体现出较强的竞争优势。

同时增强软件开发能力，为公司赢得利润降低成本。人力资源在用人环节上注重培养专业的咨询服务顾问，了解客户的真实需求并及时提高个性化的解决服务方案；同时培训各个部门之间的无障碍沟通和协商能力，制定模式中的各个部门对客户的主次之分，为立体式的渠道提供交叉销售的环境和氛围，提高工作的有效性；体现服务意识和理念。

人员招聘和培养是软件环境建设的难点所在。由于 IT 产品具有技术性、复杂性和更新周期短的特点，渠道商需要招聘大量既懂计算机技术又懂市场销售，并且能做有价值的顾问咨询服务的复合型人才；既能及时了解客户的真实需求，又能及时为客户解决疑问。IT 业界人才本身具有竞争激烈和流动性大的问题，对于 IT 产品渠道商来说，如何吸引人才、留用人才是一个比较大的挑战。在人才招聘方面有如下解决办法：一是从内部提升，积极为员工创造良好的工作和生活条件，提供富有竞争力的薪酬和奖励制度，真正体现员工与企业的共同发展；二是增加与科研院所、产品检验中心、市场咨询中介的合作机会，充分利用外脑，这样既可以大幅度提高渠道商的服务水平，又可以有效地降低人力资源成本；三是对公司的员工进行无障碍沟通培训，这有助于在 IT 产品分销渠道项目中和产品的交叉销售中与客户进行充分沟通和协商，提高工作的有效性，同时提升全体员工的服务理念。

2.4 IT 产品分销渠道模式选择

我国 IT 产品销售渠道是随着 IT 业界需求的发展而发展的，有其自身的发展规律和特点。有些 IT 产品渠道商不加分析，全盘否定我国 IT 产品销售渠道的发展，而盲目引进国外 IT 产品销售渠道的做法存在很大的风险。我国 IT 产品渠道商在与国际渠道商竞争时，关键问题是分析我国的现实市场环境并要立足现实，找出企业自身存在的优势与不足，树立目标，高起点地追求并最大程度地体现销售渠道的核心价值。

目前分析 IT 业界的需求可知，我国 IT 产品分销渠道为“1 加 N 多产品+终端用户+地域+服务”的螺旋立体式渠道模式，同时增强软件开发能力，为公司赢得利润降低成本。企业在用人环节上注重培养专业的咨询服务顾问，了解客户的真实需求并及时提供个性化的解决服务方案；同时培训各个部门之间的无障碍沟通和协商能力，为立体式的渠道提供交叉销售的环境和氛围，提高工作的有效性；体现服务意识和理念。

我国企业的分销都面临战略转型，如果跟不上业界环境需求的变化则会被淘汰。如果在现阶段，企业不能制定有效的营销竞争力提升战略，则会走下坡路，也有可能出现业绩严重下滑的情况。如果企业在战略转型关口能够确立正确的发展战略，通过实施具体而有效的改善措施来最大限度地发挥渠道的优势，并尽快提升整体工作人员的沟通和协调能力，企业在业界可以获得飞跃性发展。为实现这种飞跃性发展，首先要突破渠道结构模式调整和内部及销售员的沟通协调等主要制约因素。其次，在突破了核心制约因素后，要着重去提升其他竞争力要素（如品牌效应、增值业务和个性化解决方案、渠道扁平化、客服及客户关系管理等）和内部业务管理流程水准，最终实现终端用户增长，盈利水平及市场占有率稳步提升。同时现阶段是中国 IT 网络信息化的应用和复杂化时代，各大企业都意识到现阶段必须提升自身的差异化服务才能体现企业本身的竞争优势。虽然市场上大家都认为服务是一种产品，但是服务本身含有理念和员工的态度，所以对企业员工的理念和服务态度的培养是至关重要的。

任务 3 IT 产品分销渠道的管理

分销渠道管理的实质就是要解决分销渠道中存在的矛盾冲突，提高分销渠道成员的满意度和积极性，促进渠道的协调性，提高分销的效率。

1. 选择分销渠道成员

如果企业确定了间接分销渠道，下一步就应选择中间商。如果选择得当，能有效地提高分销效率。选择中间商首先要广泛搜集相关中间商的业务经营、资信、市场范围、服务水平等方面的信息；其次，要确定审核和比较的标准；再次，要说服中间商接受各种条件。

（1）中间商类型。中间商是指产品从生产者转移到消费者的过程中，专门从事商品流通的企业。

1）按中间商在流通过程中所起的作用划分，可分为批发商和零售商。批发商指将商品大批量购进，又以较小批量转售给生产者或其他商业企业的商业组织。批发商又可以按不同标准分为不同类型，按商品性质划分，可分为生活资料批发商和生产资料批发商；按业务范围划分，可分为专业批发商和综合批发商；按其在流通领域的位置划分，可分为生产地批发商、中转地批发商和销地批发商。

零售商指直接向最终消费者出售商品的商业组织。零售商的类型最多，有店铺零售（百货商店、专业商店、超级市场、大卖场等）、无店铺零售（邮购、自动售货、网上购物等）等。

2）按产品流通过程中有无所有权转移划分，可分为经销商和代理商。经销商是指自己进货，取得商品所有权后再出售的商业企业。代理商是指促成产品买卖活动实现的商业组织，它不取得产品的所有权，只是通过与买卖双方的商洽，来完成买卖活动。

（2）选择中间商需要考虑的条件。生产者为自己的产品选择中间商时，常处于两种极端情况之间：一是生产者可以毫不费力找到分销商并使之加入分销系统，例如一些畅销著名品牌很容易吸引经销商销售它的产品；二是生产者必须通过种种努力才能使经销商加入到渠道系统中来。但不管是哪一种情况，选择中间商必须考虑以下条件：

1）中间商的市场范围。市场范围是选择中间商最关键的因素，选择中间商首先要考虑预定的中间商的经营范围与产品预定的目标市场是否一致，这是最根本的条件。

2）中间商的产品政策。中间商承销的产品种类及其组合情况是中间商产品政策的具体体现。选择时一要看中间商的产品线，二要看各种经销产品的组合关系，是竞争产品还是促销产品。

3）中间商的地理区位优势。区位优势即位置优势。选择零售商最理想的区位应该是顾客流量较大的地点，批发商的选择则要考虑其所处位置是否有利于产品的储存与运输。

4）中间商的产品知识。许多中间商被有名牌产品的企业选中，往往是因为他们对销售某种产品有专门的经验和知识。选择对产品销售有专门经验的中间商就能很快地打开销路。

5）预期合作程度。中间商与生产企业合作得好会积极主动地推销企业的产品，这对生产者和中间商都很重要。有些中间商希望生产企业能参与促销，生产企业应根据具体情况确定与中间商合作的具体方式。

6）中间商的财务状况及管理水平。中间商能否按时结算，这对生产企业能否正常有序运作极为重要，而这一点取决于中间商的财务状况及企业管理的规范、高效。

7）中间商的促销政策和技术。采用何种方式推销商品及运用什么样的促销技术，这将直接影响到中间商的销售规模和销售速度。在促销方面，有些产品广告促销较合适，有些产品则适合人员销售，有些产品需要有一定的储存，有些则应快速运输。选择中间商时应该考虑中间商是否愿意承担一定的促销费用以及有没有必要的物质、技术基础和相应人才。

8）中间商的综合服务能力。现代商业经营服务项目很多，选择中间商要看其综合服务能力如何，如售后服务、技术指导、财务援助、仓储等。合适的中间商所提供的服务项目与能力应与企业产品销售要求一致。

2. 渠道冲突与管理

由于分销渠道是由不同的独立利益企业组合而成的，出于对各自物质利益的追求，相互间的冲突是经常性的。渠道冲突必须正视，并采取切实措施来协调各方面渠道冲突。

渠道冲突有两种：横向冲突和纵向冲突。横向冲突是指存在于渠道同一层次的渠道成员之间的冲突。如某产品在某一市场采取密集型分销策略，其分销商有超市、便利店、大卖场等，由于各家公司的进货数量、进货环节不同引起进货成本的差异，加上各企业不同的促销政策，同一产品在不同类型零售企业中会有不同的零售价。为此，这些商业企业之间有可能发生冲突。纵向冲突指分销渠道不同层次类型成员之间的冲突，如生产者与批发商之间的冲突，生产者与零售商之间的冲突等。生产者要以高价出售，并倾向于现金交易，而中间商则愿意支付低价，并要求优惠的商业信用；生产者希望中间商只销售自己的产品，中间商只要有销路就不关心销售哪一种产品；生产者希望中间商将折扣让给买方，而中间商却宁肯将折扣让给自己；生产者希望中间商为他的产品商标做广告，中间商则要求生产者付出代价。同时，每一成员都希望对方多保持一些库存等。

网络冲突是一种营销管理的推动力量，它能迫使管理阶层不断检讨和改善管理。处理渠道冲突的原则如下：

（1）促进渠道成员合作。分销渠道的管理者及其成员必须认识到网络是一个体系，一个成员的行动常常会对增进或阻碍其他成员达到目标产生很大影响。处理矛盾及促进合作的行动，要从管理者意识到网络中的潜在矛盾就开始。生产者必须发现中间商与自己不同的立场，例如中间商希望经营几个生产者的各种产品，而不希望只经营一个生产者的有限产品。中间商只有作为买方的采购代表来经营，才会获得成功。

（2）密切注视网络冲突。在分销渠道网络中经常会发生拖欠贷款、相互抱怨、推迟完成订货计划等现象，渠道管理者应密切关注实际问题和潜在问题，并及时收集真正的原因。

（3）设计解决冲突的策略。第一种是从增进渠道成员的满意程度出发，采取分享管理权的策略，接受其他成员的建议；第二种是在权力平衡的情况下，采取说服和协商的方法；第三种是使用权利，用奖励或惩罚的办法，促使渠道成员服从自己的意见。

（4）渠道管理者发挥关键作用。合作是处理冲突的根本途径，但要达到目标，渠道管理者应主动地走出第一步，并带头进行合作。

（5）渠道成员调整。单纯地注意冲突和增进合作并不一定能保证完成渠道分销任务，有时有些渠道成员确实缺乏必要的条件，如规模太小、销售动员不足、专业知识不足、财务状况不良等。此时，就应果断进行调整和改组。

3. 激励渠道成员

中间商需要激励，虽然让他们加入渠道网络的因素和条件已构成部分的激励，但还需生产者不断地督导和鼓励。对中间商的激励主要有以下几点：

（1）了解中间商的特征。激励中间商并使其有良好表现，必须从了解中间商的特征开始。中间商并非受雇于生产者，而是一个独立的经营者。经过一定的实践后，他会安于某种经营方式，自由制定经营政策；中间商经常以顾客的采购代理人为主，而以供应商的销售代理人为辅，任何有销路的产品他都有兴趣经营；中间商试图把所有商品组成产品组合出售。中间商一般不愿保留某些品牌的销售信息，以及反馈消费者对产品的使用意见。

认识到中间商的这些特征后，就可以知道某些生产者的“刺激－反应”的思考是多么可笑。这些生产者设计出一些激励因子，如果这些激励因子未能发生作用，他们就改用惩罚的办法。这些负面办法效果差的根本问题是生产者没有认真研究中间商的需求和特征。而把握中间商的上述特征，正是生产者设计激励措施的基础和核心。

（2）提供优质产品。为使双方合作朝着健康方向发展，生产者应不断提高产品质量，扩大生产规模，不断满足中间商的要求。唯有如此，双方之间的关系才会长久，才会取得良好的效益。企业的产品优质、畅销，是对中间商最好的激励。

（3）对重要中间商实行特殊政策。重要的中间商指生产者的主要分销商，他们的分销积极性至关重要。对于这些分销商应采取必要的政策倾斜，比如互相投资、控股。生产者和中间商通过相互投资，成为紧密的利益统一体，从经济利益机制上保证双方合作更一致、更愉快。给予独家经销权和独家代理权，在某一时段、某一地区只选择一家重要中间商来分销商品，有利于充分调动其积极性。建立分销委员会，吸收重要中间商参加分销委员会，共同商量决定商品分销的政策，协调行动，统一思想。

（4）共同促销。生产者需要不断地进行广告宣传来增强或维持产品的知名度和美誉度，否则中间商可能拒绝经销。同时，生产者希望中间商也承担一定的广告宣传工作。另外，生产者还应经常派人前往一些主要中间商处，协调安排商品陈列，举办产品展览等。

（5）人员培训。随着产品科学技术含量越来越大，对中间商的培训也越来越重要，生产者应经常向中间商提供这种服务，尤其对销售人员和维修人员的培训更重要。

（6）协助市场调查。任何中间商都希望得到充分的商业情报。因此，生产者应协助中间商搞好市场分析和市场调查。这包括寄发业务通信及期刊等，并保持良好的沟通状态，尤其在销售困难的情况下，中间商特别希望生产者能协助进行市场分析，以利推销。实践表明，生产厂家只有与中间商保持经常的密切的联系，才能减少彼此之间的矛盾。

（7）销售竞赛。除了销售利润外，生产者还给予销售成绩优秀者一定的奖励。奖励可以是奖金，也可以是奖品，也包括免费旅游或精神奖励，如在公司的刊物或当地报纸上公布。

（8）物质利益保证。为进入市场，扩大市场份额和争取中间商，生产者往往需要给中间商一个具有竞争力的销售量边际利润，这是一种最简单而直接的手段。如果中间商经销产品的利润不高，他就会缺少积极性。有的生产者为鼓励重要中间商全心全意地经销本企业产品，承诺只要认真经销本产品，保证不亏本。有的企业为了获取中间商的全面合作，建立起报酬制度。如一家企业不直接付给25%的销售佣金，而是按下列标准支付：保持适度的存货，付5%；满足销售配额的要求，付5%；有效地服务顾客，付5%；及时通报顾客的意见及建议，付5%；正确管理应收账款，付5%。

4. 分销渠道评估

生产者除了选择和激励分销渠道成员外，还必须定期评估他们的绩效。如果某一网络成员的绩效过分低于既定标准，则须找出主要原因，并考虑可能的弥补办法。

（1）评估方法。将每一中间商的销售绩效与上期的绩效进行比较；并以整个群体的升降百分比作为评价标准。对低于该群体平均水平以下的中间商，必须加强评估与激励措施。如果对后进中间商的环境因素进行调查时，发现一些不可控因素，如当地经济衰退等、主力推销员退休等，生产商就不应对中间商采取惩罚措施。

将各中间商的绩效与该地区的销售潜量分析所设立的计划相比较，即在销售期过后，根据中间商实际销售额与其潜在销售额的比率，将各中间商按先后名次进行排列。企业的调查与激励措施可以集中于那些未达到既定比率的中间商。

（2）评估的内容

- 检查中间商的销售量及其变化趋势。
- 检查中间商的销售利润及其发展趋势。
- 检查中间商对推销本公司产品的态度是积极的、一般的，还是较差的。
- 检查中间商同时经销有几种与本企业产品相竞争的产品，其状况如何。
- 检查中间商能否及时发出订货单，计算中间商每个订单的平均订货单。
- 检查中间商对用户的服务能力和态度，是否能保证满足用户的需要。
- 检查中间商信用的好坏。
- 检查中间商对收集市场情报与提供反馈的能力。

5. 分销渠道成员的调整

对分销渠道成员调整，即对成员的加强、削弱、取舍或更换。

（1）调整的条件。对分销渠道成员的调整一般是在以下情况下进行的：

1）合同到期。合同到期是一个重要的时刻，是续签，还是变更合同，或者中断合作。一般地说，没有找到合适的替代者之前，生产者不应该草率终止合作，而是更尽力地指导中间商。

2）合同变更和解除。合同的变更指合同没有履行或没有完全履行前，按照法定条件和程序，由当事人双方协商或由享有变更权的一方当事人对原合同条款进行修改或补充。合同的解除是指在合同没有履行或没有完全履行前，按照法定条件和程序，由当事人双方协商或由享有解除权的一方当事人提前终止合同效力。

3）营销环境发生变化。生产者在市场环境发生变化时，可能会发现自己原来所建立起的分销渠道网络有缺陷，这时必须对成员进行调整。

【案例与启示】[1]

联想公司分销渠道构造经历了两个阶段。第一阶段，即 20 世纪 90 年代中期实行代理制，即在全国建有几千家分销代理商，由分销商（批发性质）再到零售商。此模式能广泛利用社会资源，产品铺市率也较高。但管理混乱，经常失控，尤其是随着联想产品横向和纵向不断发展，原有渠道无法实现共享。

1998 年 8 月，联想开始了渠道重筑，其特点是：

a. 实行“1+1”特许专卖渠道模式。通过加盟专卖店来塑造联想形象，并强化控制。

b. 后分销模式。联想实行二级渠道模式，一级渠道是分布在全国 29 个省会城市的 70 余家授权代理商，二级渠道是 1100 余家面向最终用户的零售商。联想后分销模式实行“一级渠道有限发展，二级渠道有效指导、支持”的策略。所有二级渠道均需与一级渠道和厂家签署三方协议，严格执行厂商的销售计划。厂家则通过一级渠道向二级渠道提供支持和培训。

c. 保留直接面向行业及集团用户的行业代理商。

（2）调整的内容。为了适应多变的市场需求，确保渠道的畅通和高效率，进行渠道必要的调整是必需的，其主要内容如下：

1）增减个别中间商。企业在考虑增加或剔除个别中间商时，既要考虑这些中间商对企业产品销量和利益的影响，还要考虑可能对企业整个销售渠道将会产生什么影响。

2）增减某个分销渠道。在增加或剔除个别分销渠道时，首要的问题是对不同的销售渠道的运作效益和满足企业要求的程度进行评价，然后比较不同分销渠道的优劣，以剔除运行效果不佳的分销渠道，增加更有效的分销渠道。

3）改进整个分销渠道网络系统。即生产者对原有的分销体系、制度进行通盘调整。这是企业分销渠道改进中难度最大、风险最大的一项。因此，在采取这一策略时应进行详细的调研论证，使可能带来的风险损失降到最小。

任务 4　网上分销中品牌的重要性与发展趋势

1. 借助品牌与平台优势

从线下来看，麦当劳、星巴克等众多知名品牌凭借着其强大的品牌影响力和良好的口碑，吸引了全世界的用户。同理，在网络中要想获得众多的分销商和加盟商，也是要借助品牌的优势。所以我们首先要借助品牌与网上分销系统的平台优势，打造良好的口碑，才能使众多分销商信赖，才能成为他们坚实的后盾，才能让他们忠心耿耿地追随。

2. 品牌与平台的推广

品牌与平台的基础搭建好以后，最重要的事情便是推广，推广做好了才有大量的流量和用户源。推广的前提是中小企业电商网站已经优化好了自身的 SEO（搜索引擎优化），剩下的事情便是大力推广。单就网络推广方式来说，分为免费推广与付费推广两种方式。免费的推广方式有：微博、SNS 社区、论坛、软文、问答类平台、邮件、QQ 群等，效果也是因人而异，不同行业不同方法最后得到的结果都不一样。付费推广方式有：竞价排名、硬广、威客、兼职招聘等。当然，很多聪明的商家也在寻找合作模式，人多力量大，联盟等合作方式既可以节约推广成本又可以省时省力，电商之间相互依存、共同进步的想法值得借鉴。

3. 摆脱传统经营的束缚

很多传统企业、线下品牌都有着很好的业绩和经营头脑，关键时刻进入电商也是明智之举，发展网络分销渠道也是拓展之法。网上分销、加盟、代理，全方位开展网络布局，可在短时间扩充销售渠道，增加销售规模，同时也可摆脱传统经营的束缚，不管是资金、人力、库存还是管理，都可通过网络独到的优势进行整合与利用，节约了很多精力，减少了很多了压力与困难。特别是对于很多中小传统企业来说，网上分销更是他们摆脱传统经营束缚的有力武器。

4. 网上分销的强大潜力

2019 年，中国网民人数已达 8 亿多，互联网及电商巨大的市场与潜力已经让我们叹为观止，所以要想在今后获得一席之地，就必须大力发展电商，大力发展网上分销。充分利用线下优势，结合网络与线下资源，将各渠道商、代理商、分销商与品牌、产品、渠道、供应链等各方面系统化整合到一起，再做全网营销与全网渠道。

小结

当今的现实和竞争的环境下，企业不断寻求新的战略发展手段以实现获利性增长。在主流 IT 用户的硬件投资趋于饱和之时，主流行业 IT 系统建设开始进入系统整合及信息深度应用阶段。在海量分销业务利润骤降之时，增值分销商终于将“以客户为中心”的战略方向纳于当前决策。整合和优化 IT 产品增值分销渠道，对超越产业竞争，开创全新市场，启动和保持 IT 产品分销渠道获利性增长有重大的意义和价值。

项目二　IT 产品销售员岗前职业素养与礼仪培训

1. 了解 IT 产品销售员的工作内容。
2. 能具备销售员基本职业素质与待客礼仪。

腾飞电脑科技有限公司招聘了五位销售员，公司为这五位销售员进行了岗前培训，主要告知 IT 产品销售员的工作内容，规范 IT 产品销售员的职业素养及服务礼仪。

任务 1　培训 IT 产品销售员的职业素养

1.1　职业素养定义

职业素养是个很大的概念，专业是第一位的，但是除了专业，敬业和道德是必备的，体现到职场上的就是职业素养；体现在生活中的就是个人素质或者道德修养。职业素养是指职业内在的规范和要求，是在职业过程中表现出来的综合品质，包含职业道德、职业技能、职业行为、职业作风和职业意识等方面。

职业素养的三大核心如下：

1. 职业信念

职业信念是职业素养的核心。良好的职业素养包含良好的职业道德、正面积极的职业心态和正确的职业价值观意识，是一个成功职业人必须具备的核心素养。良好的职业信念应该是由爱岗、敬业、忠诚、奉献、正面、乐观、用心、开放、合作及始终如一等关键词组成的。

2. 职业知识技能

职业知识技能是做好一个职业应该具备的专业知识和能力。俗话说“三百六十行，行行出状元”，没有过硬的专业知识，没有精湛的职业技能，就无法把一件事情做好，就更不可能成为“状元”了。

所以要把一件事情做好就必须坚持不断地关注行业的发展动态及未来的趋势走向；要有良好的沟通协调能力，懂得上传下达，左右协调，从而做到事半功倍；要有高效的执行力。研究发现，一个企业的成功 30%靠战略，60%靠企业各层的执行力，其他因素只占 10%。中国人在世界上都是出了名的“聪明而有智慧”，中国不缺少战略家，缺少的是执行者！执行能力也是每个成功职场人必须修炼的一种基本职业技能。除此之外，还有很多需要修炼的基本技能，如职场礼仪、时间管理及情绪管控等，这里就不一一罗列。

各个职业有各个职业的知识技能，每个行业还有每个行业的知识技能。总之，学习提升职业知识技能是为了把事情做得更好。

3. 职业行为习惯

职业行为习惯即职业素养，就是在职场上通过长时间地学习－改变－形成，而最后变成习惯的一种职场综合素质。

心念可以调整，技能可以提升。要让正确的心念、良好的技能发挥作用就需要不断地练习、练习、再练习，直到成为习惯。

1.2 IT 产品销售员的职业素养要求

1. 企图心

强烈的企图心就是对成功的强烈欲望，有了强烈的企图心才会有足够的决心。想要成就大事，就应该起而企划筹谋，进而付之行动，如此才能实现愿望。世间促成一个人进步的力量很多，企图心是一个很重要的力量来源。因为有企图心希圣希贤，所以要立志发愿；因为有企图心为国为民，所以要发愤图强。有企图心，才能完成人生的目的。企图心不是图谋不轨，不是为一己之私而钻营；企图心必须是向真、向善、向美的动力，如此才不会助长犯罪。古今多少名人能成就不世伟业，皆因胸怀壮志。因为有大愿心、大企图心，故能有所成就。班超“投笔从戎”，因为他有效法张骞出使西域的企图心，终于立功，名垂青史；刘秀“得陇望蜀”，因为他有统一全国的企图心，因此得遂所愿。

这里有一则小故事，一个小镇上的泰勒牧师向他的学生郑重承诺，谁能背出《圣经》《马太福音》中第五章到第七章的全部内容，他就邀请谁去西雅图的“太空针”高塔餐厅参加免费聚餐会。《马太福音》中第五章到第七章的全部内容有几万字，而且不押韵，要背诵其全文难度相当大。尽管参加免费聚餐会是许多学生梦寐以求的事情，但是几乎所有的人都浅尝辄止，望而却步。几天后，班上一个 11 岁的男孩，胸有成竹地站在泰勒牧师面前，从头到尾背了下来，竟然一字不落，到了最后，简直成了声情并茂的朗诵。泰勒牧师心里明白，就是在成年人的信徒中，能背诵这些篇幅的人也是罕见的，何况是一个孩子。泰勒牧师在赞叹男孩惊人记忆力的同时，不禁好奇地问：“你为什么能背下这么长的文字呢？”

男孩不假思索地说：“我竭尽全力。”因为他真的渴望得到聚餐会的机会，他不光是梦寐以求，他是非达成不可，这样“一定要”的强烈企图心造就了他日后的成功，16 年后，那个男孩成了世界著名软件公司的老板。他就是比尔·盖茨。

2. 责任感

我们都知道，不管公司对于一个市场的分析多么到位，制定的营销方案多么有效可行，最终都要靠人去落实，只有通过人将方案付诸实践，才能开拓和巩固一个市场。对于一个公司而言，这个责任就落到了销售员的肩上。

销售员就是一个市场的指挥员，他的执行力度决定了这个市场取得成功的几率。执行的力度从某个角度来说就是一个人责任感的体现。如果销售人员是一个责任感不强的人，他或者不执行，或者只执行一部分，结果可想而知。不管一个人学历有多高，销售技能有多好，如果没有责任感，很多简单的事都不想做，整天就想着吃喝玩乐，躺在宾馆睡大觉，或者为节约费用，不去走访市场，不去了解自己产品动销现状和市场竞争情况，很多事情仅流于形式，一切营销策划和活动方案都仅停留在纸上、报告中，这样的销售员便会上蒙下骗，所负责的市场也很难取得成功。

3. 学习

人总是在不断地接触新事物，学习新知识。只有通过学习，人们才可以真正地跟上时代的步伐，不断地前进。学习的最大好处就是：学习别人的经验和知识，可以大幅度地减少犯错和摸索时间，使我们更快速地走向成功。特别是市场销售员，不仅要学习行业知识、经济知识、管理知识和烦琐的专业知识，而且还要学习销售计划、政策、方案、人际关系等知识，修炼自己的品德和人格。只有这样，才能具备深厚的功底和较高的道德水准，也才能厚积薄发。拥有一个良好的学习心态和终身学习的能力是不断提高自己、发展自己的重要保证。成功的销售员都在不断学习中变强，也在不断的尝试中获得失败的经验和教训，这些都成了他们成功时的美好回忆，没有前面的挫折和艰辛，也就没有后面成功的喜悦。

4. 勇敢

顶尖的销售员只有克服恐惧，才能自如地与客户交流。越是对之感到恐惧的事情就越去做，才可能超越恐惧，否则，恐惧就会成为心中的大山，永远横在面前。市场销售员业绩不佳，不见得是他们懒惰无能的结果，真正的原因很可能是他们害怕自我推销。当他们产生恐惧心理后，在下一次的推销过程中就会表现得更差。然而如果连他们自己都没有信心，别人又怎么能够信任他们呢。所以，勇气是非常重要的，勇气是行动的动力，是将想法付诸行动的具体表现。因此，一定要克服自己恐惧心理，让勇敢在心里生根发芽，不畏挫折，一定要敢于坚持，不轻言放弃。遇到一点点小困难，就停滞不前的人，绝对做不好销售。

5. 强烈的自信心

一个人仅仅靠“希望”是不会美梦成真的，唯有强烈的企图才能促使一个人下定决心，并且做到让自己的身心完全投入。而在完全投入之中，还要有赢家的心态，这样才能建立起自信心。坚定地认为只要努力就会成功，热情才容易被激发出来，并能一发不可收拾。如果没有好的产品，人们当然不会投入；但是有了好产品，而销售员却不投入足够的热情，怎么能把产品推荐给别人，并让别人接受呢？所以，市场销售需要自信。自信的人遇到问题会想方设法地去解决，而一个不自信的人遇到问题首先想到的是如何避开问题。这就是我们常说的，自信的人找方法，不自信的人找问题。

6. 沟通的能力

营销是与人打交道的工作，因此沟通尤为重要。高品质的沟通可以快速实现销售目标，提升销售业绩；高品质的沟通可以消除人与人之间的隔阂，使人际关系更加融洽；高品质的沟通可以避免团队变成一盘散沙，使团队的合作更加默契，更具凝聚力。这里需要注意的是，高品质的沟通不是具备雄辩的口才就可以了，它需要更多真诚和包容。沟通最忌讳的就是欺骗，欺骗只是一时的，而真诚才是永远的。怀着一颗包容的心，沟通无处不在。我们所接触的每个人都是一个不同于其他任何人的独立个体，我们不能总以自己的标准来衡量他人。

7. 团队合作能力

团队合作能力，是指建立在团队的基础之上，发挥团队精神、互补互助以达到团队最大工作效率的能力。对于团队的成员来说，不仅要有个人能力，更需要有在不同的位置上各尽所能，与其他成员协调合作的能力。

作为一个“人”，我们不能够脱离团体而单独存在，作为一名营销员更是如此。一个好的团队，超强的单兵作战能力固然重要，但协同作战能力更是必不可少的。中国五千年的文明史告诉我们，没有哪场战斗、哪次战役是脱离了团队而仅仅靠一个人可以独立完成的。团队工作需要成员在善于真诚地聆听不同的建议和意见的同时，又能够清晰地阐明自己的想法并激发整个群体的共鸣，这样才能真正地实现团队合作。

8. 熟知产品知识

熟练掌握自己产品的知识。客户不会比销售员更相信他的产品。有好多人不专业也能开发客户，但是只有专业才能开发大客户，客户才能围着销售员转。因为销售员专业，别人与其合作才放心，只有销售员专业，客户才没有后顾之忧。成功的销售员都是他所在领域的专家，做好销售就一定要具备专业的知识，要全面了解相关产品的信息，自己厂商的相关知识。同时，竞争厂商及可替代产品也应足够熟悉。知己知彼，才能百战不殆。没有针对性地研究，在和客户交谈时就很难给人以全面透彻的分析，不能很好地介绍自己产品的优点，也就很难打动顾客。

9. 心态

作为一名销售员一定要有良好的心态，不是因为打工而打工，而是趁着年轻气盛的时候好好为自己的将来打基础。销售员现在不是在为企业打工，而是企业提供了一个很好的平台给销售员发挥，给销售员锻炼的机会，销售员同样是企业的主人。做销售一定要有耐心与方法。因为销售是从被拒绝开始的，没有谁能做得一帆风顺。只有被拒绝以后才知道自己的不足，才知道市场的需求，才能激发销售员的斗志。被拒绝对于做销售来说是谁都会经历到的，不要因为被拒绝而影响心情与目标。

10. 提高自身形象与自身素质

其实销售产品的前提是把自己销售出去，一旦客户看准了销售员，不管销售公司的方方面面如何，他和销售员合作都是很愉快的，这也就是要发挥销售员的专长。人不可貌相，不管销售员长得如何，一定要有信心，一定要有活力，一定要有随机应变的能力，但千万不要油嘴滑舌，油腔滑调，这样客户会反感，而且会没有信任感。虽说客户是上帝，但销售人员要做到不卑不亢，不要一味地迁就客户，因为客户的要求是无止境的。总之要说出道理，以理服人，以德服人。

1.3 IT 产品销售员的工作内容

此处的 IT 产品销售员是指从事计算机信息产品（包括计算机硬件、软件、网络设备及其服务）的营销活动或相关工作的人员。

IT 产品销售员的工作内容及职责主要有：

（1）销售员要根据店面销售目标自行订立销售计划，并服从公司管理人员基于公司规章制度进行的管理。

（2）销售员在日常工作中要注意自身言谈举止，树立公司良好形象。

（3）销售员应当深入理解公司相应的销售政策，并且把它变成自己的语言，流利地表达出来。

（4）负责客户接待，销售签单、谈单及解答客户相关咨询。

（5）销售员必须按照实际工作情况填写相应的销售报表和总结报告，并按时上交这些报表。详细记录客户的各类信息，如年龄、性格、爱好、公司情况等。

（6）销售员必须按照客户的实际情况，在销售内勤的协助下，把自己的客户进行分档管理。

（7）销售员每月底都要根据公司总体销售目标，制订出自己下月的工作计划和销售目标，并把它们分解到每周甚至每天。

（8）销售员每月底都要制订出自己下月的老客户回访计划，以便在开发老客户的同时，稳定老市场，稳定基础销量。

（9）销售员作为公司领导做出销售决策时的助手，必须及时收集与公司有关的市场信息，并把自己认为有用的信息整理出来，及时上报销售内勤备案或直接找自己的主管反映。

（10）销售员在接到销售内勤安排的客户跟踪工作之后，要按时跟踪处理，并将跟踪处理结果及时汇报。

（11）销售员在走访市场时，必须认真听取客户投诉或建议，并认真作出记录，回公司后报与销售内勤备案并反馈处理建议；能够当场处理的，尽量及时处理，并把问题及处理结果及时报与销售内勤备案，以免客户再次追诉。

（12）如果公司政策调整、新品上市等情况变更，销售员应及时按照公司部署通知到每位客户，以便公司政策的执行、新品的推广等。

（13）准时参加公司组织的销售会议，遵守会议秩序。

（14）销售员在办公室要自觉遵守办公室制度，有临时工作时，要主动配合相关人员完成。

此外，在竞争日益激烈的市场环境中，要想做好销售工作，销售员还要做好以下几点。

1. 成为一名专业的区域熟手

销售员要想成为一名专业的区域熟手，必须要保持做市场调查的习惯，经常围着经销商转的销售员肯定做不好市场，只有透彻了解市场，才能真正定位市场。

2. 协助经销商完成区域销售目标

要把自己的角色从管理经销商向经销商的专业协理员过渡，所以，第一个角色做得好坏会直接影响第二个角色。

3. 主动疏通下面的渠道

等经销商去细致开发分级渠道会影响整个区域市场的业绩和计划，要坚决到“广大潜在市场”，去二、三线市场，去终端与客户打成一片，那才是真正的市场。

4. 要有培训经销商的能力

经销商一般会代理或者经销很多厂家的产品，如何引起经销商的重视，让他对产品以及产品背后的公司和销售员产生浓厚的兴趣，完全可以通过培训经销商的方式来获得。经销商需要现代的管理知识、需要现代的营销理念、需要不断了解行业的新情况，这些都是销售员能够做到的，也是销售员向经销商展示自己以及公司的机会。

5. 协助经销商完善销售员团队的管理

帮助经销商制订营销计划、提升销量、解决应收款难的问题等，都会在无形之中提升自己产品在经销商心中的地位，更重要的是，在这些工作中，产品销量和品牌实力已经实实在在地上升。

6. 市场信息的反馈

传统的销售员要么认为信息收集是市场人员的工作，要么应付差事，敷衍了事。事实上，销售员要时刻把收集信息放在工作的范畴之中，只有这样，才能保障自己的区域市场有畅通的后勤补给，不会一味抱怨产品不适合市场需要、公司政策太呆板等，聪明的销售员最懂得用实际数据去打动公司管理层的心。

任务 2 培训 IT 产品销售员的服务礼仪

2.1 服务礼仪的重要性

服务是能创造价值的销售利器，体现服务的手段离不开礼仪的运用，礼仪可以塑造销售员的完美形象，给顾客留下好的第一印象，让销售员在销售开始之前就赢得顾客的好感。礼仪贯穿在销售的每个程序，它能让服务人员在和客户打交道中赢得理解、好感和信任。

1. 体现销售员的自身素质

推销礼仪犹如销售员的内在门面，通过礼仪展示可以塑造销售员在顾客心中的形象。因此，销售员从与顾客的第一次见面起，就需要十分注重礼仪形象，为顾客留下好印象方能把销售延续到下一次，也许还能为销售员带来潜在的未知客户。

2. 维护和塑造公司形象

当销售员在与客户接触的时候，销售员的身份就是公司的代表。作为公司代表的销售员，其个人的形象不仅代表个人，更是公司形象的体现，尤其对新客户来说，公司在其心中的形象完全由销售员带来的感觉体现。由此可见，推销礼仪具备维护和塑造公司形象的重要意义。

3. 引导消费者对产品的心理价值

若是销售员以一种邋遢随意的形象出现在客户面前，必然会引起顾客对销售员所推销商品的档次的怀疑，甚至让客户在未接受销售员的推销介绍之前，就已为产品定下一个固定的形象，导致销售困难甚至失败。因此，销售员务必通过良好的礼仪形象出现，这样会让客户在对销售员有好感的同时，增加对产品的心理价值，从而促进销售成功。

2.2 销售中的礼仪要求

1. 仪表

仪表的主要体现为服饰，在推销过程中，服饰得当对销售有很大的必要。弗兰克·贝德格在《我是怎样成功地进行推销的》一书中写道："初次见面给人印象的 90%来自于服装"，因此，销售员务必在着装上细心应对。另外，女士在着装之外，还需要注意妆容、发型和饰品的打点、搭配，切勿穿着暴露、浓妆艳抹，也不能素面朝天、清汤寡水地给客户一种不自重的形象。要想成为第一流的销售员必须从仪表修饰做起。

2. 仪态

古人云："站如松，坐如钟，行如风。"销售员的仪态包括坐姿、站姿以及面部表情三个方面。销售员应该按照"站有站姿，坐有坐相"的行为标准严格要求自己。站姿与坐相都需要销售员以一种放松又不失态的形象展示出来，既需要优雅的站姿和坐相，又不会呆板严肃。因此，不管是站着还是坐着，都要收腹挺胸，双臂自然垂下，两手相握放到小腹的位置，不能有翘腿抖脚等不雅行为出现。表情则需要自然得体，保持适宜的微笑，不夸张地捧腹大笑，也不能板着"苦瓜脸"。眼神要温和自信，不东张西望，不低眉顺眼，更不要"目中无人"。

3. 语言

（1）敬语。敬语亦称"敬辞"，它与"谦语"相对，是表示尊敬礼貌的词语。在交谈中应以礼待人，这样既能显示出自身的文化修养，又可以满足对方的自尊。所以，在交谈中要随时随地有意识地使用敬语，这是以敬人之心赢得尊重的有效方式。敬语的使用频率实际上是挺多的。日常使用的“请”字，第二人称中的“您”字，代词“阁下”“尊夫人”“贵方”等。

（2）谦语。谦语亦称“谦辞”，它与“敬语”相对，是向人表示谦恭和自谦的一种词语。谦语最常见的用法是在别人面前谦称自己和自己的亲属。例如，称自己为“愚”。

（3）雅语。雅语是指一些比较文雅的词语。多使用雅语，能体现出一个人的文化素养以及尊重他人的个人素质。在待人接物中，例如你正在招待客人，在端茶时应该说“请用茶”。只要你的言谈举止彬彬有礼，人们就会对你的个人修养留下较深的印象。只要推销人员注意使用雅语，必然会对推销活动成交率的提高有所帮助。

4. 语调

语调也就是说话的语气、声调、语速的快慢和声音大小等，它的主要作用在于感情的表达。语调的抑扬顿挫、缓急张弛，往往比语言本身更能传情达意。销售员的语言应该使顾客听起来舒服、愉快，语调温和，言辞通情达理，会使人乐于倾听，倍感温暖。因此，在谈话中应注意语调的运用，掌握讲话的速度，以便控制整个谈话过程，使自己处于主动地位。即便遭到拒绝时，也不要使用极易引起争吵的语气。

5. 眼神

眼神是推销人员在交谈中调节与顾客心理距离的手段。在与顾客推销交谈中，恳切、坦然、友好、坚定、宽容的眼神，会给人亲近、信任、受尊敬的感觉，而轻佻、游离、茫然、阴沉、轻蔑的眼神会使人感到失望，有不受重视的感觉。有研究表明，谈话中双方的双目对视一般只持续一秒钟左右，然后移开，不能死死盯住顾客不放，也不要东张西望、左顾右盼。一般情况下，在推销谈话中，如果销售员与顾客相距较远，那就可以用注视顾客的办法拉近距离；相反，如果双方离得很近，尤其是当顾客是一位年轻而又陌生的异性时，应经常转移视线，以避免顾客产生不自在和尴尬的感觉。

6. 善于倾听

认真倾听顾客谈话，是成功秘诀之一。日本“推销之神”原一平说过：“就推销而言，善听比善说更重要。”

7. 位置和距离

销售员与顾客在交谈中所处的位置和距离如何，对推销的结果也或大或小地产生着微妙的影响。这种影响表现为对双方心理距离的影响上。因此销售员应注意与顾客交谈时位置的安排，若位置安排恰当，就有利于推销谈话的进行。销售员与顾客同处一室，应把上座让给顾客。什么位置是上座？有两个扶手的沙发（或椅子）是上座，长沙发（或椅子）是下座；面对大门的是上座，接近门口处的位置是下座；靠墙壁的一方是上座，这在咖啡馆谈生意时尤为注意；在火车上，面对前进方向的是上座。当然，这些区分并不是硬性规定，但若销售员遵守了这些礼节，在一定程度上表示了对顾客的尊重和谦让之心，顾客自然十分高兴，会达到投之以李，报之以桃的效果。

8. 握手礼仪

握手是当今世界最通用的表示友好、祝贺、感谢、慰问的礼节。站立对正，上身稍前，左手垂下，凝视对方，面带微笑，伸出右手，齐腰高度，四指并齐，握住掌心，认真一握，礼毕即松，年长者、职高者、主人、女士通常先伸手。

9. 介绍礼仪

（1）自我介绍。自我介绍是推销自我形象和价值的重要方法，是进入社交圈的金钥匙，镇定有信心，微笑要自然，不同对象、场合，选择不同的语气、方式、内容。

（2）介绍他人。以中介人身份介绍原本陌生的人相识时，以受尊重的一方优先了解对方为原则。先少后老，先低后高，先宾后主，先男后女，站在两方之间，以手示意，面向听者，微笑有礼，口齿伶俐。

10. 递接名片礼仪

递送名片，表示愿意交往，主动将自己的重要信息告诉对方。名片应存放得当，随手可取。递送名片时应站立对正，上身前倾，双握前端，字朝对方，齐胸送出，清楚报名。

接收名片时应感谢对方信任，像尊重其主人一样尊重和爱惜名片。接收时应立即起立，面向对方，双手接下端，齐胸高度，认真拜读，表示感谢，存放得当，珍惜爱护。

11. 会谈座位的安排礼仪

双边会谈通常用长方形、椭圆形或圆形桌子，宾主相对而坐，以正门为准，主人占背门一侧，客人面向正门。主谈人居中，其他人按礼宾顺序左右排列。记录员可安排在后面，如参加会谈人数少，也可安排在会谈桌就座。小范围的会谈，也有不用长桌，只设沙发，双方座位按会见座位安排。

12. 轿车座次礼仪

按照国际惯例，乘坐轿车的座次安排常规是：右高左低，后高前低。具体而言，轿车座次的尊卑自高而低是：后排右位—后排左位—前排右位－前排左位。

另外有几种特殊情况，一是主人或熟识的朋友亲自驾驶汽车时，你坐到后面位置等于向主人宣布你在打的，非常不礼貌。这种情况下，副驾位置为上座位。二是接送高级官员、将领、明星等知名公众人物时主要考虑乘坐者的安全性和隐私性，司机后方位置为汽车的上座位，通常也被称作 VIP 位置。

13. 宴会座次礼仪

排序原则：以远为上，面门为上，以右为上，以中为上；观景为上，靠墙为上。

座次分布：面门居中位置为主位；主左宾右分两侧而坐；或主宾双方交错而坐；越近首席，位次越高；同等距离，右高左低。

14. 行进位次礼仪

多人并排行进，中央高于两侧，对于纵向来讲，前方高于后方；两人横向行进，内侧高于外侧。实际上内侧就是指靠墙走，我国道路行进规则是右行，所以在引领客人时，客人在右，陪同人员在左。换句话说，客人在里面陪同人员在外面，为什么要把客人让在靠墙的位置，是因为受到的骚扰和影响少。与客人的距离，别拉太远，也别离太近，标准化位置是：左前方 1 米到 1.5 米处，换句话说，一步之遥。与客人同坐电梯，应该先进后出。

小结

随着现代商业社会的竞争越来越激烈，很多企业对自身的形象以及员工的素质越来越重视。专业的形象气质以及在商务场合中的礼仪已经成为当今销售场合中取得成功的重要手段，同时也成为企业形象的重要表现。良好的职业形象、完美的职业素养有助于更好地拉近销售员与消费者的距离。

能力训练

【案例分析】[1]

案例 1

郑伟是一家大型国有企业的总经理。有一次，他获悉有一家著名德国企业的董事长正在本市进行访问，并有寻求合作伙伴的意向。他于是想尽办法，请有关部门为双方牵线搭桥。

让郑总经理欣喜若狂的是，对方也有兴趣同他的企业进行合作，而且希望尽快与他见面。到了双方会面的那一天，郑总经理对自己的形象刻意地进行了一番修饰，他根据自己对时尚的理解，上穿夹克衫，下穿牛仔裤，头戴棒球帽，足蹬旅游鞋。无疑，他希望自己能给对方留下精明强干、时尚新潮的印象。然而事与愿违，郑总经理自我感觉良好的这一身时髦的“行头”，却偏偏坏了他的大事。

这个案例中郑总经理的错误在哪里？他的德国同行对此会有何评价？

案例 2

某公司新建的办公大楼需要添置大量的电脑设备，价值数百万元。公司的总经理已做了决定，向 A 公司购买这批电脑设备。一天，A 公司的销售部负责人打电话来，要上门拜访这位总经理。总经理打算，等销售员来了，就在订单上盖章，定下这笔生意。

不料销售员比预定的时间提前了 2 个小时，为了谈这件事，销售员还带来了一大堆的资料，摆满了台面。总经理没料到销售员会提前到访，刚好手边又有事，便请秘书让对方等一会。这位销售员等了不到半小时，就开始不耐烦了，一边收拾起资料一边说：“我还是改天再来拜访吧。”

这时，总经理发现对方在收拾资料准备离开时，将自己刚才递上的名片不小心掉在了地上，对方却并没发觉，走时还无意从名片上踩了过去。这个不小心的失误，却令总经理改变了初衷，最后 A 公司没有向这家公司购买电脑。

这个案例中销售员的错误在哪里？

【情景模拟】

1．情景表演

内容：以分组形式，情景自拟，在公司接待来访客户。

目地：了解自身的礼仪仪态，感受真实服务。

2．客户接待礼仪

A 公司是一家生产企业，某月某日，A 公司的销售经理肖林和客户经理张军邀请上海某公司采购经理李超和助理王思文一行 2 人来 A 公司考察并洽谈合作事宜，上午 9:00，肖林和张军搭乘公司行政商务车去机场迎接客人。

上午 9:55 肖林和张军准时迎接到李经理和王小姐，双方见面寒暄后握手，相互介绍，交换名片后上车驶往 A 公司。

上午 10:30，一行四人到达 A 公司大楼直升电梯前，乘电梯到达 A 公司所在楼层，销售总经理郑大明已在门口迎候，见面寒暄后握手，相互介绍，交换名片后在 A 公司会议室进行商务会谈。

上午 11:35，在 A 公司会议室，双方就采购合同细节进行了充分的沟通。

中午 12:00，A 公司销售经理肖华和客户经理张军在某酒楼招待两位客人。

案例模拟：

（1）模拟第一环节。请四位学生走上台模仿：

上午 9:55 肖林和张军准时迎接到李经理和王小姐，双方见面寒暄后握手，相互介绍，交换名片后上车驶往 A 公司。

模拟任务：握手、介绍、互换名片、乘车安排座位。

模拟关键点：握手礼仪、介绍礼仪、名片礼仪、乘车礼仪。

（2）模拟第二环节。请五位学生走上台模仿：

上午 10:30，一行四人到达 A 公司大楼直升电梯前，乘电梯到达 A 公司所在楼层，销售总经理郑大明已在门口迎候，见面寒暄后握手，相互介绍，交换名片后在 A 公司会议室进行商务会谈。

模拟任务：握手、介绍、互换名片、行进的位次、会议座次安排。

模拟关键点：握手礼仪、介绍礼仪、名片礼仪、电梯礼仪、行进礼仪、会议座次礼仪。

（3）模拟第三环节。请四位学生走上台模仿：

中午 12:00，A 公司销售经理肖华和客户经理张军在某酒楼招待两位客人。

模拟任务：安排宴会座次。

模拟关键点：宴会座次礼仪。

项目三　IT 产品销售员岗前技能培训

学习目标

1. 掌握 IT 产品专业知识及技能。
2. 能够运用专业知识解决用户方案。
3. 能熟练地操作常用 IT 设备，并在演示过程中进行有效的沟通。

腾飞电脑科技有限公司为新进的五位销售员进行岗前技能培训，要求销售员熟练掌握计算机专业知识，掌握各硬件主要参数，掌握组装电脑知识，拓展 IT 产品销售员职业技能。

任务 1　培训 IT 产品销售员职业技能

作为一名销售员，首先要从专业角度对自己的产品有深刻的了解，应该知道自己所销售的 IT 产品的技术性能，熟知产品的使用方法。只有销售员具备了专业技能，才能在销售过程中清晰地向客户介绍产品，从而提高客户对产品的信任度，才不会失去可能的客户。

1.1　计算机配件的性能及参数

一台配备齐全的计算机硬件系统由主机和外部设备组成。从外观上看，主机主要包括机箱、主板、CPU、存储器以及各种接口卡，而外部设备主要是与主机相连的部件，如显示器、键盘、打印机、鼠标以及音箱等。从外观上看，计算机的硬件组成如图 3-1 所示。

主机是计算机的核心部件，主机从外观上有卧式和立式两种，目前常见的都是立式。主机箱的正面通常有电源开关、复位按钮、软盘驱动器、光盘驱动器、USB 接口、耳机插口等；主机箱的背面有电源插座，用来给主机和其他外部设备提供电源。

1. 主板和 CPU

主板和 CPU 是计算机最核心的部件。主板的类型和档次决定着整个计算机系统的类型和档次。如果把 CPU 比作计算机的心脏，那主板就是计算机的神经网络，而主板芯片组的好坏是决定主板性能优劣的关键。

（1）主板的组成。图 3-2 所示为一款主板，该主机板上集成了 6 个 SATA 硬盘接口，4 个 SATA II 接口，2 个 SATA III 接口、4 个 DDR3 DIMM 内存接口、4 个 USB 2.0 接口（内置）、10 个 USB 3.0 接口（4 内置+6 背板）接口、5 个 PCI-E X16 显卡插槽、1 个 HDMI 接口、1 个 DVI 接口、1 个光纤接口以及键盘、鼠标接口等。它是计算机内最大的一块集成电路板，也是最主要的部件之一。主板的质量在一定程度上决定着计算机的质量。衡量主板性能的指标主要是主板芯片组。

图 3-1 计算机硬件组成

图 3-2 计算机主板及其主要接口

主板芯片组是主板的灵魂与核心，芯片组性能的优劣决定了主板性能的好坏与级别的高低。在计算机界称设计芯片组的厂家为 Core Logic，Core 的中文意思是核心或中心，从字面的意思就足以看出其重要性。对于主板而言，芯片组几乎决定了主板的功能，进而影响到整个计算机系统性能的发挥。因而可以说，芯片组是主板的灵魂。

按照在主板上排列位置的不同，芯片组通常分为北桥芯片和南桥芯片。北桥芯片负责与CPU 联系并控制内存、PCI 数据在北桥内部传输，提供对 CPU、内存、PCI-E/AGP 插槽、ECC纠错等的支持，整合型芯片组的北桥芯片还集成了显示核心。南桥芯片则提供对 KBC（键盘控制器）、RTC（实时时钟控制器）、USB（通用串行总线）、LAN（网络）、SATA 接口数据传输方式和 ACPI（高级能源管理）等的支持。其中北桥芯片起着主导性的作用，也称为主桥（host bridge）。

主板芯片组的作用如下：

1）提供对 CPU 的支持：目前 CPU 的型号与种类繁多，功能特点也不尽相同，更新速度惊人，但不管 CPU 如何发展，都必须有相应的主板芯片组提供支持。当新类型的 CPU 出现后，往往新的主板芯片组也随之出现。

2）提供对不同类型和标准内存的支持：目前内存主要有 3 种，即 DDR、DDR2、DDR3，其中目前最常用的是 DDR3 内存。

3）提供对图形接口的支持。

4）提供对输入、输出模式的支持。

主要芯片生产厂商有 Intel（英特尔）、VIA（威盛）、SiS（矽统科技）、ALi（扬智）、NVIDIA、AMD。图 3-3 所示为一些主板芯片。

图 3-3　Intel 芯片

主板芯片组几乎决定着主板的全部功能，其中 CPU 的类型，主板的系统总线频率，内存类型、容量和性能，显卡插槽规格是由芯片组中的北桥芯片决定的；而扩展槽的种类与数量，扩展接口的类型和数量（如 USB 2.0/3.0、IEEE 1394、串口、并口、笔记本式计算机的 VGA 输出接口）等，是由芯片组的南桥芯片决定的。还有些芯片组由于纳入了 3D 加速显示（集成显示芯片）、AC.97 声音解码等功能，还决定着计算机系统的显示性能和音频播放性能等。

（2）CPU 的主要性能参数。CPU（Central Processing Unit）中文名称为中央处理器，它是计算机的大脑，计算机的运算、控制都是由它来处理的。每种 CPU 都具有特有的指令系统，但无论哪种 CPU，其内部基本结构是相同的，都是由运算器、控制器、内部总线及寄存器等组成。图 3-4 所示为一款 Intel Core I7 的 CPU。

CPU 是整台计算机的核心部件。它主要由控制器和运算器组成，是采用大规模集成电路工艺制成的芯片，又称为微处理器芯片。

图 3-4　CPU 的正反两面

运算器又称为算术逻辑单元（ALU）。它是计算机对数据进行加工处理的部件，可以进行算术运算（加、减、乘、除等）和逻辑运算（与、或、非、异或比较等）。

控制器负责从存储器中取出指令，对指令进行译码，并根据指令的要求，按时间的先后顺序向各部件发出控制信号，保证各部件协调一致地工作，一步一步地完成各种操作。控制器主要由指令寄存器、译码器、程序计数器和操作控制器等组成。

随着 CPU 型号的不断更新，计算机的性能也在不断提高，形成了不同档次的计算机。衡量 CPU 的指标主要有 CPU 型号、主频和外频。一般主频和外频值越大，CPU 性能越高。

1）主频、倍频、外频。经常有人说 CPU 的频率是多少，其实这个频率是指 CPU 的主频，主频也就是 CPU 的时钟频率（CPU clock speed），也就是 CPU 运算时的工作频率。

一般说来，主频越高，一个时钟周期内完成的指令数也越多，当然 CPU 的速度也就越快。不过由于不同 CPU 的内部结构不尽相同，所以并非所有时钟频率相同的 CPU 性能都相同。外频就是系统总线的工作频率，具体是指 CPU 到芯片组之间的总线速度。倍频则是指 CPU 外频与主频相差的倍数。三者有十分密切的关系，即主频=外频×倍频。

2）缓存（cache）。CPU 处理的数据信息大多是从内存中读取的，但 CPU 的运算速度要比内存快得多，因此在此传输过程中放置一个存储器，即高速缓存（cache），用来存储 CPU 经常使用的数据和指令，这样可以提高数据传输速率。缓存可分一级（L1）高速缓存、二级（L2）高速缓存和三级（L3）高速缓存。

L1 高速缓存也就是经常说的一级高速缓存。CPU 内置高速缓存可以提高 CPU 的运行效率，内置的 L1 高速缓存的容量和结构对 CPU 的性能影响较大，高速缓存容量越大，CPU 性能提高越多，这也正是 CPU 制造商力争加大 L1 高速缓冲存储器容量的原因。不过高速缓冲存储器均由静态 RAM 组成，结构较复杂，在 CPU 管芯面积不能太大的情况下，L1 高速缓存的容量不可能做得太大。其中，一级缓存可分为一级指令缓存和一级数据缓存。一级指令缓存用于暂时存储并向 CPU 传送各类运算指令；一级数据缓存用于暂时存储并向 CPU 传送运算所需数据，这就是一级缓存的作用。

L2 高速缓存即二级高速缓存。由于 L1 高速缓存容量有限，为了提高 CPU 的运算速度，在 CPU 外部放置一个高速存储器，即二级高速缓存。其工作主频比较灵活，可与 CPU 同频，也可不同。CPU 在读取数据时，先从 L1 中寻找，再从 L2 中寻找，然后是内存，最后才是外存储器，所以 L2 对系统的影响也不容忽视。

CPU 生产厂商在目前的高端 CPU 中加入了三级高速缓存。同样道理，三级缓存和内存可以看作二级缓存的缓冲器，它们的容量递增，但单位制造成本却递减。需要注意的是，无论是二级缓存、三级缓存还是内存都不能存储处理器操作的原始指令，这些指令只能存储在 CPU 的一级指令缓存中，而余下的二级缓存、三级缓存和内存仅用于存储 CPU 所需的数据。

3）内存总线速度。CPU 处理的数据来自主存储器中，而主存储器指的就是平常所说的内存。一般存储在外存（磁盘或者各种存储介质）中的资料都要通过内存进入 CPU 进行处理。由于内存的速度要比 CPU 的运行速度慢，因此出现了二、三级高速缓存，以弥补普通内存速度慢的不足，而内存总线速度就是指 CPU 高速缓存和内存之间的传输速度。

4）扩展总线速度。扩展总线是指安装在微机系统上的局部总线，如 PCI、ACP、PCI Express（PCI-E）总线。打开计算机机箱时会看到一些插槽，这就是扩展槽，而扩展总线就是 CPU 联系这些外部设备的桥梁。扩展总线速度就是指 CPU 与扩展设备之间的数据传输速度。

5）地址总线宽度。地址总线宽度决定了 CPU 可以访问的物理地址空间，简单地说就是 CPU 到底能够使用多大容量的内存。对于 386 以上的微机系统，地址总线的宽度为 32 位，最多可以直接访问 4096 MB（4GB）的物理空间。

6）数据总线宽度。数据总线决定整个系统数据流量的大小，而数据总线宽度则决定了 CPU 与二级高速缓存、内存以及输入、输出设备之间一次数据传输的信息量。386、486 为 32 位，Pentium 以上 CPU 的数据总线宽度为 2×32=64 位，一般称其为 64 位。而现在的数据总线基本上都是真正的 64 位了。

7）工作电压。任何电器在工作的时候都需要用电，自然也会有额定电压，CPU 也不例外。工作电压指的就是 CPU 正常工作所需的电压。

早期 CPU（286 到 486 时代）的工作电压一般为 SV，随着 CPU 制造工艺与主频的提高，近年来各种 CPU 的工作电压有逐步下降的趋势，以解决发热量过大的问题。例如，现在的 Intel 酷睿 i 系列多核心 CPU 工作电压仅为 1.35V；从 Athlon64 开始，AMD 在 Socket 939 接口的处理器上采用了动态电压，在 CPU 封装上不再标明 CPU 的默认核心电压，说明同一核心的 CPU 其核心电压是可变的，不同的 CPU 可能会有不同的核心电压：1.30 V、1.35 V 或 1.40 V。

2. 内存储器

存储器包括内存（主存）、外存［即辅存，含硬盘、软盘、光盘、闪存盘（U 盘）］。内存是 CPU、芯片组和外部存储器进行数据传输的中转站，它只是暂时保存数据，一旦电源断开，数据会立刻丢失。而外存能够长期保存信息，并且不依赖电源，断电后数据不会自动丢失。

内存也叫主存，是 PC 系统存放数据与指令的半导体存储器单元，也叫主存储器（main memory），通常分为只读存储器（Read Only Memory，ROM）、随机存储器（Random Access Memory，RAM）、和高速缓冲存储器（cache）。平常所说的内存条其实就是 RAM，其主要的作用是存放各种输入、输出数据和中间计算结果，以及与外部存储器交换信息时做缓冲之用。图 3-5 所示为威刚 8GB DDR3 1600（万紫千红）内存的标签。

（1）内存相关性能指标。

1）时钟周期。它代表 SDRAM/DDR 内存所能运行的最大频率，不过 DDR 内存的命名是基于传输速率的，需要进行转换才能得出运行频率，如 PC 2100 的 DDR 内存，其实际稳定运行频率为 266 MHz。

图 3-5　威刚 8GB DDR3 1600（万紫千红）内存标签

2）存取时间。它代表读取数据所延迟的时间。存取时间越小越好。内存的生产厂家非常多，目前还没有形成一个统一的标注规范，所以内存的性能指标不可简单地从内存芯片标注上读出来，但可了解其速度如何，如-7 或-6 表示内存芯片的速度为 7ns 或 6ns。

3）CAS 的延迟时间。纵向地址脉冲（Column Address Strobe，CAS）的延迟时间是在一定频率下衡量支持不同规范的内存的重要标志之一。一般 SDRAM 内存能够运行在 CAS 反应时间为 2 或 3 的模式下，也就是说它们读取数据所延迟的时间既可以是 2 个时钟周期，也可以是 3 个时钟周期。

延迟时间主要包括 CAS 延迟时间、RAS 到 CAS 的延迟时间、RAS 预充电时间、RAS 活动时间。延迟时间越短，内存的工作速度就越快。

4）奇偶校验。为检验存取数据是否准确无误，内存条中每 8 位容量配备 1 位作为奇偶校验位，并配合主板的奇偶校验电路对存取的数据进行校验。不过在实际使用中，有无奇偶校验位对系统性能并没有什么影响，所以目前大多数内存上已不再加装校验芯片。

5）关于内存的“线”。平时所说的内存多少“线”，就是指内存与主板插接时有多少个接触点，这些接触点就是所谓的“金手指”，有 30 线、72 线、168 线、184 线和 240 线等。

（2）常见内存条的分类。

1）SDRAM。SDRAM 即 Synchronous Dynamic Random Access Memory。同步动态随机存储器。有些地方称其为 SD 内存。其频率有 100MHz 和 133MHz 两种。SDRAM 内存的外形如图 3-6 所示。

图 3-6　SDRAM 内存

2）DDR SDRAM。DDR SDRAM（Dual Date Rate SDRAM）简称 DDR，也就是“双倍

速率 SDRAM”的意思。DDR 可以说是 SDRAM 的升级版本，其速率有 200MHz、266MHz、333MHz、400MHz。双通道 DDR 400MHz 内存已经成为 800MHz FSB 处理器搭配的基本标准。

3）DDR2。DDR2 能够在 100MHz 的发信频率基础上提供每插脚最少 400 MB/s 的带宽，而且其接口将运行于 1.8V 电压上，针对 PC 等市场的 DDR2 内存拥有 400MHz、533MHz、667MHz、800MHz、1066MHz 等不同的时钟频率。高端的 DDR2 内存拥有 800MHz、1066MHz 两种频率。DDR2 内存采用 200、220、240 针脚的 FBGA 封装形式。

4）DDR3。DDR3 相比 DDR2 有更高的工作电压，从 DDR2 的 1.8 V 降落到 1.5 V，性能更好、更省电；将 DDR2 的 4 bit 预读升级为 8 bit 预读。DDR3 目前最高能够达到 1600MHz、2000MHz 的速度。

图 3-7 所示为 3 代 DDR 内存外形上的区别示意图，图 3-8 所示为 DDR3 内存实物图。

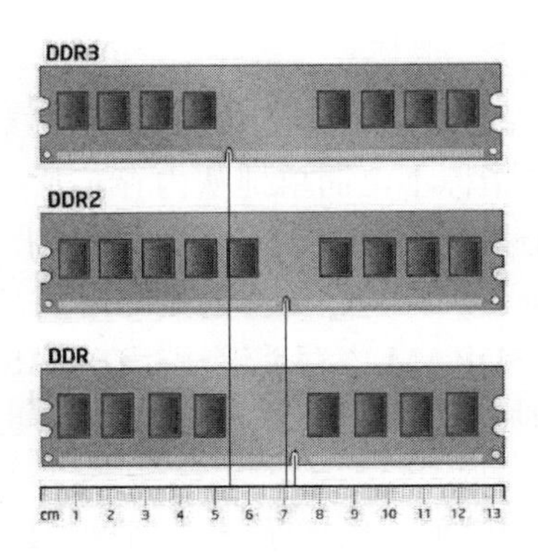

图 3-7　3 代 DDR 内存的区别

图 3-8　DDR3 内存

3. *硬盘的主要参数*

硬盘是整个计算机系统的数据存储中心，用户所使用的应用程序和数据绝大部分都存储在硬盘上。它是计算机中不可缺少的存储设备。图 3-9 所示为硬盘的正面、背面和内部结构。

图 3-9　硬盘的正面、背面、内部结构

从接口上看，硬盘主要分为 IDE、Serial ATA（SATA）、SCSI 接口，SCSI 接口是服务器专用硬盘接口，一般用户少见。下面以 IDE 硬盘为主进行介绍。

（1）硬盘容量。

硬盘容量=柱面数×扇区数×每扇区字节数×磁头数。

（2）硬盘相关性能指标。

1）单碟容量。这是划分硬盘档次的一个指标，由于硬盘都是由一个或几个盘片组成的，因此单碟容量就是指包括正反两面在内的每个盘片的总容量。

单碟容量的提高带来的好处不仅是硬盘容量得以增加，还会使硬盘性能得到相应提升。因为单碟容量的提高就是盘片磁道密度的提高，磁道密度的提高不但意味着提高了盘片的磁道数量，而且磁道上的扇区数量也得到了提高，所以盘片转动一周，就会有更多的扇区经过磁头而被读出来。这也是相同转速的硬盘单碟容量越大内部数据传输率就越快的一个重要原因。此外单碟容量的提高使线性密度得以提高，有利于硬盘寻道时间的缩短。

2）硬盘的转速。硬盘的转速即硬盘电动机主轴的转速，以每分钟硬盘盘片的旋转圈数来表示，单位为 r/min。目前常见的硬盘转速有 5400 r/min（低速硬盘）、7200 r/min（高速硬盘）及 10000 r/min（服务器硬盘）等。理论上转速越高硬盘性能相对就越好，因为较高的转速能缩短硬盘的平均等待时间，并提高硬盘的内部传输速率。

3）平均寻道时间。平均寻道时间指硬盘在盘面上移动读/写磁头至指定磁道寻找目标数据所用的时间，它描述硬盘读取数据的能力，单位为 ms（毫秒）。当单碟容量增大时，磁头的寻道动作减少，移动距离减小，从而使平均寻道时间减少，加快硬盘寻道速度。目前市场上主流硬盘的平均寻道时间一般为 4～9ms。SATA 接口西部数据 500GB/7200r/min 硬盘的平均寻道时间为 8.9ms，希捷 500GB/7200r/min/SATA 接口硬盘平均寻道时间为 4.16ms。

4）平均潜伏时间。平均潜伏时间是指当磁头移动到数据所在的磁道后，等待指定的数据扇区转动到磁头下方的时间，单位为 ms（毫秒）。平均潜伏时间越小越好，潜伏时间短代表硬盘在读取数据时的等待时间更短，转速快的硬盘具有更低的平均潜伏时间。

一般来说，5400r/min 硬盘的平均潜伏时间为 5.6ms，而 7200r/min 硬盘的平均潜伏时间为 4.2ms。

5）平均访问时间。平均访问时间是指磁头从起始位置到达目标磁道位置，并且从目标磁道上找到指定的数据扇区所需的时间，单位为 ms（毫秒）。平均访问时间能够代表找到某一数据所用的时间。平均访问时间越短越好，一般为 11～18 ms。

6）数据传输率。计算机通过 IDE 接口从硬盘的缓存中将数据读出并交给相应控制器的速度与硬盘将数据从盘片上读取出交给硬盘上的缓存相比，前者要比后者快得多。前者是外部数据传输率，而后者是内部数据传输率，两者之间用缓存作为桥梁来缓解速度上的差距。

内部数据传输率是指磁头至硬盘缓存之间的数据传输率，一般取决于硬盘的盘片转速和盘片的线密度，它是硬盘系统数据传输的瓶颈。

7）缓存。硬盘的高速缓冲存储器是硬盘与外部总线交换数据的场所。在当前接口技术已经发展到一个相对成熟的阶段的情况下，缓存的大小与速度是直接关系到硬盘传输速度的重要因素。目前主流 SATA 硬盘的数据缓存大多为 16 MB、32 MB，个别型号的硬盘高达 64 MB。如希捷 1TB/7200 r/min/32 MB/串口（ST31000528AS）硬盘，其中 32 MB 代表的就是硬盘缓存。

4. *声卡*

声卡是多媒体技术中最基本的组成部分，是实现声波/数字信号相互转换的一种硬件。发展到今天，声卡已经集声音采集、编辑、语音识别、网络电话等功能于一身。声卡的主要类型分为板卡式、集成式和外置式三种。接口类型主要包括 PCI、USB、IEEE 1394 三类。过去板卡式声卡的主要品牌有创新、德国坦克、乐之邦、M-Audio、ESI 等。随着技术的发展及集成技术的提高，目前基本上所有主板均采用集成式声卡，也就是把声卡电路集成到主板上，只提供使用的接口，外置式声卡仅作为临时使用或者维护时替代的一种产品。但无论何种存在形式，其基本电路原理大同小异，都是实现信号的转换。

声卡由 DSP 芯片、功率放大器芯片、CD 音频接口、输入输出端口、总线接口等部分组成。下面对这些部分逐一做介绍。PCI 独立声卡及集成声卡的外观如图 3-10 所示。

图 3-10　独立声卡的结构以及主板集成声卡芯片

（1）数字信号处理器（Digital Signal Processor，DSP）芯片。DSP 芯片也叫作声音处理芯片，是声卡中最重要的部件，它在很大程度上决定了声卡的性能和档次，通常也按照此芯片的型号来命名声卡。它主要负责数字音频解码、3D 环绕音效运算的处理。

（2）功率放大芯片。功率放大芯片的主要作用是放大声音、音乐等信号。由于在放大这些信号的同时也放大了噪声信号，因此一般可使用声卡上的线路输出端口来连接音响设备。

（3）CD 音频接口。声卡的上部都有和光驱相应端口连接的专供 CD 音频的接口，这样 CD 音频信号可直接由声卡的输出端（speaker out）送出。

（4）输入/输出接口。输入/输出接口的作用就是输入和输出音频信号，包括 line in、line out、mic in、speaker out、MIDI 及游戏杆接口。

- line in（线性输入）接口。该接口主要用于连接磁带或者其他介质，通常和外设的 line out 接口相连。
- mic（传声器输入）。该接口用于连接传声器（麦克风）。
- speaker out（扬声器输出）接口。该接口用于连接音箱或者功率放大器等，适合输入到没有功率放大器的无源音箱。
- line out（线性输出）接口。该接口也是用来连接音箱或功率放大器的接口，其主要功能和 speaker out 的作用一样，适合用于连接有源音箱。
- MIDI 及游戏杆接口。该接口用于连接电子乐器和游戏操纵杆、游戏手柄等外接游戏控制器。

（5）总线接口。声卡上的“金手指”部分就是其与主板的接口。

5. 显卡

显卡也称为显示适配器，是计算机的主要配件之一，它工作在 CPU 和显示器之间，显示器必须在显卡的控制下工作。显卡的基本作用就是控制图形输出。CPU 将处理完成的数据传送给显卡，显卡将数字信号转换成模拟信号传送到显示器，再由显示器输出到屏幕上。显卡的类型主要有独立式和集成式两种。目前常见的显卡品牌有：丽台、讯景、微星、艾尔莎、华硕、七彩虹、双敏、铭瑄、太阳花、小影霸等。显示器的主要品牌有：三星、美格、飞利浦、优派、明基、冠捷、七喜、爱国者、现代、LG、NEC、索尼、方正等。图 3-11 所示为一款 PCI Express 显卡的外观，这种接口类型是目前独立显卡市场的主流。

图 3-11　一款 PCI Express 显卡的外观

显卡的主要参数包括 GPU、显存容量、显存速度、显存封装、显存类型、显存位宽、显存频率、核心频率、接口部分等。这些参数也是购买时需要考虑的主要方面。

（1）GPU。GPU（Graphics Processing Unit）即图形处理单元，也称显示芯片。它在显卡中的作用就如同 CPU 在计算机中的作用一样。它的主要任务就是处理系统输入的视频信息并将其进行构建、渲染等。显示芯片的性能好坏直接决定着显卡性能的高低。不同的显示芯片，无论从内部结构还是性能上，都存在着差异，其价格差别也很大。

生产显示芯片的厂商包括：Intel、ATi、NVIDIA、VIA（S3）、SiS、Matrox、3D Labs。其中，Intel、VIA（S3）、SiS 主要生产集成芯片；ATi、NVIDIA 以独立芯片为主，是目前市场上的主流；Matrox、3D Labs 则主要面向专业图形市场。

（2）显存容量。显存，也叫作帧缓存，它是用来存储显卡芯片处理过或者即将提取的渲染数据。如同计算机的内存一样，显存是用来存储要处理的图形信息的部件。我们在显示屏上看到的画面是由一个个的像素点构成的，而每个像素点都以 4～32 位甚至 64 位的数据来控制它的亮度和色彩，这些数据必须通过显存来保存，然后交由显示芯片和 CPU 调配，最后把运算结果转化为图形输出到显示器上。

显存是显卡上的关键核心部件之一，它的优劣和容量大小会直接关系到显卡的最终性能表现。显存容量决定着显存临时存储数据的多少。显存容量越大，显卡图形处理速度就越快，图像也就越清晰。显存的类型不同，其性能也就不同。常见的显存容量有：256 MB、512 MB、1024 MB 等几种。目前主流显存容量有 512 MB、1GB 等。

（3）显存速度。显存存储速度一般以 ns（纳秒）为单位。常见的显存速度有 1.0ns、0.9ns、0.8ns 等，数值越小表示速度越快。

（4）显存封装。目前，显存封装形式分为薄型小尺寸封装（Thin Small Out-line Package，TSOP）、小型方块平面封装（Quad Flat Package，QFP）和球闸阵列（Ball Grid Array，BGA）三种。

QFP 封装在早期显卡上使用比较频繁，但很少有速度在 4ns 以上的 QFP 封装显存，因为工艺的问题，目前已经逐渐被 TSOP 和 BGA 封装所取代。目前的显卡中，使用最多的是 TSOP 封装的显存颗粒，其工艺成熟，成本合理，因而受到不少厂商的青睐。

（5）显存类型。目前市场中的显存类型主要有 SDRAM、DDR SDRAM、DDR SGRAM 三种。

SDRAM 颗粒目前主要应用在低端显卡上，频率一般不超过 200 MHz，在价格和性能上它比起 DDR 没有什么优势，因此被 DDR 取代。DDR SDRAM 显存一方面因为工艺成熟和批量生产使得成本下跌，价格便宜；另一方面它能提供较高的工作频率，带来优异的数据处理性能。至于 DDR SGRAM，它是显卡厂商特别针对绘图者需求，为了加强图形的存取处理以及绘图控制效率，从同步动态随机存取内存（SDRAM）改良而得的产品。SGRAM 允许以方块（blocks）为单位个别修改或者存取内存中的资料，它能够与中央处理器（CPU）同步工作，可以减少内存读取次数，增加绘图控制器的效率。尽管它稳定性不错，而且性能表现也很好，但是它的超频性能很差。目前市场上的主流显存是 GDDR5。

（6）显存位宽。显存位宽是显存在一个时钟周期内所能传送数据的位数，位数越大则瞬间所能传输的数据量越大，这是显存的重要参数之一。目前市场上的显存位宽有 64 位、128 位、256 位和 512 位几种，人们习惯上说的 64 位显卡、128 位显卡、256 位显卡、512 位显卡就是指其显存位宽。显存位宽越大，性能就越好，价格也就越高，因此 512 位的显存更多应用于高端显卡，而主流显卡基本都采用 128 位或 256 位显存。

（7）显存频率。显存频率是指默认情况下该显存在显卡上工作时的频率，以 MHz（兆赫兹）为单位。显存频率在一定程度上反映了该显存的速度。显存频率随着显存的类型、性能的不同而不同，SDRAM 显存一般都工作在较低的频率上，一般为 133MHz 和 166MHz。此种频率早已无法满足现在显卡的需求。DDR SDRAM 显存则能提供较高的显存频率，因此是目前应用最为广泛的显存类型。目前，无论是中低端显卡，还是高端显卡，大部分都采用 DDR2 SDRAM，其所能提供的显存频率也差异很大，多为 1400MHz、1800MHz 乃至更高。

（8）核心频率。显卡的核心频率是指显示核心的工作频率，其工作频率在一定程度上可以反映出显示核心的性能。但显卡的性能是由核心频率、显存、像素管线、像素填充率等多方面的因素所决定的，因此在显示核心不同的情况下，核心频率高并不代表此显卡性能强劲。

（9）接口。PCI Express 2.0 是目前的主流接口。PCI Express 因为采用串行数据包方式传递数据，所以 PCI Express 接口的每个针脚可以获得比传统 I/O 标准更多的带宽，这样就可以降低 PCI Express 设备生产成本和体积。另外，PCI Express 也支持高阶电源管理，支持热插拔，支持数据同步传输，为优先传输数据进行带宽优化。在兼容性方面，PCI Express 在软件层面上兼容目前的 PCI 技术和设备，支持 PCI 设备和内存模组的初始化。也就是说，目前的驱动程序、操作系统都无须更换，就可以支持 PCI Express 设备。

现在最常见的输出接口主要有：

视频图形阵列（Video Graphics Array，VGA）接口，其作用是将转换好的模拟信号输出到 CRT 或者 LCD 显示器中。

数字视频（Digital Visual Interface，DVI）接口，视频信号无须转换，信号无衰减或失真，DVI 是 VGA 接口的替代者。

S 端子（Separate Video，S-Video）接口，也叫二分量视频接口，一般采用五线接头，它是用来将亮度和色度分离输出的设备，主要功能是为了克服视频复合输出时的亮度和色度的互相干扰。

6. 显示器

（1）显示器的分类。显示器按照显像管来分，分为采用电子枪产生图像的阴极射线管（Cathode Ray Tube，CRT）显示器和液晶显示器（Liquid Crystal Display，LCD）；按显示色彩来分，分为单色显示器和彩色显示器；按显示屏幕大小来分，以英寸为单位（1 英寸=2.54 cm），分为 14 英寸、15 英寸、17 英寸和 20 英寸显示器等。CRT 显示器和 LCD 显示器的外观如图 3-12 所示。

图 3-12　液晶显示器和 CRT 显示器

大多数 CRT 显示器是通过 R（红）、G（绿）、B（蓝）3 个电子枪来显示颜色，电子枪发出的红、绿、蓝三色电子束打在屏幕内层的荧光粉涂层上激发对应颜色的荧光粉，然后在屏幕上显示出颜色。电子枪和荧光粉之间有一层荫罩，荫罩最初是安装在荧光屏内侧的上面刻蚀有 40 多万个孔的薄钢板，是显像管的造色机构，荫罩上小孔的作用在于保证 3 个电子束共同穿过同一个荫罩孔，准确地激发彩色荧光粉，显示出所需的颜色，这是最初 CRT 显示器所使用的荫罩。随后，又有了条栅状荫罩（也可称为荫栅技术），它的原理和孔状荫罩基本相同，只是圆孔换成了垂直的条栅，从而增加了光束的穿透率。CRT 显示器按照显像管屏幕表面曲度来划分，可以分为球面、平面直角、柱面、纯平面 4 种。

LCD 显示屏的厚度不到 1cm，看似轻薄短小，其实内部包含 20 多项材料及元器件。不同类型的 LCD 所需的材料不尽相同。基本 LCD 结构如同三明治，两片玻璃基板内夹着彩色滤光片、偏光板、配向膜等材料，灌入液晶材料，最后封装成一个液晶盒。液晶分子本身并不会发光，显示所需的光线来自于安装在显示屏两边的灯管，同时液晶显示屏背面有一块背光板和反光膜。背光板是由荧光物质组成的，可以发射光线，其作用主要是提供均匀的背景光源。背光板发出的光线穿过包含成千上万液晶分子的液晶层，液晶层中的液晶分子都被包含在细小的单元格结构中。每一个像素都是由 3 个液晶单元格构成的，其中每一个单元格前面都分别有红色、绿色和蓝色的彩色滤光片，光线经过滤光片的处理照射到每个像素中不同色彩的液晶单元格上，再利用三原色原理组合出不同的色彩。

目前市场上的液晶显示器主要有两类：无源阵列彩显 DSTN- LCD（俗称伪彩显）和薄膜晶体管有源阵列彩显 TFT- LCD（俗称真彩显）。其中 TFT- LCD 因反应时间快，显示品质较佳，是现在笔记本式计算机和台式机上的主流显示设备。

（2）显示器的性能指标。

1）CRT 显示器性能指标。

a. 显像管尺寸：显像管尺寸是指对角线长度，以英寸为单位。显像管的尺寸决定了显示器的尺寸，也代表着不同的价格水平。17 英寸纯平显示器的对角线长度为 15.8～16.1 英寸。

b. 分辨率：分辨率是定义显示器画面解析度的标准，由每帧画面的像素数决定，以水平显示的像素个数×水平扫描线数表示。17 英寸 CRT 显示器的最佳分辨率是 1024 像素×768 像素，19 英寸 CRT 显示器则为 1280 像素×1024 像素。

c. 点距：主要是针对使用孔状荫罩的 CRT 显示器来说的，是指同一像素中两个颜色相近的磷光粉像素间的距离（由于显像管的显像原理产生了变化，所以对点距的定义也不尽相同），通常以 mm（毫米）为单位。点距越小越好，点距越小，显示器显示图形就越清晰，显示器的档次也就越高。现在的 15 英寸和 17 英寸显示器的点距一般都低于 0.25mm，否则显示图像会模糊。

d. 刷新频率：刷新频率即屏幕刷新的频率，单位是 Hz。刷新频率越低，图像闪烁和抖动得越厉害，眼睛观看时疲劳得越快。刷新频率越高，图像显示就越自然、越清晰。刷新频率又分为水平刷新频率和垂直刷新频率。从理论上来讲，只要刷新频率达到 85Hz，也就是每秒刷新 85 次，人眼就感觉不到屏幕闪烁。

e. 带宽：带宽是指电子枪每秒扫描过图像点的个数，以 MHz 为单位。带宽越高表明显示器电路可以处理的频率范围越大，显示器性能越好。高带宽能处理更高的频率，显示的图像质量更好。带宽的计算公式为：带宽=水平分辨率×垂直分辨率×最大刷新率÷1.5。

f. 认证：在选购显示器时，消费者对辐射、节能、环保、画面品质等方面的要求越来越高，产品是否具有某种认证标志成为人们考虑的重要因素之一。通过的认证会在显示器上标出来。常见的认证有 UL、FCC、TC0'95 和 TC0'99、TC0'03、TUV/EMC 和 Energy Star、CCC 等。

g. CRT 显示器可调节的属性：所有 CRT 显示器都可以调节一些参数来满足不同使用者的需要。

2）液晶显示器的性能指标。

a. 点距和可视面积：所谓点距就是指同一像素中两个颜色相近的磷光体之间的距离。液晶显示器的点距和可视面积有直接的对应关系。例如，一台 14 英寸的液晶显示器的可视面积一般为 285.7mm×214.3mm，最大分辨率为 1024 像素×768 像素，说明液晶显示板在水平方向上有 1024 像素，垂直方向有 768 像素，很容易计算出此液晶显示器的点距是 285.7/1024=0.279（mm）。

b. 亮度和对比度：亮度高说明画面显示的层次丰富，即有很高的画面显示质量。对比度是直接反映 LCD 能否显现丰富色阶的参数。一般人眼可以接受的对比度为 250:1 左右，低于这个对比度就会感觉模糊。对比度越高，图像的锐利程度就越高，图像也就越清晰。

c. 响应时间：响应时间是 LCD 的一个重要参数，它是指 LCD 对于输入信号的反应时间。响应时间越小，则播放运动画面时不会出现尾影拖曳的感觉。现在市场上的主流液晶显示器的响应时间都在 16ms 以下，所以画面一般比较流畅。

d. 坏点：如果液晶显示屏中某一个发光单元有问题或者该区域的液晶材料有问题，就会出现总不透光、总透光、半透光等现象，这就是所谓的“坏点”。对于坏点缺陷，没有统一的标准，每个厂商都有自己的标准，一般来说，13.1～14.1 英寸的 LCD 有 3 个以内坏点被认为是合格的。

e. 屏幕视角：屏幕视角是指操作人员可以从不同的方向清晰地观察屏幕上所有内容的角度，这与 LCD 是 DSTN 还是 TFT 有很大关系。因为前者是靠屏幕两边的晶体管扫描屏幕发光，后者是靠自身每个像素后面的晶体管发光，其对比度和亮度的差别决定了它们观察屏幕的视角有较大区别。DSTN - LCD 一般只有 600，TFT- LCD 则有 1600。

f. 可视角度：当从非垂直的方向观看液晶显示器的时候，往往看到显示屏呈现一片漆黑或是颜色失真。这就是液晶显示器的视角问题。日常使用中可能会有几个人同时观看屏幕，所以可视角度越大越好，应保证水平可视角度在 120°以上，垂直视角为 50°～60°即能满足平常的使用要求。

g. 最佳分辨率：分辨率是指屏幕上每行、每列有多少个像素点，一般用矩阵行列式来表示，其中每个像素点都能被计算机单独访问。LCD 的分辨率与 CRT 显示器不同，它是制造商设置和规定的，即最佳分辨率。LCD 最佳分辨率就是最大分辨率，而在显示小于最佳分辨率的画面时，液晶显示器则采用两种显示方式：一种是居中显示，画面清晰，但画面太小；另外一种则是扩大方式，画面大，但比较模糊。在使用液晶显示器时要将显卡的输出信号设置为最佳分辨率状态。

h. 液晶显示屏的寿命：主要是指背光灯管的寿命，如果 LCD 尚未损坏，可以通过更换灯管恢复。根据现在的行业标准，一般以背光灯管的寿命计算，而灯管的寿命是以亮度降为原来一半时的工作时间而定。一般灯管寿命为 30000～40000 小时，因此通常说 TFT-LCD 显示寿命为 30000～40000 小时。

7. 光驱及刻录机的使用

（1）光驱。光盘驱动器（简称光驱）就是对光盘进行读、写的设备。几乎所有光驱的控制面板上都会设有退出/插入键，个别还有放音键（播放键）和音量控制旋钮。用户可以通过前者放入/退出光盘，而通过后者直接播放音乐光盘。此外，有的光驱控制面板上有一个指示灯，用户可以通过指示灯观察光驱是否正在读盘，如图 3-13 所示。

图 3-13　光驱与刻录机的面板

光驱主要由激光头组件、驱动机械部分、电路及电路板、IDE 解码器及输出接口、控制面板及外壳等几部分组成。激光头作为光驱的心脏，负责数据的读取，包括激光发生器、半反光棱镜、物镜、透镜及光电二极管等部分。

在使用时，尽量将光盘放在光驱拖架中，有一些光驱托盘很浅，若光盘未放好就进盒，易造成光驱门机械错齿卡死。同时进盘时不要用手推光驱门，应使用面板上的进出盒键，以免入盘时齿轮错位。

在不使用光驱时，应尽量取出光盘，因为光驱中只要有光盘，主轴电动机就会不停地旋转，激光头不停地寻迹、对焦，这样会加快机械磨损，使光电二极管老化。

不要在光驱读盘时强行退盘，因为这时主轴电动机还在高速转动，而激光头组件还未复位，强行退盘一方面会划伤光盘，另一方面还会打花激光头聚焦透镜及造成透镜移位。用户须等待光驱指示灯熄灭后再按出盒键退盘。

保证光驱通风良好。众所周知，现在高倍速光驱的转速极快，几乎赶超了硬盘，所带来的最大弊端就是发热量极大。对于现在市场上大部分以塑料为机芯的光驱来说，高热量是降低其寿命的重要因素，因为塑料的耐热能力较差，长期使用自然会出现问题造成读盘不顺利。但光驱的机芯又很难像显卡或 CPU 那样依靠散热片和风扇来散热，因此高发热问题必须引起重视。我们要把光驱放在一个通风良好的地方，以保证光驱散热良好，从而保证光驱能够稳定运行。

当然，日常维护还有其他很多方面，一定要养成正确的使用和保养方法，才能延长光驱的寿命。对于一些经常使用的光盘，如果硬盘空间较大，最好把它制作成虚拟光驱文件。另外，还要养成定期清洁激光头的习惯。

（2）刻录机。刻录机是能够向光盘写入信息的一种光盘驱动器，根据其功能可分为 CD 刻录机和 DVD 刻录机，后者兼容前者。其外形如图 3-13（b）所示。光盘刻录（CD-R 和 CD-RW）是在 CD-ROM 基础上发展起来的 CD 存储技术。CD-R 是 CD-recordable 的简写，是指一种允许 CD 进行一次性刻写的特殊存储技术。CD-RW 是 CD-rewritable 的简写，是指一种允许对 CD 进行多次重复擦写的特殊存储技术。使用这两种技术的存储介质分别被称为 CD-R 盘片和 CD-RW 盘片，而实现这两种技术的设备就是 CD-R 驱动器和 CD-RW 驱动器。目前单纯的 CD-R 驱动器已很少见，通常所说的“刻录机”是指 CD-RW 或 DVD-RW 驱动器。普通光驱与刻录机最显著的区别就是看前面板上有无“RW”字符标识。

Combo 是一种能读取 DVD 的 CD 刻录机，既具有 DVD 光驱的读取 DVD 的功能，又具有 CD 刻录机刻录 CD 的功能，因此取名为 Combo，俗称“康宝”。

机器上安装了刻录机，再装上刻录软件（如 Nero）就可以刻录光盘了。Nero 是一款功能非常强大的软件，最新版本更加人性化，刻录方法和步骤简单明了，在这里不再详细介绍。刻录机除了单纯的刻录功能之外，还有很多其他功能，如编辑音频、设计 CD 封面等。

笔记本电脑基本标配刻录机，并具有可拆卸功能，以减轻笔记本重量；还有轻薄型笔记本电脑为了减少重量不配光驱，需要时可以通过外置刻录机实现。图 3-14 所示为笔记本光驱与外置刻录机。

图 3-14　笔记本光驱与外置刻录机

8. 机箱和电源

计算机主板、硬盘、光驱等配件必须安装在一个带有支架的铁箱中，铁箱能够起到保护配件的作用，这个铁箱就是机箱。CPU 及各种板卡需要多种直流电源，机箱内电源的主要作用就是将 220V 的市电电压转换为机内各部件所需的直流电压。

（1）机箱。机箱一般包括外壳、支架、面板等，如图 3-15 所示。外壳由钢板和塑料结合制成，其硬度高，主要起保护机箱内部元件的作用；支架主要用于固定主板、电源和各种驱动器。

图 3-15　机箱内部结构图

机箱有很多种类型，AT 类型已经退出市场，现在比较常见的有 ATX、Micro ATX 以及最新的 BTX 机箱。ATX 机箱是目前最常见的机箱，支持现在绝大部分类型的主板。Micro ATX 机箱是在 ATX 机箱的基础上发展而来的，为了进一步节省桌面空间，其比 ATX 机箱体积要小一些。各类型的机箱只能安装其支持类型的主板，一般不能混用，而且电源也有所差别。

（2）电源。AT 电源的功率一般为 150～220W，共有 4 路输出（+5V、±12V），另外向主板提供一个 P.G.信号，输出线为两个 6 芯插座和几个 4 芯插头，两个 6 芯插座给主板供电。AT 电源采用切断交流电网的方式关机，早已退出市场。

ATX 是 Intel 公司于 1997 年 2 月推出的 ATX 2.0 标准。和 AT 电源相比，其外形尺寸没有变化，主要增加了+3.3V 和+5V StandBy 两路输出和一个 PS-ON 信号，输出线改用一个 20 芯线（新式主板用 24 芯线）及一个 4 芯供电口给主板供电。另外由于计算机运行速度的提升，其用电功率也较大，ATX 一般的供电功率为 250～400W。图 3-16 所示为一款长城电源的外形、接头及电压参数。

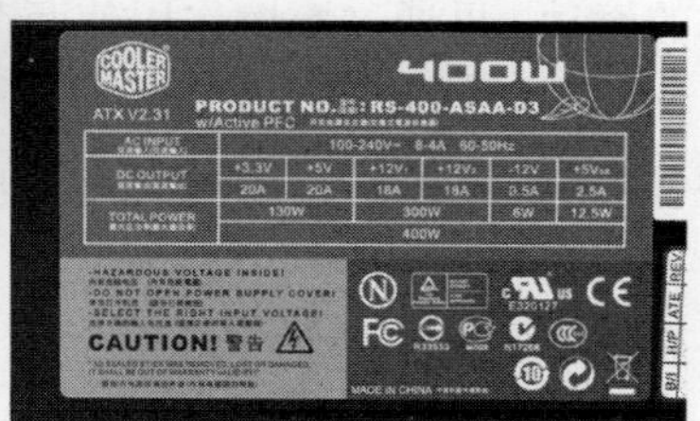

图 3-16　酷冷至尊天尊 400W 电源的外形、接头及电压参数

随着 CPU 工作频率的不断提高，为了降低 CPU 的功耗以减少发热量，需要降低芯片的工作电压，因此电源必须能直接提供 3.3V 的输出电压。+5V StandBy 电源也叫辅助+5V 电源，只要插上 220V 交流电它就有电压输出。PS-ON 信号是主板向电源提供的电平信号，低电平时电源启动，高电平时电源关闭。利用+5V StandBy 和 PS-ON 信号，就可以实现软件开关计算机、键盘开机、网络唤醒等功能。辅助+5V 电源是始终工作的，有些 ATX 电源在输出插座的下面加了一个开关，可切断交流电源输入，彻底关机。

Micro ATX 电源是 Intel 公司在 ATX 电源之后推出的标准，主要目的是降低成本。其与 ATX 电源的显著区别是体积和功率减小了。ATX 电源的体积为 150mm×140mm×86mm，而 Micro ATX 电源的体积为 125mm×100mm×63.51mm。Micro ATX 电源的功率为 90～145W。

9. 鼠标

鼠标是最为常用的输入设备。若现在的软件没有鼠标的支持，将严重影响工作效率，特别是在浏览网页时，若没有鼠标，基本上无法操作。目前常见的鼠标品牌有优派、微软、明基、爱国者、罗技、方正、双飞燕、世纪之星等，鼠标如图 3-17 所示。

图 3-17　鼠标

（1）鼠标分类。鼠标的分类方法有很多，通常按照键数、接口形式、内部构造进行分类。

1）按键数分类。鼠标按外形可分为两键鼠标、三键鼠标、滚轴鼠标和感应鼠标。

2）按接口类型分类。鼠标按接口类型可分为串口、PS/2 接口、USB 接口鼠标。

串口鼠标通过串口与计算机相连，有 9 针和 25 针两种。PS/2 接口鼠标通过一个 6 针微型 DIN 接口与计算机相连，它与键盘的接口很相似，使用时可根据颜色来区分。USB 接口鼠标则是通过 USB 接口接到计算机上。

3）按内部构造分类。鼠标按照内部结构可分为机械式、光机式、光电式和无线式四大类。

a. 机械式鼠标：机械式鼠标的结构最为简单。由鼠标底部的胶质小球带动 x 方向滚轴和 y 方向滚轴，滚轴的末端有译码轮，译码轮附有金属导电片与电刷直接接触。鼠标的移动带动小球的滚动，再通过摩擦作用使两个滚轴带动译码轮旋转，接触译码轮的电刷随即产生与二维空间位移相关的脉冲信号。由于电刷直接接触译码轮和鼠标小球与桌面摩擦，所以精度有限，电刷和译码轮的磨损也比较严重，直接影响机械式鼠标的寿命。因此，机械式鼠标已基本被同样廉价的光机式鼠标取代。笔记本计算机中则广泛采用压力感应板和操纵杆替代传统的小球体，使抗污垢的能力大幅增强。

b. 光机式鼠标：所谓光机式鼠标，顾名思义就是一种光电和机械相结合的鼠标，是目前市场上常见的一种鼠标。光机式鼠标在机械式鼠标的基础上，将磨损最厉害的接触式电刷和译码轮改进成为非接触式的LED对射光路元件（主要由一个发光二极管和一个光栅轮组成），在转动时可以间隔地通过光束以产生脉冲信号。由于采用的是非接触部件，因而磨损率下降，从而大大提高了鼠标的寿命，也能在一定范围内提高鼠标的精度。光机式鼠标的外形与机械式鼠标没有区别，不打开鼠标的外壳很难分辨。出于这个原因，虽然市面上很多鼠标都采用了光机结构，但习惯上人们仍称其为机械式鼠标。

c. 光电式鼠标：光电式鼠标通过发光二极管（LED）和光敏管协作来测量鼠标的位移，一般需要一块专用的光电板将LED发出的光束部分反射到光敏接收管，形成高低电平交错的脉冲信号。这种结构可以做出分辨率较高的鼠标，且由于接触部件较少，鼠标的可靠性大大增强，适用于对精度要求较高的场合。光电式鼠标手感舒适，操控简易，免维护。

d. 无线式鼠标：无线式鼠标利用数字、电子、程序语言等原理，内装微型遥控器，以电池为能源。无线式鼠标有自动休眠功能，电池可用一年，可以远距离控制光标的移动。由于这种新型鼠标与计算机主机之间无须用线连接，操作人员可在10m左右的距离自由遥控，并且不受角度的限制，所以这种鼠标与普通鼠标相比有较明显的优势。

（2）新型鼠标。

1）轨迹球式鼠标。轨迹球鼠标的工作原理和内部结构与普通鼠标类似，只是改变了滚轮的运动方式，其球座固定不动，直接用手拨动轨迹球来控制鼠标箭头的移动。轨迹球外观新颖，可随意放置，用惯后手感也不错。即使在光电式鼠标的冲击下，仍有许多设计人员更垂青于轨迹球式鼠标的精准定位。各类轨迹球式鼠标球的位置、样式甚至手握鼠标的方法都有很大不同，一些张扬自我个性的人在这些方面都会十分挑剔。

2）3D震动式鼠标。3D震动式鼠标是一种新型鼠标，它不仅可以当作普通鼠标使用，还具有一些独特的功能：它具有全方位立体控制能力，拥有前、后、左、右、上、下6个移动方向，而且可以组合出前右、左下等移动方向。在外形上，3D震动式鼠标和普通鼠标有所不同，一般由一个扇形的底座和一个能够活动的控制器构成。它还具有震动功能，即触觉回馈功能，例如当玩某些游戏时，如果被敌人击中，玩家会感觉到鼠标也震动了。可以说它是真正的三键式鼠标。

3）网鼠。有飞轮或侧按键的新式鼠标与传统鼠标相比，功能更强大，使用更方便，越来越受到广大用户的青睐。因为这种鼠标在上网时尤其好用，所以大家亲切地称其为“网鼠”。这种鼠标可以很方便地实现多窗口切换以及窗口的最大化、最小化操作；也可很方便地在窗口内上下左右滑动，让用户不必费力地拉动滚动条了；上网时的滚动屏幕功能使得网上浏览更方便；其还可与键盘配合实现一些快捷方式，如改变字体大小、自动翻页等功能。

10. 键盘

键盘是向计算机发布命令和输入数据的重要输入设备，担负着人机交互的基本任务。虽然如今鼠标和手写输入应用越来越广泛，但在文字输入领域，键盘依旧有着不可动摇的地位。目前键盘的常见品牌有优派、微软、明基、爱国者、罗技、方正、双飞燕、世纪之星等。键盘的分类如下：

（1）按接口类型分类。键盘按接口不同分为AT接口键盘、PS/2接口键盘、USB接口键盘和无线键盘等。

AT接口键盘俗称大口键盘，一般老式的AT主板都使用这种键盘，但随着ATX结构主板的普及，这种键盘很快退出了市场。PS/2接口键盘是目前使用最普遍的一种键盘。USB接口键盘在市场上也有很高的占有率，该键盘支持热插拔。

无线键盘就是键盘和计算机之间没有物理连线，它由与计算机相连的接收器以及通过电池提供能源的键盘两部分组成。无线键盘按传播方式不同又分为红外线型和无线电型两种。红外线型就是通过红外线来传播信号，这类键盘对方向性要求比较严格，尤其对水平位置比较敏感。因为无线电是呈辐射状传播的，所以相对于红外线型，这类键盘使用起来较灵活，但这种键盘抗干扰能力比较差。

（2）按开关接触方式分类。键盘按开关接触方式分为机械式键盘和电容式键盘。

机械式键盘是最早被采用的结构，其采用类似金属接触式开关的原理使触点导通或断开，具有工艺简单、维修方便、手感一般、噪声大、易磨损等特性。

电容式键盘具有无触点的开关。其原理是通过按键改变电极间的距离产生电容量的变化，暂时形成振荡脉冲允许通过的条件。它的特点是击键声音小、手感较好、寿命较长。

（3）按键数目分类。键盘可根据按键数目分类。自 IBM-PC 推出以来，出现了 83 键、93 键、94 键、96 键、101 键、104 键、107 键、108 键等许多种类的键盘，现在普遍使用的是 104 键和 108 键键盘。尽管它们在按键数目上有所差异，但按键布局基本相同，共分为 4 个区域，即主键盘区、副键盘区、功能键区和数字键盘区。

（4）按功能分类。键盘按功能可分为手写键盘、笔记本式计算机键盘、多媒体键盘和集成鼠标的键盘。

手写键盘没有右边的数字小键盘，取而代之的是手写板，或者是直接多一个手写板。这种键盘很容易识别。手写键盘一般适合打字速度不快或从事美术创作的人使用。

笔记本式计算机键盘是仿照普通计算机键盘制作的，整体上比一般的键盘小巧，不过由于键盘面积的减少，键位也不得不减少，最明显的改变就是没有标准键盘右边的数字小键盘，除此之外与普通键盘并没有本质上的区别。

所谓多媒体键盘，就是通过自带的驱动程序，使用键盘上的快捷键来实现诸如 CD 播放、音量调整、键盘软开/关机、启动休眠、上网浏览等功能。由于这些附加功能目前还没有统一的标准，所以不同品牌的多媒体键盘提供的快捷键数量和功能也不尽相同。多媒体键盘通常都会在原有键盘的结构上进行很大的改变，是一种创新，所以对于经常使用多媒体的用户，可以选择这类键盘。

集成鼠标的键盘和笔记本式计算机的键盘很类似，一般键盘上集成的鼠标多以轨迹球和压力感应板的形式出现，这样可以节省桌面空间。

1.2　常用网络设备构成

信息网络，是计算机技术和通信技术日益发展和密切结合的产物，它主要由计算机硬件设备、软件、通信设备和信息资源等几个基本要素构成。

1. 服务器（Server）

服务器是一台高性能的计算机，属于计算机网络中的核心设备。它为客户机提供服务的同时，也实施网络管理的任务。在实际应用当中，根据服务器完成任务的不同，可将其分为文件服务器、打印服务器、备份服务器等。

2. 客户机（Client）

客户机（又称工作站）运行客户机/服务器应用程序的客户端软件，由服务器进行管理和提供服务。网络用户是通过客户机与网络进行联系的。由于网络中的客户机能够享受服务器的资源，其硬件性能一般低于服务器。

3. 传输介质

传输介质是网络中信息传输的物理通道，用于连接计算机网络中的网络设备，是网络中的生命线。

4. 网卡（Network Interface Card，NIC）

网卡是主机和网络的接口，它负责将设备所要传送的数据转换为网络上其他设备能够识别的格式，通过传输介质传输数据。

5. 中继器

中继器是一种解决信号传输过程中放大信号的设备，它是网络物理层的一种介质连接设备。由于信号在网络传输介质中有衰减和噪声，使有用的数据信号变得越来越弱，为了保证有用数据的完整性，并在一定范围内传送，要用中继器把接收到的弱信号放大以保持与原数据相同。使用中继器就可以使信号传送到更远的距离。

6. 集线器

集线器是一种信号再生转发器，它可以把信号分散到多条线上。集线器的一端有一个接口连接服务器，另一端有几个接口与网络工作站相连。集线器接口的多少决定网络中所连计算机的数目，常见的集线器接口有 8 个、12 个、16 个、32 个等几种。如果希望连接的计算机数目超过 HUB 的端口数时，可以采用 HUB 或堆叠的方式来扩展。

CANHub-S5 总线集线器，CANHub-S5 能实现多路 CAN 物理总线之间的互联，打破传统 CAN 总线的单总线拓扑结构，使得主干网络没有支线长度限制，网络中任意两个节点可以到达协议距离。

CANHub-S5 增加了总线驱动能力，由于每一个 CANHub 通道都有一个 CAN 收发器，能倍增节点数目，因此在提供自由的布线方式的同时也解除了系统驱动 CAN 收发器最大节点数的限制。

7. 网关

网关（Gateway）是连接两个不同网络协议、不同体系结构的计算机网络的设备。网关有两种：一种是面向连接的网关，一种是无连接的网关。网关可以实现不同网络之间的转换，可以在两个不同类型的网络系统之间进行通信，把协议进行转换，将数据重新分组、包装和转换。

8. 网桥

网桥（Bridge）是网络结点设备，它能将一个较大的局域网分割成多个网段，或者将两个以上的局域网（可以是不同类型的局域网）互连为一个逻辑局域网。网桥的功能就是延长网络跨度，同时提供智能化连接服务，即根据数据包终点地址处于哪一个网段来进行转发和滤除。

CANbridge 智能 CAN 网桥是一款性能优异的 CAN 中继设备。当 CAN 总线上的设备超过 110 个或者通讯距离超过 10km 时，使用 CANbridge 智能 CAN 网桥可达到增加负载节点和延长通信距离的作用。

CANbridge 智能 CAN 网桥具有强大的 ID 过滤功能，抛弃以往采用的屏蔽码验收方法，使用直接输入验收码，通过上位机可任意配置不超过 1024 个离散的标准 ID，512 个离散的扩展 ID，512 组标准 ID 范围，256 组扩展 ID，精确的验收 ID 配置使 CAN 总线的负荷降到最低。

9. 路由器

路由器（Router）是连接局域网与广域网的连接设备，在网络中起着数据转发和信息资源进出的枢纽作用，是网络的核心设备。当数据从某个子网传输到另一个子网时，要通过路由器来完成。路由器根据传输费用、转接时延、网络拥塞或信源和终点间的距离来选择最佳路径。

10. 交换机（Switch）

交换机又称交换式集线器（Switch Hub 或 Hub Switch），它分为第二层交换机和第三层交换机。

交换机采用交换方式进行工作，能够将多条线路的端点集中连接在一起，并支持端口工作站之间的多个并发连接，实现多个工作站之间数据的并发传输，可以增加局域网带宽，改善局域网的性能和服务质量。第二层交换机同时具备了集线器和网桥的功能。第三层交换机除了具有第二层交换机的功能之外，还能进行路径选择功能。

11. 调制解调器

调制解调器是一种能够使电脑通过电话线同其他电脑进行通信的设备。因为电脑采用数字信号处理数据，而电话系统则采用模拟信号传输数据。为了能利用电话系统来进行数据通信，必须实现数字信号与模拟式的互换。调制解调器的功能由三个因素来确定：速率、错误纠正和数据压缩。目前市场上的调制解调器主要有四种：外置调制解调器、内置调制解调器、PCMCIA卡式调制解调器（主要用于笔记本电脑）、电缆调制解调器。

调制解调器具有两个功能：一是调制和解调功能；二是提供硬件纠错、硬件压缩、通信协议等功能。当这两个功能都是由固化在调制解调器中的硬件芯片来完成时，即其所有功能都由硬件完成，这种调制解调器俗称为硬“猫”。目前大多数的调制解调器都是硬“猫”。

1.3 IT销售员技能训练

（一）计算机硬件组装及测试

随着信息技术的发展，现在越来越多的家庭拥有自己的计算机。早些年由于人们对计算机的了解甚少，大部分家庭购买品牌机，随着计算机知识的普及，现在更多的家庭用户选择购买组装机。组装机不但价格便宜，且可以随自己的意愿任意搭配组建，具有更大的灵活性。

1. 工具与材料准备

（1）螺丝刀：在装机时要用两种螺丝刀，一种是一字型的，通常称为平口改锥；另一种是十字型的，通常称为梅花改锥。应尽量选用带磁性的螺丝刀，这样可以降低安装的难度，因为机箱内空间狭小，用手扶螺丝很不方便。但螺丝刀上的磁性不能过大，以免对部分硬件造成损坏。磁性的强弱以螺丝刀能吸住螺丝不脱落为宜。

（2）尖嘴钳：尖嘴钳主要用来拔一些小的元件，如跳线帽和主板的支撑架等。

（3）镊子：镊子主要是在插拔主板或硬盘上的跳线时使用。

（4）材料准备：在准备组装电脑前，还需要准备好所需要的配件，如主板、CPU、硬盘和内存等，最好将这些配件依次放置在工作台上，以方便取用，也不会因为随意放置而出现跌落损坏等情况。

2. 组装的注意事项

（1）静电。几乎所有的电脑配件上都带有精密的电子元件，这些电子元件最怕的就是静电。因为静电在释放的瞬间，其电压值可以达到上万伏特，在这样高的电压下，配件上的电子元件有可能会被击穿。释放静电最简单的方法就是触摸大块的接地金属物品（如自来水管），或者戴上防静电手套。

（2）不要连接电源线。在组装的过程中不要连接电源线，也不要在通电后触摸机箱内的任何组件。

（3）轻拿轻放物品。对各个部件要轻拿轻放，不要碰撞，尤其是硬盘。

（4）防止出现短路现象。像主板、光驱、软驱、硬盘这类需要很多螺钉的硬件，应将它们在机箱中放置安稳，在对称将螺丝钉安上，最后对称拧紧。安装主板的螺钉要加上绝缘垫片，防止主板与机箱短接。

（5）拧紧螺栓的松紧度。在拧螺栓或螺帽时，要适度用力，并在开始遇到阻力时便立即停止。过度拧紧螺栓或螺帽可能会损坏主板或其他塑料组件。

3. 计算机组装步骤

（1）拆卸机箱和安装电源。首先将机箱放在工作台，用十字螺丝刀把机箱上的挡板固定螺丝打开。把与机箱配套的配件包打开，里面有很多小零件。有很多不同型号的螺丝，一般分专门固定硬盘用的螺丝，专门固定主板、光驱、软驱用的螺丝，专门固定机箱挡板、电源用的螺丝，专门固定显卡、声卡等内置插卡的螺丝。有一些用于把电源线、软驱线、硬盘线捆绑在一起的塑料扎线。还有为了适合不同类型主板的机箱挡片以及支撑主板的铜柱等。

机箱打开后安装电源，先将电源放进机箱上的电源位，并将电源上的螺丝固定孔与机箱上的固定孔对正，然后再先拧上 1 颗螺丝钉（固定住电源即可），然后将最后 3 颗螺钉孔对正位置，再拧上剩下的即可，如图 3-18 所示。

图 3-18　安装电源

需要注意的是，在安装电源时，首先要做的就是将电源放入机箱内，这个过程中要注意电源放入的方向，有些电源有 2 个风扇，或者有 1 个排风口，则其中 1 个风扇或排风口应对着主板，放入后稍稍调整，让电源上的 4 个螺钉和机箱上的固定孔分别对齐。把电源装上机箱时，要注意电源一般都是反过来安装，即上下颠倒。只要把电源上的螺丝位对准机箱上的孔位，再把螺丝上紧即可。

（2）组装最小系统。设置主板上的跳线与插针。跳线有 2 针和 3 针之分，2 针采用闭合或者打开来设定，而 3 针采用 1-2（连接 1 号位与 2 号位插针）与 2-3（连接 2 号位与 3 号位插针）来设置。部分主板采用 4 针跳线，拥有 3 种组合。事实上，跳线的使用不如 DIP 开关那样简单直观，需要一个跳线帽来设定。

使用跳线时，通常外频设置跳线和倍频跳线是分开的，具体须参考主板说明书。

插针用于输出低电压与数据信号，常见的有主板上的 PC 喇叭、信号灯、CPU 风扇等插针。注意插针往往有正负之分，如果接反，有些不能正常工作。由于插针输出的电压很小，因此一般情况下即便插反也不会损坏硬件。安装 CPU 和风扇，如图 3-19 所示。

图 3-19　Socket CPU 及对应的 Socket 插座

安装内存条。用力扳开白色的内存条卡子，然后按照内存条上的缺口跟内存条插槽缺口一致的方向插上，确保方向没有错的情况下，均匀用力压下，如图 3-20 所示。此时应该听到“啪，啪”的两声，这是内存条的扣正常扣紧了内存条时发出的声音。

图 3-20　内存安装

如果需要支持双通道，则按照主板说明书上的说明在另外一个内存插槽中再安装一条内存条。

安装显卡。如果选择的是 PCI-E 的显卡，则必须把它安装在 PCI-E 插槽上；如果是 AGP 上的显卡，则需要安装在 AGP 插槽上，如图 3-21 所示。

注意：如果主板集成了显卡就可以跳过该步骤。

连接电源。连接主板电源：找到主板电源线，将其插入主板插座，如图 3-22 所示。目前大部分主板采用了 24 针的供电电源设计，但也有些主板为 20 针。

图 3-21　显卡安装

图 3-22　连接电源

插入 CPU 专用的电源插头，如图 3-23 所示。这里使用了高端的 8 针设计，以提供 CPU 稳定的电压供应。

测试最小系统。参见主板说明书，用螺丝刀头轻轻动短路主板上标有 POWER SW（电源开关）的跳线启动电脑。显示主板信息，表示正常。未完全安装的最小系统如图 3-24 所示。

图 3-23　CPU 电源插头

图 3-24　未完全安装的最小系统

（3）固定主板及相关的连线。

1）把支撑主板的铜柱取出，拧在机箱固定主板的位置上。

2）把安装好最小系统的主板轻轻放在铜柱上，并对准位置，再用专门固定主板的螺丝一一拧紧。上螺丝的时候按对角线的顺序，拧的时候最好先拧到一半，等螺丝都拧上了再一一拧紧，这样是为了防止用户把一个螺丝拧紧之后，其他的螺丝有可能因为对不上位置而拧不进去。

（4）安装其他扩展卡及连接各类连线。在 PCI 插槽安装网卡或者声卡，并把它们固定在机箱上。

机箱上一般都带有电源开关线、复位（Reset）线、电源指示灯线、硬盘指示灯线、喇叭线等，这些线是要与主板上的插针相连的。这些插针集中在主板的一个区域，如图 3-25 所示。

图 3-25　安装扩展卡及连线

（5）安装光驱驱动器。安装光驱。在安装之前，需要提醒的是，为了安装的方便，光驱和硬盘等驱动器的安装可以在安装主板之前进行。

安装光驱之前先从面板上拆下一个 5 英寸槽的挡板，然后将光驱从机箱前面放入。把光驱安装在 5 英寸固定架上，保持光驱的前面和机箱面板齐平，在光驱的每一侧面用两个螺丝初步固定，先不要拧紧，这样可以对光驱的位置进行细致的调整，然后再把螺丝拧紧，这是考虑到面板的美观所采取的措施。连接光驱电源线和数据线。光驱数据线可采用 IDE 数据线和串口数据线，为连接 IDE 光驱数据线。

（6）安装硬盘。下面安装硬盘，这里使用的是 3 英寸的 SATA 接口硬盘，它是装在 3 英寸固定架上的。为了方便硬盘的安装，先把 3 英寸固定架卸下来，也可以直接在机箱上安装。将硬盘插到固定架中，注意方向，保证硬盘正面朝上，电源接口和数据线必须对着主板。安装好硬盘后，同样需要用带有粗螺纹的螺丝固定，如图 3-26 所示。

连接硬盘的数据线和电源线。把数据线和电源线一端接到硬盘上，另外一端的数据线则需要接到主板的 SATA 接口中，如图 3-27 所示。由于接线插头都有防呆设计，因此不会有插错方向的问题。

图 3-26　安装硬盘

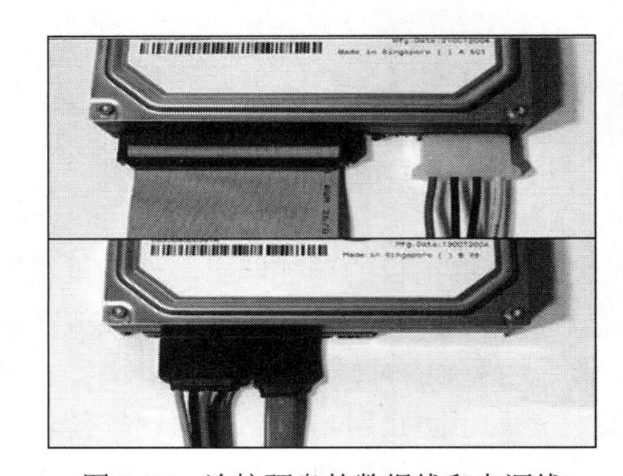

图 3-27　连接硬盘的数据线和电源线

如果安装 IDE 接口的硬盘，其数据线和电源线连接方法与光驱的连接方法相同。只是需要把数据线上标识 System 的一头接在主板的 IDE 接口上，把标有 Master 的一头接在启动硬盘上，标识 Slave 的一头可以接在第二块硬盘上，此时这块硬盘就要按照硬盘上标明的方法改变跳线使之变成副盘，这样计算机才能识别两块硬盘，否则只能找到一块，或者两块都找不到，所以一定要注意硬盘的跳线。

（7）主机外部连线。把键盘的接口接在主板上的键盘接口上，现在的计算机部件都是符合 PC'99 规范的，有明显的彩色标志，如主板上的键盘接口是紫色，PS/2 鼠标接口是绿色，跟键盘接口、PS/2 鼠标接口的颜色是一致的，这样在连接键盘和鼠标时就不会插错了。

另外要注意的是，插的时候要确认方向，避免键盘、PS/2 鼠标接口针被插歪，造成计算机无法识别键盘和鼠标。

接着把显示器的接口（15 针）接到显卡上。也要注意接口方向，由于是梯形接口，所以插的时候不需要很大力气，否则就会把针插歪或插断，导致显示器显示不正常。

然后再连接音箱到声卡的连线，普通的音箱是由一对喇叭组成的，所以连接起来很简单，即把喇叭后边的一个线缆接到声卡 SPEAKER OUT 或 LINE OUT 接口上。

最后把主机的电源线插在电源的输入口上。现在，已经安装并连接完所有的部件，在封闭机箱之前，应用橡皮筋扎好各种连接线后固定在远离 CPU 风扇的地方。

经过以上步骤，整个计算机组装过程结束。要实际使用计算机，还需要设置 Bios、安装操作系统及应用软件等多个步骤。

（二）操作系统安装

1. Bios 设置

由于 Bios 直接和系统硬件资源相关，因此总是针对某一类型的硬件系统，而各种硬件系统又各不相同，所以存在不同种类 Bios，随着硬件技术的发展，同一种 Bios 也先后出现了不同的版本，新版本的 Bios 比起老版本来说功能更强。

目前市场上主要有的 Bios 有 AMI Bios、Award Bios 和 Phonix-Award Bios。

进入 CMOS，如果是组装计算机，并且是 AMI、Award、Phonix 公司的 Bios 设置程序，那么开机后按 Delete 键或小键盘上的 Del 键就可以进入 CMOS 设置界面。

如果 Delete 键进不了设置程序，那就看开机后计算机屏幕上的提示，或者看使用说明书。也可以尝试按 F2、F10、F12、Ctrl+F10、Ctrl+Alt+F8 等常用键。

设置 Bios，按 Delete 键后，首先打开的是 CMOS 设置主界面（不同的 Bios 程序和版本界面可能不一样，但是具体操作方法大同小异），这里以 Award Bios 为例，如图 3-28 所示。

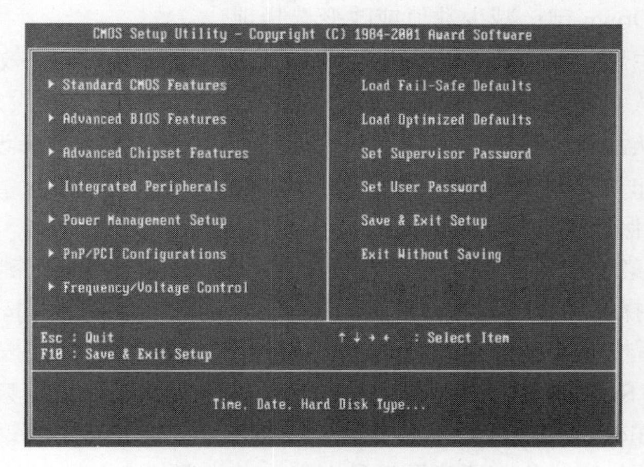

图 3-28　CMOS 设置主界面

图 3-28 项目前面的三角形箭头表示该项目包含子菜单。

（1）主菜单上 13 个项目的功能：

- Standard CMOS Features（标准 CMOS 功能设定）：设定日期、时间、软硬盘规格及显示器种类。
- Advanced Bios Features（高级 Bios 功能设定）：对系统的高级特性进行设定。
- Advanced Chipset Features（高级芯片组功能设定）：设定组合版所用芯片组的相关参数。
- Integrated Peripherals（外部设备设定）：使设定菜单包括所有外围设备的设定，如声卡、Modem、USB 键盘是否打开。
- Power Management Setup（电源管理设定）：设定 CPU、硬盘、显示器等设备的节电功能运行方式。
- PnP/PCI Configurations（即插即用/PCI 参数设定）：设定 ISA 的 PnP 即插即用界面及 PCI 界面的参数，此项仅在系统支持 PnP/PCI 时才有效。
- Frequency/Voltage Control（频率/电压控制）：设定 CPU 的倍频，设定是否自动侦测 CPU 频率等。
- Load Fail-Safe Defaults（载入最安全的默认值）：载入工厂默认值作为稳定的系统使用。
- Load Optimized Defaults（载入高性能默认值）：载入最好的性能但有可能影响稳定的默认值。
- Set Supervisor Password（设定超级用户密码）：可以设置超级用户的密码。
- Set User Password（设置用户密码）：可以设置用户密码。
- Save&Exit Setup（保存后退出）：保存对 CMOS 的修改，然后退出 Setup 程序。
- Exit Without Saving（不保存退出）：放弃对 CMOS 的修改，然后退出 Setup 程序。

（2）Award Bios 设置的操作方法。

- 按↑、↓、←、→方向键：移动到需要操作的项目上。
- 按 Enter 键：选定此选项。
- 按 Esc 键：从子菜单回到上一级菜单或者跳到退出菜单。
- 按+或 Page Up 键：增加数值或改变选择项。
- 按-或 Page Down 键：减少数值或改变选择项。
- 按 F1 键：主题帮助，仅在状态显示菜单和选择设定菜单时有效。
- 按 F5 键：从 CMOS 中恢复前次的 CMOS 设定值，仅在选择设定菜单时有效。
- 按 F6 键：从故障保护默认值表加载 CMOS 设定值，仅在选择设定菜单时有效。
- 按 F7 键：加载优化默认值。
- 按 F10 键：保存改变后的 CMOS 设定值并退出。

操作方法：在主菜单上用方向键选择要操作的项目，然后按 Enter 键进入该项子菜单，在子菜单中按方向键选择要操作的项目，然后按 Enter 键进入该子项，后按方向键选择，完成后按 Enter 键确认，最后按 F10 键保存改变后的 CMOS 设定值并退出（或按 Esc 键退回上一级菜单，退回主菜单后选 Save&Exit Setup 后按 Enter 键，在弹出的确认窗口中输入“Y”然后按 Enter 键，即保存对 Bios 的修改并退出 Setup 程序）。

（3）硬盘的分区与格式化。硬盘要记录东西，首先要建立分区表信息。就像书要有目录一样，如果把一块新硬盘比作一本书，格式化就是为这本书做上目录。由于新硬盘的盘片上没有分区表信息，所以要先分区，然后格式化，这样就把硬盘的磁道、扇区等信息记录到分区表中了。

2. 硬盘分区类型

硬盘分区之后，会形成三种形式的分区状态：主分区、扩展分区和非 DOS 分区。

（1）主分区。主分区是一个比较单纯的分区，通常位于硬盘最前面的一块区域中，构成逻辑 C 磁盘。其中的主引导程序是它的一部分，此段程序主要用于检测硬盘分区的正确性，并确定活动分区，负责把引导权移交给活动分区的 DOS 或其他操作系统。此段程序损坏将无法从硬盘引导，但从软驱或光驱引导之后可对硬盘进行读写。

（2）扩展分区。扩展分区的概念比较复杂，很容易造成硬盘分区与逻辑磁盘的混淆。分区表的第四个字节为分区类型值，正常可引导的大于 32MB 的基本 DOS 分区值为 06，扩展的 DOS 分区值是 05。如果把基本 DOS 分区类型改为 05 则无法启动系统，并且不能读写其中的数据。如果把 06 改为 DOS 不识别的类型（如 EFH）则 DOS 认为该分区不是 DOS 分区，当然无法读写。很多人利用此类型值实现单个分区的加密技术，恢复原来的正确类型值即可使该分区恢复正常。但扩展分区是不能直接使用的，它是以逻辑分区的方式来使用的，所以说扩展分区可分成若干逻辑分区。其关系是前者包含后者的关系，所有的逻辑分区都是扩展分区的一部分。

（3）非 DOS 分区。非 DOS 分区是一种特殊的分区形式，它是将硬盘中的一块区域单独划分出来供另一个操作系统使用，对主分区的操作系统来讲，是一块被划分出去的存储空间，只有非 DOS 分区的操作系统才能管理和使用这块存储区域。

在实际分区时，通常把硬盘分为主分区和扩展分区，然后根据硬盘大小和使用需要将扩展分区继续划分为几个逻辑分区，因此，建立硬盘分区的步骤是：建立主分区→建立扩展分区→将扩展分区分成多个逻辑分区，如图 3-29 所示。

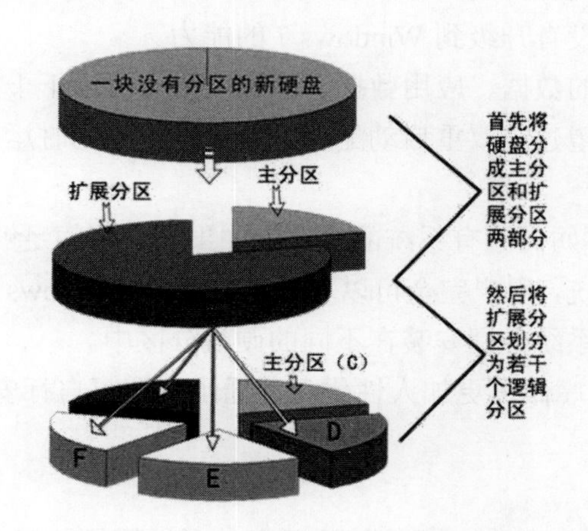

图 3-29　硬盘分区步骤示意图

3. 安装前的准备工作

通过对各版本的比较，我们推荐广大普通用户安装使用 Windows 7 Ultimate（旗舰版）。Windows 7 在安装期间能够自动识别和配置许多最新型的硬件，除了做几个必要的选择外，大部分时间不需要用户干预，整个安装过程只需要 20 分钟左右。

（1）基本要求。现在的操作系统随着功能的不断完善，对计算机的硬件提出了越来越高的要求。Windows 7 Ultimate（旗舰版）对硬件的要求如下：

1）CPU：1 GHz 32 位或 64 位处理器。

2）内存：1 GB 内存（基于 32 位）或 2 GB 内存（基于 64 位）。

3）硬盘：16 GB 可用硬盘空间（基于 32 位）或 20 GB 可用硬盘空间（基于 64 位）。

4）带有 WDDM 1.0 或更高版本驱动程序的 DirectX 9 图形设备。

（2）磁盘格式转换。安装 Windows 7 的磁盘分区格式必须是 NTFS 的。当在空机器上安装 Windows 7 操作系统时，系统盘会提供磁盘的分区及格式化，若想在计算机上同时运行 Windows 7 和当前的操作系统，则必须在安装前确保 Windows 7 所在的磁盘分区是 NTFS 格式的。

（3）安装 Windows 7。Windows 7 系统的安装方式包括全新安装和升级安装两种其中全新安装是指在启动电脑是利用光驱启动 Windows 7 安装光盘中的系统安装自启动文件，进入 Windows 7 安装程序执行操作系统的安装过程；升级安装指的是通过在 Windows XP 等其他操作系统中启动 Windows 7 安装光盘中的 Setup.exe 执行 Windows 7 系统的安装程序安装 Windows 7。

以下情况适合升级安装：

- 正在使用的 Windows 早期版本支持升级方式。
- 希望用 Windows 7 替换旧版本的 Windows 操作系统。
- 希望保留现有数据和参数设置。

以下情况适合全新安装：

- 硬盘是全新的，没有安装操作系统。
- 当前的操作系统没有升级到 Windows 7 的能力。
- 不需要保留现存的数据、应用数据和参数设置，可以干干净净的安装。
- 有两个分区，希望建立双重启动配置，在计算机上同时运行 Windows 7 和当前的操作系统。

安装 Windows 7 并不妨碍原有系统的运行。如果硬盘空间足够或者还没有拿定主意放弃原来使用很熟悉的现有系统，用户完全可以另外安装一个 Windows 7，保留原有的操作系统不变。但是最好将两个操作系统分别安装在不同的硬盘分区中。

Windows 7 的安装程序做得更加人性化，普通用户即可自行安装。常规安装流程图如图 3-30 所示。

开始安装：

（1）插入准备的安装光盘或 U 盘，然后开机，开机后显示安装程序界面如图 3-31 所示，选择地区和键盘布局，单击“下一步”按钮。

（2）安装程序在启动之后就会转到“许可条款”界面，如图 3-32 所示。在许可条款界面，“我接收许可条款”这个复选框是必须选的，勾选后单击“下一步”按钮。

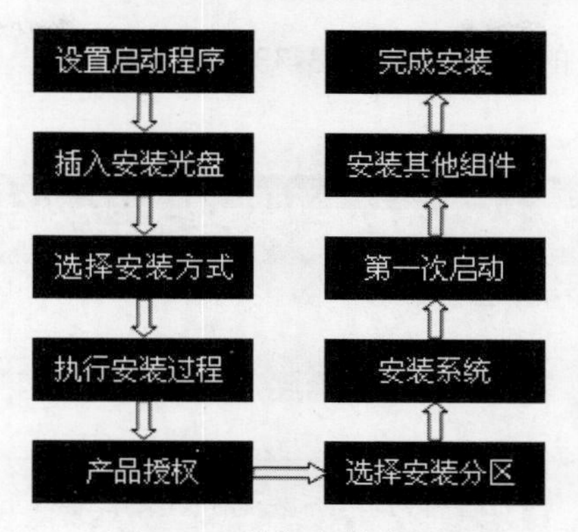

图 3-30　常规安装流程图

图 3-31　安装程序界面

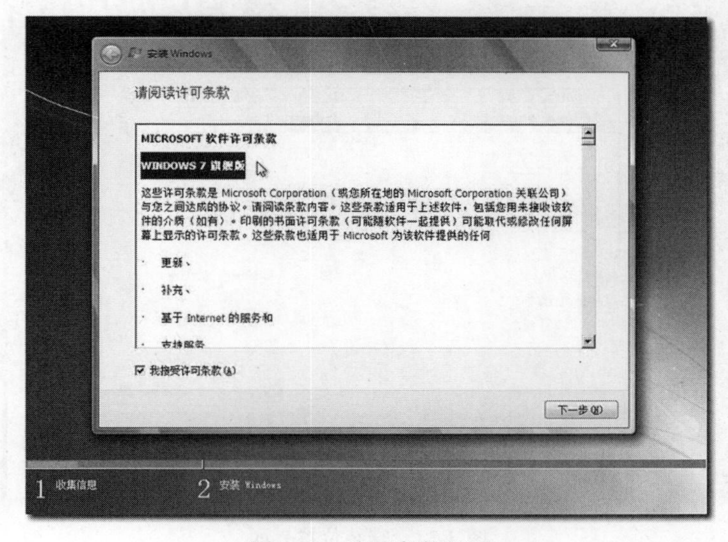

图 3-32　许可条款界面

（3）进入选择安装类型的界面，如图 3-33 所示，选择“自定义”，单击后自动转到下一个界面。

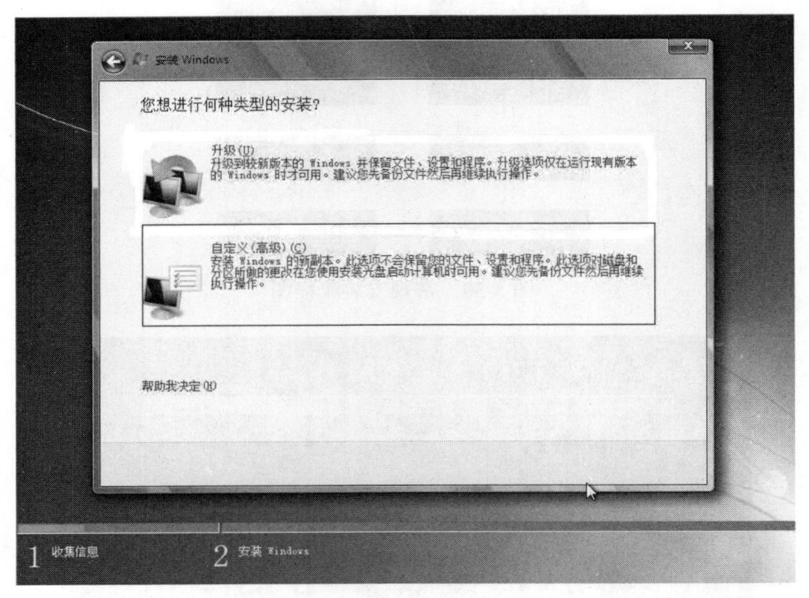

图 3-33　安装类型界面

（4）选择安装位置，如图 3-34 所示，如果当前电脑没有其他系统，选择序号尽量靠前的任意一个可用空间大于 20GB 的分区；如果想安装双系统，应避开已有的系统分区，然后选择序号尽量靠前的任意一个可用空间大于 20GB 的分区；如果要覆盖已有系统，应确保已有系统分区剩余空间大于 20GB；这里选择第一硬盘的第一分区作为系统目的安装分区，可对此分区进行格式化操作后单击“下一步”按钮。

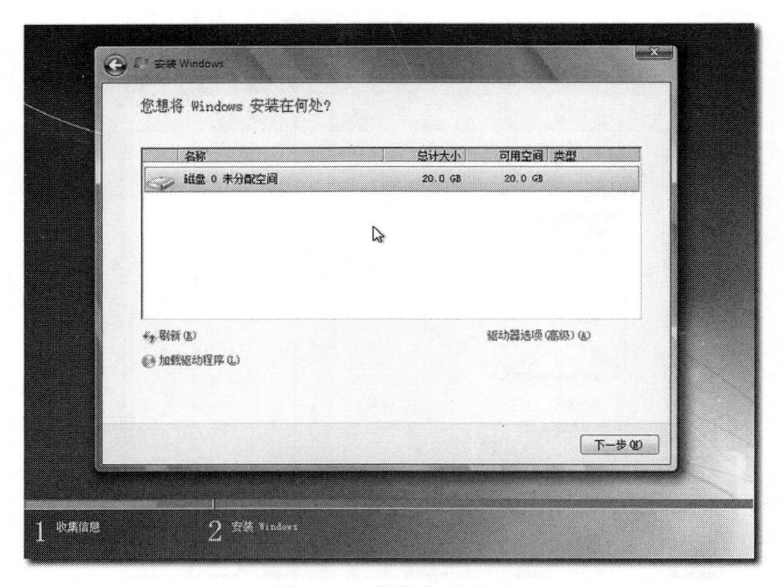

图 3-34　安装位置界面

（5）选择完系统要安装在的分区后，正式开始安装，如图 3-35 所示，安装文件依次运行复制 Windows 文件、展开 Windows 文件、安装功能、安装更新、完成安装，期间会重启一次，从现在开始到安装结束共 20 分钟左右时间。

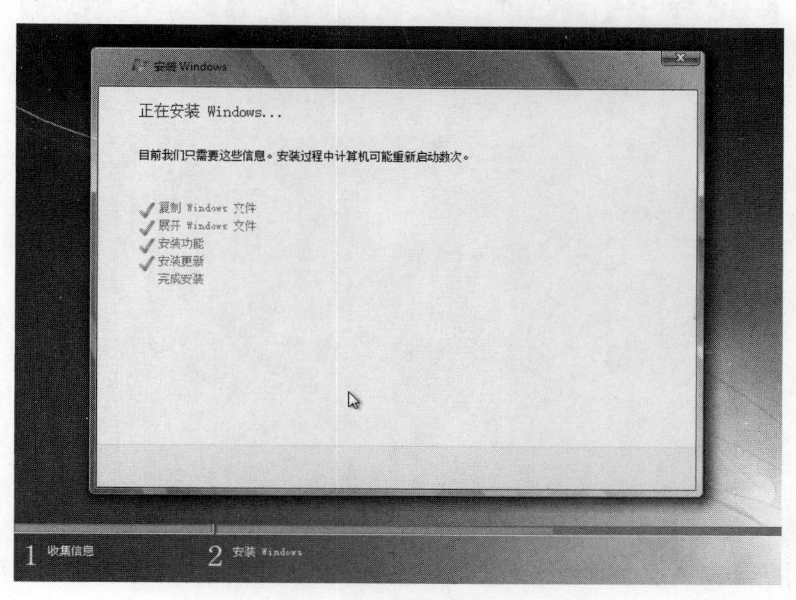

图 3-35　安装复制文件

（6）系统文件解包完成，等待 10 秒钟后，将会自动重启电脑，如图 3-36 所示。重启时一定要从硬盘启动电脑，如果光驱中有系统光盘，启动时不要按 Enter 键，让电脑自动从硬盘启动，或者是在启动时退出光驱后，待硬盘启动后再推上光驱门。

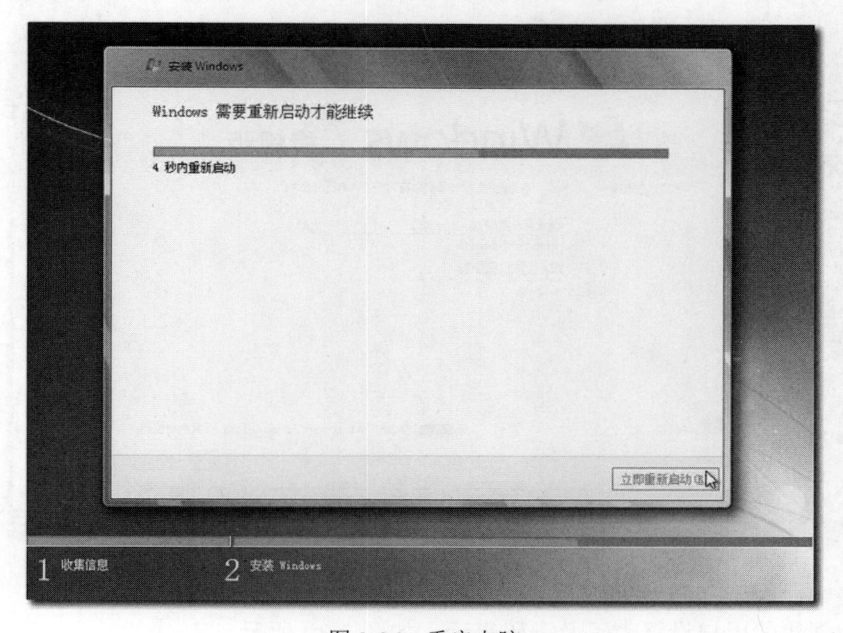

图 3-36　重启电脑

（7）第一次电脑启动，请从硬盘启动安装系统，图 3-37 所示为开机动画。

图 3-37　开机动画

（8）此时仍不需要操作，继续耐心等待，稍后再次自动重启。再次重启后安装进入最后阶段，创建用户界面如图 3-38 所示，输入用户名、密码，密码可以不填，这样启动时就会跳过密码输入，直接进入桌面，但这不是一个安全的选择。

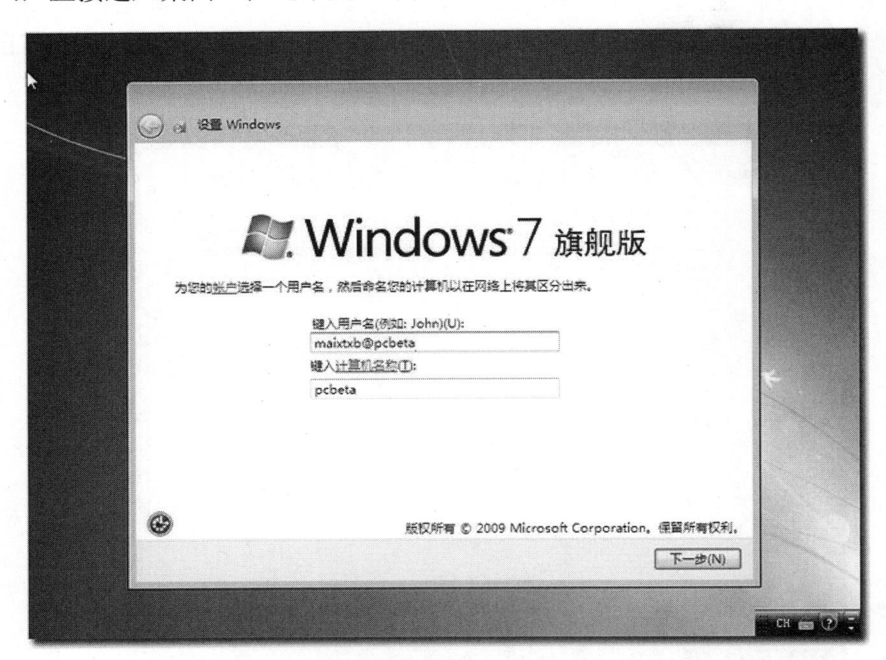

图 3-38　创建用户界面

（9）为创建的用户设置密码及密码提示，如图 3-39 所示。

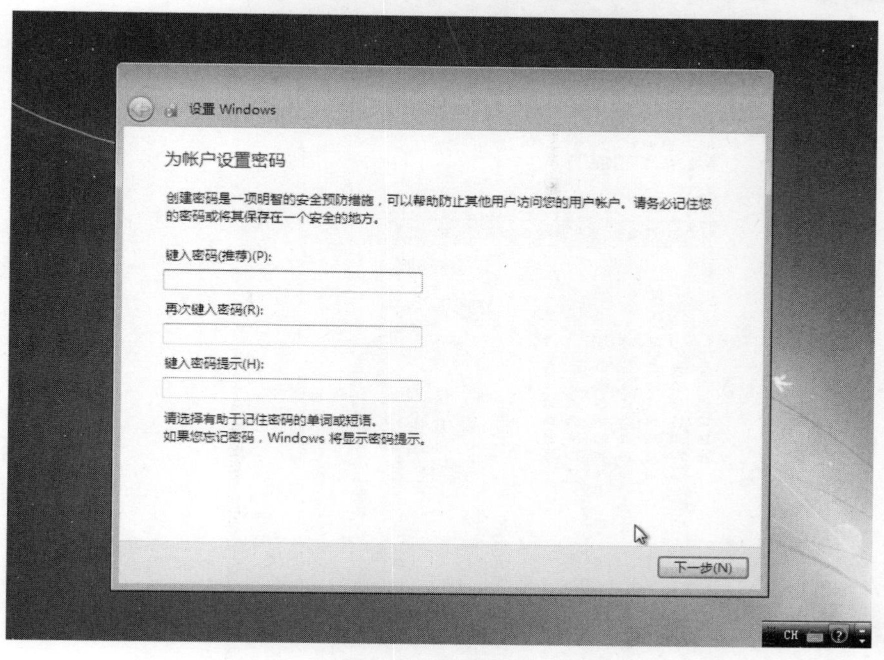

图 3-39　密码设置

（10）设置更新方式，建议选择第一项，以便系统得到及时的更新，确保系统安全，如图 3-40 所示。

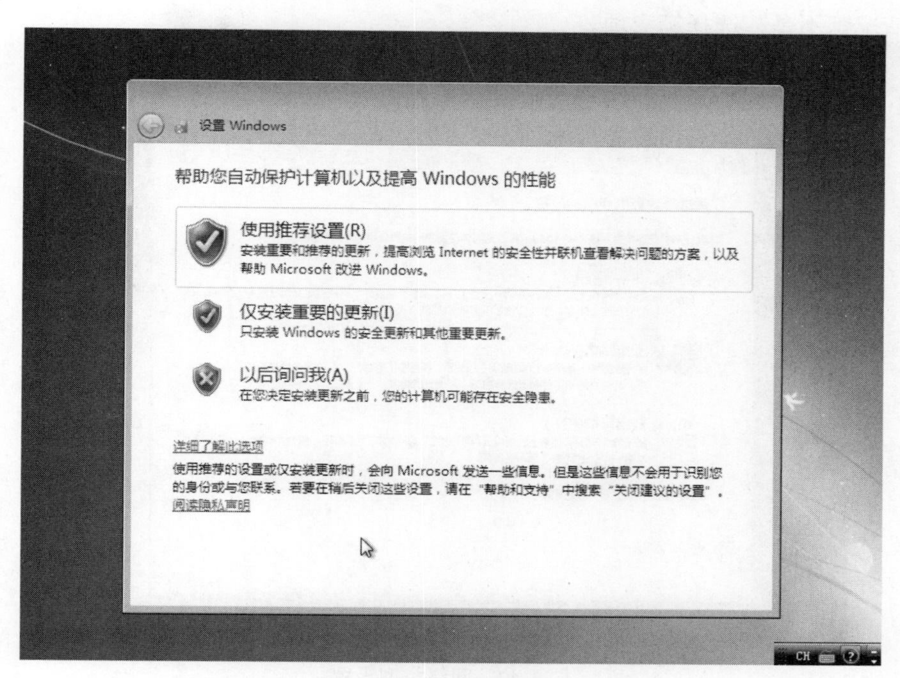

图 3-40　更新方式设置

（11）如图 3-41 所示，设置当前时间、日期。

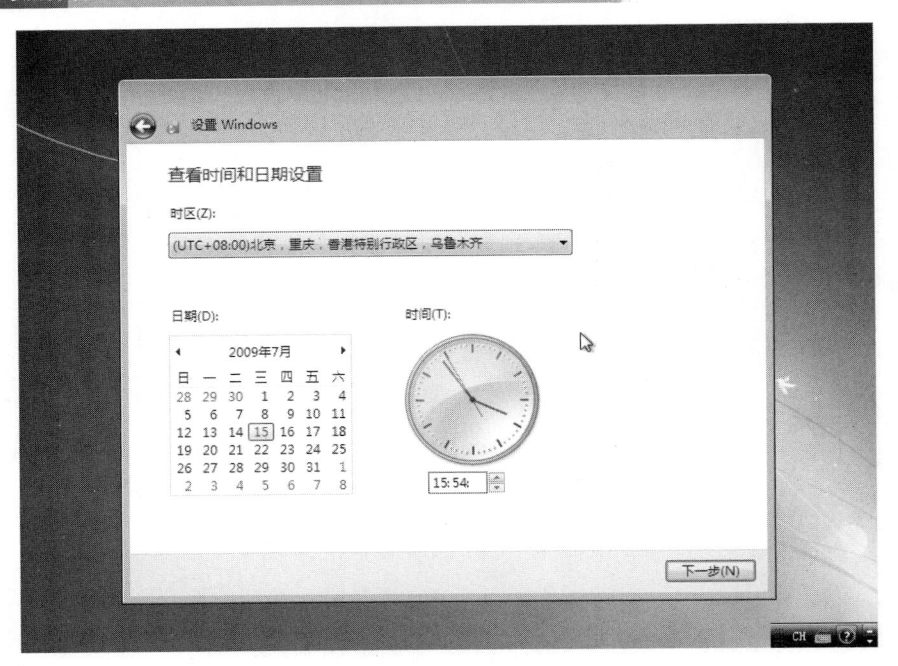

图 3-41　时间设置

（12）设置网络类型，如图 3-42 所示。如果电脑能上网，此时可以选择网络类型。如果是个人的电脑，或是家用电脑，选择第一项“家庭网络”；如果是在工作单位，则选择第二项；如果上述情况都不是，选择第三项。

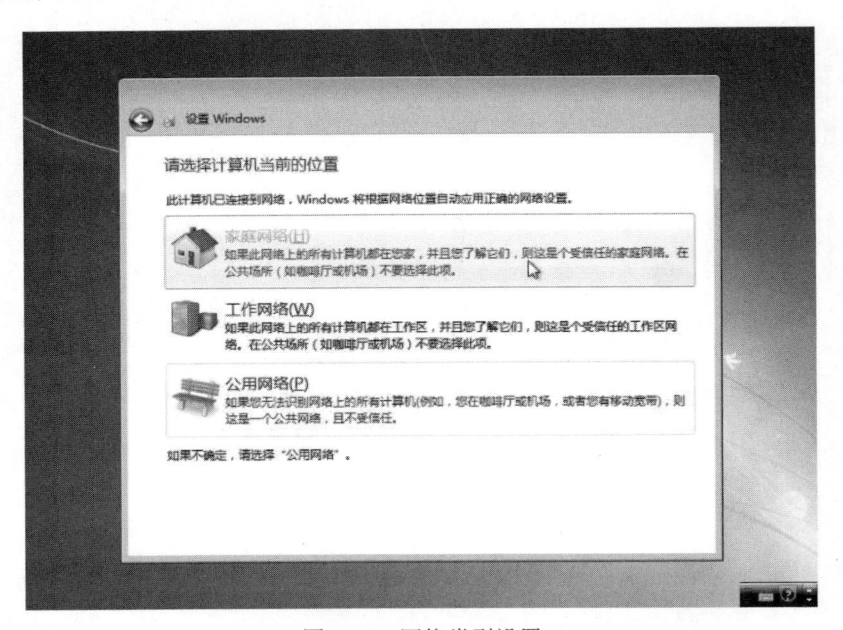

图 3-42　网络类型设置

（13）设置完成首次进入桌面，如图 3-43 所示。这样 Windows 7 就基本安装完毕了，Windows 7 各版本安装过程与此没有太大区别，如有差异请灵活掌握，但不会有太大影响。

图 3-43　欢迎界面

（14）安装成功后的桌面如图 3-44，新安装的系统默认桌面只有“回收站”。

图 3-44　安装后的桌面

任务 2　IT 产品销售员介绍产品技能

如何进行产品介绍是所有公司销售员入门的必修课，也是最基础的技能，众多销售员认为产品介绍对销售的影响并非很严重，销售的关键应当集中在随机应变及临时的现场发挥。产品介绍是否真的像众多销售员认为的那样，仅仅是传授基础知识，在销售实战上没有什么真正的实际意义呢？

经过调查发现，90%以上表现欠佳的销售员，不能够有效地介绍产品，主要表现为：

（1）产品介绍就像简单背书，缺乏生动性，客户感觉很反感。

（2）不能在极短的时间内引起客户兴趣，丧失了继续跟踪的机会。

（3）产品掌握不够透彻，仅仅停留在知识层面，很难融会贯通。

（4）过于自以为是，不能把握客户的理解状况。

（5）缺乏基本的语言修炼，只有自己明白，别人都不明白。

（6）缺乏严谨与专业性，过分依赖关系，给客户的感觉像是游击队，客户信任感极差。

因此，成功的产品介绍是促进成交的重要保证，要做好充分售前准备，成功地对产品的功能和利益进行表述，引起客户购买的欲望，才能成功地交易。

2.1 产品介绍前的准备

（1）要熟悉公司的基本情况。

1）公司的发展史和取得的成绩。认为掌握这些情况能增强业务员的自信心，一个没有自信的业务员是不可能成功的。

另外还可以通过这些说服客户，让客户对销售员产生信心。

2）公司的长远目标。

3）公司的运行方针及程序。了解公司的运行方针，熟悉公司正在生产什么、生产多少、生产能力以及今后将要生产什么样的产品，在面对客户时可以应付自如，不至于惊慌失措。

4）公司的社会活动。公司的社会活动能够给大众留下深刻的印象，利用这些影响可以来进行说服工作。

5）公司的服务。公司能提供哪些周到的服务，这对客户至关重要。

（2）掌握产品知识。这是作为业务员的必备条件，对自己的产品越了解，在说服客户的时候就越有信心。

1）产品名称。

2）产品内容。型号、功能、用途、注意事项等。

3）产品使用方法。

4）产品特征。如果产品比其他公司的同类产品要好，就要特别认识这一点，可以作为业务员的利器。

5）了解竞争厂家的产品。只有对比才能找出长处和短处，才能增强说服力。

（3）掌握产品知识的三个诀窍。

1）认识产品的优缺点。尤其要知道缺点，然后针对这些缺点制定一套可说服客户的说辞。

2）知道与老产品的相异处。比如新产品改良的原因，改良在什么地方。

3）与竞争厂家同类产品的不同。如果不能说出比竞争厂家同类产品的优点，客户就不会想购买产品。

（4）把产品和客户需求相结合。

（5）成功介绍产品的两个关键点。

1）说明产品的特性。包括产品的基本功能、特点、与其他产品相比的优点等，也就是我们常说的“卖点”。

2）说明产品的效用。即产品能给客户带来哪些好处、解决什么问题、满足哪些需求等，这叫“买点”。第一个关键点是讲“产品好”，是从业务员角度考虑问题；第二个关键点是讲“对你好”，是站在客户的立场上考虑问题。

（6）需要注意的三个方面。

1）总结优点。要做好产品介绍，首先要认真研究自己的产品，总结出产品的特性和效果。

2）强调“买点”。在介绍产品时仅仅强调“卖点”是不够，强调太多反而会让客户反感，有“王婆卖瓜”之嫌。能说出产品的“买点”才是销售员的境界。

3）灵活运用。在运用产品说明的方法和技巧时，应该注意根据不同的客户和背景灵活运用，不可生搬硬套。

2.2　产品营销法则

推销时最重要的是，必须找出产品最重要的特色，以及它可以带给顾客什么好处。这里介绍两个营销法则。

（1）FAB 营销法则。FAB 法则，即属性、作用、益处的法则，FAB 对应的是三个英文单词：Feature、Advantage 和 Benefit，按照这样的顺序来介绍，就是说服性演讲的结构，它达到的效果就是让客户相信产品是最好的。FAB 是销售技巧中最常用的一种说服技巧。

现在解释一下说服性的演讲过程：

- 属性（Feature），即产品所包含的客观现实，所具有的属性。
- 作用（Advantage），即产品的用处。
- 益处（Benefit），即给客户带来的利益。

（2）FAB+E 法则。FAB+E 法则，即 FAB 法则加上证据（Evidence）。证据要求具有足够的客观性、权威性、可靠性和可见证性。譬如产品展示、成功案例、国家认证、行业数据排名等。

谈到 FAB 法则，销售领域内还有一个著名的故事——猫和鱼的故事。如图 3-45 所示，一只猫非常饿了，想大吃一顿。这时销售员推过来一摞钱，但是这只猫没有任何反应——这一摞钱只是一个属性（Feature）。

猫非常饿了，想大吃一顿。销售员过来说：“猫先生，我这儿有一摞钱，可以买很多鱼。”买鱼就是这些钱的作用（Advantage）。但是猫仍然没有反应。

猫非常饿了，想大吃一顿。销售员过来说：“猫先生请看，我这儿有一摞钱，能买很多鱼，你就可以大吃一顿了。”话刚说完，这只猫就飞快地扑向了这摞钱——这就是一个完整的 FAB 顺序。

图 3-45　猫和鱼的故事

FAB 的精髓在于：常人看在眼里的往往是 F（属性），专业人员看到的会更深入一步，他们看到了 A（作用），而作为销售员，需要看到 F，也需要看到 A，但更重要的是能看到 B（益处），即落脚点一定是给顾客带来的好处。不能给顾客代来益处的所谓卖点是空洞乏味的坏点，不能够称为卖点，所谓卖点是产品跟顾客的接触点，更是产品能够给顾客带来的利益点。

【案例 1】[3]

有一个销售员从事电脑销售，培训讲师问他："你卖的产品是什么？"他说："我卖电脑。"结果讲师又问他一次："你到底卖什么？"他说："我跟你讲过，我卖的是电脑。"讲师又问他："这个电脑有什么功能？"销售员回答："这个电脑不得了，假如公司用这个电脑，效率会提升 25%，成本可以降低 25%，人员可以减少大概 10%。"讲师又问："这对公司有什么好处？"销售员表示，假如这些都能做到，公司的营业额至少会增加 25%以上，公司的成本至少降低 20%以上，所以对一个公司来讲，一年可以增加营业额 40%～45%以上。讲师说："这个就是你卖的产品，而不是电脑。"

一般推销员常犯一个错误，他总是认为他在卖电脑。他一直在推广他的产品有多好，他的手册、他的节目、他的服务有多棒……其实顾客买的不是产品，而是产品可能带给他的好处。而这个好处是非常直接的。这是一般推销员忽略的地方，也是非常重要的地方。

【案例 2】[3]

销售员："早上好，欢迎光临。"

顾客："这个笔记本电脑多少钱啊？"

销售员："这个是价格单，您看，1.8 万元。"

顾客："怎么这么贵啊，戴尔同样配置的电脑只要 1.2 万元。"

销售员："先生，我们这台电脑与戴尔那款不一样。"

顾客："有什么不同啊？配置都是 1.6G 主频的迅驰处理器，14 英寸屏幕，60GB 硬盘和 1G 内存的笔记本电脑。"

销售员："呃，您看看我们这台电脑的表面，是不是与众不同?"

顾客："看不出来。"

销售员："这台电脑的外壳采用飞行碳纤维，可以抵御高温，一般笔记本电脑的塑料外壳在 50℃时就会变形，而且这种材质比塑料耐磨度好 10 倍左右，因此你使用 5 年之后，既不会因为高温而变形，也不会像塑料外壳笔记本电脑那样掉色。""您再试试键盘。"销售员继续说，"手感不错吧。普通电脑下面只是一片橡胶，如果手指敲在按键的边缘，完全不知道自己是不是按下去了，而且老化之后按键就不再弹起，手上一点反馈都没有，严重的还要花几十块更换一个全新的键盘。我们这台电脑的 86 个按键下面都采用四根银质弹簧设计，很好地解决了这个问题，银质弹簧使用上百万次仍然保持弹性，而且无论从哪个角度按下去都有最佳的手感。"

客户点点头轻轻敲着键盘说道："难怪你们的电脑卖这么贵。"

小结

销售是一项综合性的看似简单而又复杂的工作，销售员正是这项工作中的组织者和实践者。销售工作做得好坏与销售员的水平和专业能力直接相关，一个优秀的销售员更要重视专业技能的培养。

能力训练

【情景模拟】

1．为特定三类人群制作电脑配置单（玩游戏、图形设计、办公），配置单上需记录每个主要硬件的主要参数、价格、最后总价等内容。

2．销售员根据训练 1 中的三类电脑配置单内容向顾客介绍电脑产品。

项目四　IT 产品销售策略

学习目标

1. 掌握对不同客户采取不同策略的方法。
2. 熟悉 IT 产品优势比较技术。
3. 根据 IT 产品品牌、服务、价格等方面制定 IT 产品销售策略。

销售员在销售过程中判断接待的客户类型，并根据不同类型的客户从产品、价格、服务等方面做出产品销售策略，促进成交。

任务 1　客户策略

客户对于企业的生存与发展至关重要，成功地进行客户的销售，是保证企业持续良好发展的重要手段。客户如何从无到有，销售如何从零开始直至圆满结束，需要销售员们予以足够多的关注。

在实际销售过程中，有很多的销售员一见到客户就拼命地向客户介绍自己的产品，这种时候往往是客户还没有听明白产品是什么或销售员想表达什么，就已经对销售员很反感了。而很多有经验的业务员，接触到客户以后，并不急于说服客户，他们首先会根据客户的状态对客户进行分类，然后，根据客户的类别，选择适合该类客户接受的方式，来表达他们想表达的内容，一步一步地让客户接受自己的观点或产品。

客户类型，根据不同的标准，有多种分类，也有各自的应对策略。一般来说按照销售额来分类，分为大客户、中等客户、小客户；按照回款周期来分，分为良性客户、中间客户、非良性客户；按照合作时间长短来分，分为老客户、新客户；按照市场培育来分，分为稳定客户、潜在客户、增长性客户等。这里只介绍大客户、个人客户和潜在客户。

1.1　大客户分类及销售策略

大客户营销已成为众多企业营销的重中之重，更是销售管理、渠道管理中的难题。同样的工作态度、同样的销售技能，为什么销售员取得的业绩不同？这是因为策略不同。销售员掌握了影响客户采购的因素，并采取相应策略逐一破解，就会赢得订单。

1. 大客户分类

（1）经济型大客户：产品使用量大，使用频率大，购买量大。他们为企业提供了源源不断的资金，他们最关注的是产品。

（2）重要型大客户：即党政军、公检法、文教卫生、新闻等国家重要部门的客户。他们拥有特殊地位，也受到人们的广泛关注。面对重要型大客户时，一定要注意所用到的方式方法。

（3）集团型大客户：客户与产品公司在产业链或价值链中具有密切联系。他不会像经济型客户能提供源源不断的资金，也不会像重要型客户那样有非常大的影响，但是他却可以成为销售员成功的一个好帮手。

（4）战略型大客户：经市场调查、预测、分析，具有发展潜力，会成为竞争对手突破对象的客户。

2. 大客户销售策略

（1）关键人物和关系策略。每位销售员都必须尽可能地增加和准客户面对面接触的时间，并且确认接触、商谈的对象是正确的推销对象，否则所耗费的时间都是不具生产力的。

销售员在出访前应研究客户的业务状况，包括服务对象、以往订货状况、营运状况、需求概况、资信调查、个人资料（姓名、家庭状况、嗜好、职位与其他部门关系）等。

（2）报价策略。价格策略是指企业通过对顾客需求的估量和成本分析，选择一种能吸引顾客、实现市场营销组合的策略。

所以价格策略的确定一定要以科学规律的研究为依据，以实践经验为手段，在维护生产者和消费者双方经济利益的前提下，以消费者可以接受的水平为基准，根据市场变化情况，灵活反应，客观地实现双方共同决策。

（3）高层销售和终场的策略。对于大多数销售员来说，能否有效接触高层并保持密切联系常常是成败的关键。一次成功的高层拜访能够大大加快销售的进程并增加赢率，一次失败的高层接触也能迅速毁掉一个机会。研究证明，最优秀的销售员都是勇于并可以和高层建立关系的专业人士。

优势销售谈判高手要知道，成交通常都会经过 4 个阶段：①确立目标，寻找需要的产品或服务的人。②判断质量，找到需要产品或服务的人。③激发欲望，想办法让客户对产品或服务感兴趣，更重要的是，要让客户迫切想要达成交易。这个步骤非常关键。如果销售员在成功地激发起客户的欲望之前就结束交易，就说明销售员很可能只是在逼迫客户购买自己并不想要的东西。而要想做到这一点是非常困难的，它意味着销售员可能会为了达成交易而不得不降低价格。这样做很少会提升客户的满意度，它只会让客户感觉自己被欺骗了，或者是被迫进行了购买。④结束交易，让客户自己作购买的决定。如果销售员能够清醒地意识到这 4 个阶段，那就说明销售员已经懂得了如何把握时机，这会大大增强在终场阶段的力量。

1.2　个人客户分类及销售策略

终端销售员的工作就是要每天面对许多不同的客户，面对不同的面孔，要以不同的态度去应对他们，而销售员的工作就是要设法获取他们的答允。因此，要使工作开展顺利，首先要和每一位客户交朋友，或者最低限度成为业务上的朋友。越能了解客户，工作就会越容易。

（1）普通客户，这一类大约是所有客户的百分之六十或七十，他们是不难应对的，虽然他们有点主观，但却很诚恳。他们爱作决定，喜欢发表意见。所以应多为他们服务，不久，他们将成为主要客户。

（2）冲动型客户，这种人很普遍，他们脑筋灵活，精力充沛，所以不难和他们接触，只要用客气礼貌的话语，他们一定会欢迎，同时，说话要正确，绝不含糊，因为他们是极爽快的人。

（3）犹豫型客户，他很可能需要和其他人商讨一下，才能销售员作出决定，因此，必须要有耐性，给他们一些时间和方便。销售员可向他提出一些问题，销售员的提议会帮助他下决定，如果他还是不答允，可追问原因，同时，可和他详细倾谈。

（4）自大型客户，面对这类客户要非常小心，因为他们自负、敏感并非常主观。切勿和他们辩论，一切都要顺从他，对他的意见、言论，尽可能表示赞同，这样，或许能很容易和他做成生意。

（5）友善型客户，这类客户很喜欢说和听笑话，善于倾谈，非常友善。但千万不要以为他是容易交易的，相反，他是极难应付的一种。销售员应让他说话，不要冲撞他，一有机会，就要把话题转到生意方面去，不要放松，最后，要用决定性的问题，使他无法拒绝。

（6）呆板型客户，他是极难应付的一种，向他推销，好像是全无希望，有时甚至令人气怒。他会沉默地望着销售员说话，毫无反应，使人感到失望。唯一的方法，就是利用机会，给他亲身体验，令他满意后，或许他会成为客户。

（7）刁蛮型客户，这类客户的行为举止非常粗鲁，他的言语会使人感到不大舒服，但不要因此而退缩，因为他的粗鲁会吓走其他人，这便是机会，很可能做成一笔大生意，得到意想不到的收获。然而，和他倾谈时切勿和他辩论，要设法把他带回生意上，表现自然些，不要取笑他的无知，同时，和他谈生意，要非常谨慎。

在我们的业务操作过程中往往会出现很多不同类型的客户，所以需要我们每一位营销战线的朋友们时时分析总结，公式是死的，可运用是活的。只要我们总结出一些固定的客服公式，再因时、因地、因人地对症下药，就一定能变被动为主动。

1.3　挖掘潜在客户

所谓潜在客户，是指对某类产品（或服务）存在需求且具备购买能力的待开发客户，这类客户与企业存在着销售合作机会。经过企业及销售员的努力，可以把潜在客户转变为现实客户。

寻找客户是销售的第一步，在确定市场区域后，就得找到潜在客户在哪里。销售员可以从如下一些渠道来寻找客户。

（1）从认识的人中挖掘。每个人都有基本的人际关系，这样一张网络将有助于你在销售业绩，应善加运用。可以从以下几个方面进行搜索，如亲戚、同事、同学、邻居、同乡等，在周围的亲戚朋友中可能就有很多需要所销售的产品。销售员的任务就是跟他们沟通，让他们知道产品、了解产品，并跟他们进行进一步的交流，使这些潜在的消费者成为购买者和使用者。

（2）利用报纸、互联网。寻找潜在客户最有效的途径可能是每天阅读各种各样的报纸和杂志，在每天阅读报纸的时候，要注意对有一定商业价值的叙述做记号，勾画出有用的信息。要知道，销售最注重的是日积月累。没有哪个销售员敢保证他能在一天或一个月之内找到客户。

利用互联网寻找准客户也是销售拓展方法之一。互联网上有很多分类项目，利用社交网站、论坛、微博等，销售员在很短的时间内找到目标客户，也可以将产品直接在互联网上展示或通过电子邮件开展销售。

（3）展开商业联系。商业联系的第一种方式是一些公司举办的研讨会、电子展、信息产品展等活动，可以到场取得名单、搜集名片。第二种方式是协会、俱乐部等行业组织。这些组织背后有庞大的潜在客户群体。行业中训练有素的销售员，熟悉消费者的特性，只要他们不是竞争对手，一般都可以结交，即使是竞争对手，也可以成为朋友，和他们搞好关系，将会收获很多经验，同时，又多了一个非常得力的商业伙伴。

（4）资料搜索法。资料搜索法是销售员通过搜索各种外部信息资料来识别潜在的客户以及客户信息。利用资料进行搜索的能力被专家称为搜商。搜商高的销售员，在没有见到客户之前，他就知道了客户绝大多数信息，如客户擅长的领域、客户的电子信箱、客户的生日、客户的籍贯、客户的毕业学校、客户的手机号码、客户的职务等。不见其人，却知其人。根据其信息设计好拜访提问的内容，注意拜访的细节以及开场白技巧。而且根据客户信息可以初步判断客户的个性行为风格，为见面做到“一见钟情”埋下伏笔。

搜索的工具很多，如网上搜索、书报杂志搜索、专业杂志搜索等。网上搜索对于现代人来说，非常关键，也是最快速最简单的搜索方法。网上搜索寻找潜在客户是开始的最好选择，先在网上通过一些商业网站去搜索一些客户的资料。或通过大型的搜索引擎（诸如百度、雅虎、谷歌等）用关键词搜索；不要固定用一个搜索引擎，同样的关键词，在不同的搜索引擎搜就有不同的结果。现在很多公司都建有自己的公司网站，或者通过互联网发布了一些信息，如招聘信息等。如今很容易在网上搜索到公司与客户的信息。有的公司在一些专业网站和行业协会网站上有很多相关链接，也很有用。

（5）内部资源法。如客户资料整理法、企业内部提供的客户信息法等。通过企业内部提供的信息资源进行整理分析，并结合网上搜索进一步丰富潜在客户知识与信息。如公司前台销售员会有新打进的客户信息；市场部通过市场活动获得的新客户信息；自己的同事获取的客户信息；上司给予的客户信息等。尤其是根据前任销售员提供的客户资料与信息，进行整理与分析，从中发现新的潜在客户。

（6）连锁介绍法。连锁介绍法就是销售员请求现有客户介绍潜在客户的方法。分为直接介绍与间接介绍两种，间接介绍就是销售员在现有客户的交际范围内寻找潜在的客户，直接介绍就是请现有客户介绍与其有关系的客户。连锁介绍的具体方法很多，如请现有客户给予参加其聚会的机会，请现有客户代为转送资料，请现有客户以书信、电话、名片等手段进行连锁介绍。这种开发客户的成功率非常高，研究表明，通过连锁介绍法开发客户的成功率为 60%，而自己直接开发客户的成功率仅为 10%。为什么会这样呢？因为连锁介绍法运用了销售心理学中的熟识与喜爱原理，这是人类社会的普遍原理，其意思是说，人们总是愿意答应自己熟识与喜爱的人提出的要求。很多超级销售员都是使用这个原理的典范，如世界上销售汽车最多的超级销售员乔·吉拉得（Joe Giard），平均每天要销售五辆汽车，只要任何人介绍客户向他买车，成交后，他会付给介绍人 25 美元，25 美元在当时虽不是一笔庞大的金额，但也足够吸引一些人。利用现有客户的交际圈扩大销售员本身的客户圈，就是这一方法的特点。

（7）中心开花法。销售员在某一特定的销售客户中发展一些具有影响力的中心人物，通过他们来影响该范围内的其他人，使这些客户成为销售员的潜在客户。这一方法的原理就是销售心理学中的相信权威原理，社会学中的专家原理，即人们的鉴别能力往往受到来自行家与权威的影响。人们对自己心目中的有威望的人物是信服与顺从的，因此争取到这些专家级人物的支持就显得非常关键。这个方法的难点是说服中心人物。只有获得中心人物的信任与支持，才能利用中心开花法进一步寻找更多的潜在客户。销售员只要集中精力向少数中心人物做细致工作，并使他们变成忠诚客户，通过他们的口碑传播，就可以获得很多潜在的客户，也可以通过他们的名望和影响力提高产品的知名度。

不断地寻找潜在新客户，维持那些价值观相同的老客户，让客户流动起来，那么销售员就会获得永续卓越的销售业绩。

任务 2　产品策略

企业制定经营战略时，首先要明确企业能提供什么样的产品和服务去满足消费者的要求，也就是要解决产品策略问题。它是市场营销组合策略的基础，从一定意义上讲，企业能否成功与发展在于产品满足消费者的需求的程度以及产品策略正确与否。

2.1　产品优势分析

（1）成本优势。成本优势是指公司的产品依靠低成本获得高于同行业其他企业的盈利能力。在很多行业中，成本优势是决定竞争优势的关键因素。企业一般通过规模经济、专有技术、优惠的原材料和低廉的劳动力实现成本优势。由资本的集中程度而决定的规模效益是决定公司生产成本的基本因素。当企业达到一定的资本投入或生产能力时，根据规模经济的理论，企业的生产成本和管理费用将会得到有效降低。对公司技术水平的评价可分为评价技术硬件部分和软件部分两类。技术硬件部分如机械设备、单机或成套设备；软件部分如生产工艺技术、工业产权、专利设备制造技术和经营管理技术，具备了何等的生产能力和达到什么样的生产规模，企业扩大再生产的能力如何等。另外，企业如拥有较多的技术人员，就有可能生产出质优价廉、适销对路的产品。原材料和劳动力成本则应考虑公司的原料来源以及公司的生产企业所处的地区。取得了成本优势，企业在激烈的竞争中便处于优势地位，意味着企业在竞争对手失去利润时仍有利可图，亏本的危险较小；同时，低成本的优势，也使其他想利用价格竞争的企业有所顾忌，成为价格竞争的抑制力。

（2）技术优势。企业的技术优势是指企业拥有的比同行业其他竞争对手更强的技术实力及其研究与开发新产品的能力。这种能力主要体现在生产的技术水平和产品的技术含量上。在现代经济中，企业新产品的研究与开发能力是决定企业竞争成败的关键，因此，企业一般都会确定占销售额一定比例的研究开发费用，这一比例的高低往往能决定企业的新产品开发能力。产品的创新包括研制出新的核心技术，开发出新一代产品；研究出新的工艺，降低现有的生产成本；根据细分市场进行产品细分。技术创新，不仅包括产品技术，还包括创新人才，因为技术资源本身就包括人才资源。现在大多数上市公司越来越重视人才的引进。在激烈的市场竞争中，谁先抢占智力资本的制高点，谁就具有决胜的把握。技术创新的主体是高智能、高创造力的高级创新人才，实施创新人才战略，是上市公司竞争制胜的根本，具有技术优势的上市公司往往具有更大的发展潜力。

（3）质量优势。质量优势是指公司的产品以高于其他公司同类产品的质量赢得市场，从而取得竞争优势。由于公司技术能力及管理等诸多因素的差别，不同公司间相同产品的质量是有差别的。消费者在进行购买选择时，虽然有很多因素会影响他们的购买倾向，但是产品的质量始终是影响他们购买倾向的一个重要因素。质量是产品信誉的保证，质量好的产品会给消费者带来信任感。严格管理，不断提高公司产品的质量，是提升公司产品竞争力的行之有效的方法。具有产品质量优势的上市公司往往在该行业占据领先地位。

2.2 产品的市场占有率

分析公司的产品市场占有率，在衡量公司产品竞争力问题上占有重要地位，通常从两个方面进行考察。其一，公司产品销售市场的地域分布情况。从这一角度可将公司的销售市场划分为地区型、全国型和世界范围型。销售市场地域的范围能大致地估计一个公司的经营能力和实力。其二，公司产品在同类产品市场上的占有率。市场占有率是对公司的实力和经营能力的较精确的估计。市场占有率是指一个公司的产品销售量占该类产品整个市场销售总量的比例。市场占有率越高，表示公司的经营能力和竞争力越强，公司的销售和利润水平越好、越稳定。公司的市场占有率是利润之源。效益好并能长期存在的公司的市场占有率必然是长期稳定并呈增长趋势的。不断地开拓进取，挖掘现有市场潜力，不断进军新的市场，是扩大市场占有份额和提高市场占有率的主要手段。

2.3 品牌策略

信息产品的品牌是用来识别不同生产者、经营者的不同种类、不同品质产品的标志。品牌是卖主为产品规定的商品名称。

一个品牌不仅是一种产品的标识，而且是产品质量、性能、满足消费者效用的可靠程度的综合体现。品牌竞争是产品竞争的深化和延伸。当产业发展进入成熟阶段，产业竞争充分展开时，品牌就成为产品及企业竞争力的一个越来越重要的因素。品牌具有产品所不具有的开拓市场的多种功能：一是品牌具有创造市场的功能；二是品牌具有联合市场的功能；三是品牌具有巩固市场的功能。以品牌为开路先锋，为作战利器，不断攻破市场壁垒，从而实现迅猛发展的目标，是国内外很多知名大企业行之有效的措施。效益好的上市公司，大多都有自己的品牌和品牌战略。品牌战略不仅能提升产品的竞争力，而且能够利用品牌进行收购兼并。

2.4 服务策略

（1）服务概念。

核心利益：无差别的顾客真正所购买的服务和利益。

基础产品：产品的基本形式。

期望价值：顾客购买产品时希望并默认可得的，与该产品匹配的条件与属性。

附加价值：增加的服务和利益，它是与竞争者的产品形成差异化的关键。

潜在价值：服务产品的用途转变，由所有可能吸引和留住顾客的因素组成。

（2）树立服务产品概念的意义。有利于服务企业弄清顾客对服务产品追求的基本效用（核心服务）是什么。有助于服务企业围绕核心服务增强附加价值和潜在价值，从而吸引顾客购买。有助于使服务产品差异化，推行服务特色化战略。

（3）服务包。

核心服务：顾客可感知及得到的构成服务产品的核心服务和利益，由产品层次中的核心利益及期望价值组成。

便利性服务：提供该项服务所需的基本物质条件、辅助物品、有形产品及相关的辅助服务。

支持性服务：基本服务以外的供顾客能够感受或在其模糊意识中形成的其他利益。

扩展服务包：服务的可接近性、顾客参与、顾客与企业的相互作用。

（4）基本服务。基本服务是通过物质和体系上的保障来向客户提供的具有平均质量的核心利益，体现了企业最基本的功能，包括服务产品的前三个层次，或可以理解为基本服务包中的核心服务和便利性服务。

基本服务的特性是可靠性高、可感知性强、反应能力强、依赖感强、为顾客着想。通过对服务质量的判断来评价基本服务。

企业形象，公司的整体形象以及整体魅力；技术性质量，即提供的服务是否具备适当的技术属性；功能性质量，即服务是如何提供的。

（5）扩展服务。它是客户所能获得的与其他类似产品形成差别的进一步的利益，以此用来增强产品的吸引力，从而形成品牌的差异化，目标顾客为这些差别往往愿意支付更高的费用。

扩展服务处于不停的运动变化中，有人将扩展服务界定为 8 种类型：信息、咨询、订单、招待、保管、例外服务、账单和付款相关的服务要素。

【案例】[2]

戴尔 1965 年出生于休斯敦——一支著名的 NBA 球队（休斯敦火箭队）的所在地，他的父亲是一位牙医，母亲是一个经纪人，因此，他们结识了许多中上阶层人士。这也使得小戴尔能有机会经常与那些人士相接触，通过与那些人的交往，小戴尔懂得了许多新鲜的东西，其中也包括电脑。

为了不辜负父母对他的一片期望，戴尔在 1983 年进入了德克萨斯大学，成为了一名医学预科生。但事实上他只对电脑行业感兴趣，他很想大干一场。

他从当地的电脑零售商那里以低价买来了一些积压过时的 IBM 的电脑，由他自己进行改装升级后转手又卖出去，很快便销售一空，他也靠电脑赚得了他的第一笔收入。

初涉商海，戴尔获得了信心，拥有了一笔数目可观的积蓄。大学第一学年结束以后，他打算退学，遭到了父母的坚决反对，为了打破僵局，戴尔提出了一个折中的方案，如果那个夏天的销售额不令人满意的话，他就继续读他的医学。他的父母接受了他的这个建议，因为他们认为他根本就无法取得这场争斗的胜利。但他们错了，戴尔的表现使得他没有留任何机会给他的父母，因为仅在第一个月他就卖出了价值 18 万美元的改装电脑。从此，他再也没有回到过学校。

戴尔决定正式成立 Dell 电脑公司。1987 年 10 月，戴尔依靠他过人的胆量和敏锐的感觉，在股市暴跌的情况下大量吃进高盛的股票，第二年他便获利了 1800 万美元。这一年，他只有 23 岁，他开始向成功迈出了坚实的第一步。

年轻人的身体里总是充满了热情与果敢，但与此相对应的是，年轻人也容易热情得过了火。1991 年，Dell 公司的销售额达到 8 亿美元。1992 年他给公司的市场份额定位于 15 亿美元，但结果却大大地超出了戴尔的预想，Dell 公司的销售额竟然突破了 20 亿美元。

过分的顺利使得戴尔有些飘飘然。一味地追求生产量使得戴尔在基础设施建设和经营管理方面遇到了很多困难，公司陷入了一种无序的状态，Dell 公司自创立以来首次出现了亏损，股票价格也大幅下跌。

这次打击是巨大的，但这也使得戴尔变得清醒起来，“我又从空中落回到了地面上”。戴尔回顾了公司 9 年来所走过的路程：把公司的发展方向从“追求最大的生产量”的误区中解脱了出来。取而代之的新的经营策略“流动性、利润和增长”成为了公司以后发展的坐标。从那以后，Dell 公司有了今天 320 亿美元的年销售额，Dell 公司变成了一个真正意义上的大公司，戴尔也成为了一个成熟的商人。

33 岁的年龄，敏锐的感觉，超凡的胆识。这就是迈克尔·戴尔。

戴尔曾荣获《首席执行官》杂志“2001 年度首席执行官”、《Inc》杂志“年度企业家”、《PC Magazine》杂志“年度风云人物”、《Worth》杂志“美国商界最佳首席执行官”，《金融世界》和《工业周刊》杂志“年度首席执行官”等称号。在 1997 年、1998 年和 1999 年，他都名列《商业周刊》评选的“年度最佳 25 位经理人”之中。海德里克（Heidrick）和斯卓格斯（Struggles）等知名高级经理人猎头公司称戴尔为“富有影响力的首席执行官”。

戴尔公司于 1992 年进入《财富》杂志 500 家之列，戴尔因此成为其中最年轻的首席执行官。戴尔公司目前名列《财富》杂志 500 家的第 48 位，《财富》全球 500 家的第 154 位。自 1995 年起，戴尔公司一直名列《财富》杂志评选的“最受仰慕的公司”，2001 年排名第 10 位。

任务 3　价格策略

价格因素是企业营销组合中唯一与利润直接相关的因素，合理的定价是企业营销战术中重要的内容。本任务主要讲述影响信息产品定价的主要因素、信息产品的定价和调价策略。

3.1　影响信息产品定价的主要因素

定价即价格的形成，是营销组合中唯一能产生收益的要素（其他要素均表现为成本）。合理的定价不仅可使企业顺利地收回投资，达到盈利目标，而且能为企业的其他活动提供必要的资金支持。然而，企业信息产品定价要受到许多因素的制约，不能随意而为。并且，随着市场环境的不断变化，信息产品企业还需要适时地调整价格，以保持竞争优势和市场份额。

价格形成及变动是商品经济中最复杂的现象之一，除了价值这个形成价格的基础因素外，现实中信息产品企业价格的制定和实现还受到多方面因素的影响和制约，因此信息产品企业应给予充分的重视和全面的考虑。

1. 定价目标

通常，信息产品企业定价时有以下三类目标：

（1）以利润为定价目标。利润是信息产品企业从事经营活动的主要目标，也是信息产品企业生存和发展的源泉。在市场营销中不少信息产品企业就直接以获取利润作为制定价格的目标。以利润为定价目标又可分为：

1）以获取投资收益为定价目标。信息产品企业之所以投资于某项经营活动，是期望在一定时期内收回投资并获得一定数量的利润。所谓投资收益定价目标，是指信息产品企业以获取投资收益为定价基点，加上总成本和合理的利润作为产品销售价格的一种定价目标。

2）以获取最大利润为定价目标。获取最大利润是市场经济中企业从事经营活动的最高期望。但获取最大利润不一定就是给单位产品制定最高的价格。有时单位产品的低价，也可通过扩大市场占有率，争取规模经济效益，使企业在一定时期内获得最大的利润。企业在追求最大利润时，一般都必须遵循边际收益等于边际成本的原则。市场营销中以获取最大利润为定价目标，是指企业综合分析市场竞争、产品专利、消费需求量以及各种费用开支等后，以总收入减去总成本的差额最大化为定价基点，确定单位产品价格，争取最大利润。

3）以获取合理利润为定价目标。它是指信息产品企业在激烈的市场竞争压力下，为了保全自己，减少风险，以及限于力量不足，只能在补偿正常情况下的社会平均成本的基础上，加上适度利润作为商品价格，称为合理利润定价目标。因为这一定价目标是稳定市场的价格，所以能避免不必要的竞争，又能获得长期利润，价格适中，消费者愿意接受，又符合政府的价格指导方针。这是一种兼顾企业利益和社会利益的定价目标。

（2）以销售数量为定价目标。以销售数量为定价目标，是指信息产品企业以巩固和提高市场占有率，维持或扩大市场销售量为制定商品价格的目标。提高市场占有率，维持一定的销售额，是企业得以生存的基础。以销售额为企业定价目标的主要风险是利润率具有不确定性。

（3）以对付竞争者为定价目标。当信息产品企业具有较强的实力，在该行业中居于价格领袖地位时，其定价目标主要是对付竞争者或阻止竞争对手首先变动价格。具有一定竞争力量，居于市场竞争的挑战者位置时，定价目标是攻击竞争对手，侵蚀竞争对手的市场占有率，价格定得应相对低一些。而市场竞争力较弱的中小信息产品企业，在竞争中为了防止竞争对手的报复一般不首先变动价格，在制定价格时主要跟随市场领袖的价格。

2. 信息产品市场需求及变化

一般情况下，商品的成本影响商品的价格，而商品的价格影响商品的需求。经济学原理告诉我们，如果其他因素保持不变，消费者对某一商品需求量的变化与这一商品价格的变化方向相反：如果商品的价格下跌，需求量就上升；而商品的价格上涨时，需求量就相应下降，这就是商品的内在规律——需求规律。需求规律反映了商品需求量变化与商品价格变化之间的一般关系，是信息产品企业决定自己的市场行为，特别是制定价格时必须考虑的一个重要因素。

3. 信息产品市场竞争状况

信息产品市场竞争状况是影响企业定价不可忽视的因素，企业必须考虑比竞争对手更为有利的定价策略，这样才能获胜。因此，企业定价的“自由程度”一定意义上取决于市场竞争的格局。在现代经济中，市场竞争一般有以下四种状况：

（1）完全竞争。完全竞争市场状况下，市场上信息产品企业很多，买卖双方的交易都只占市场份额的一小部分，彼此生产或经营的产品是相同的；企业不能用增加或减少产量的方法来影响产品的价格，也没有一个企业可以根据自己的愿望和要求来提高价格。在这种情况下，企业只能接受在市场竞争中形成的价格，买卖双方都只是“价格的接受者”，而不是“价格的决定者”。价格完全由供求关系决定，各自的行为只受价格因素的支配，企业无需去进行市场分析、营销调研，且所有促销活动都只会增加产品的成本，也就没必要去专门策划和实施促销活动。完全竞争条件仅存在于理论上，在现实市场中是不存在的。

（2）不完全竞争。其也叫垄断性竞争。这是一种介于完全竞争和纯粹垄断之间的市场状况。它是一种既无独占倾向又含竞争成分的、常见的状况，不同于完全竞争。市场上信息产品企业虽然很多，但彼此提供的产品或劳务是有差异的。这里存在着产品质量、销售渠道及促销活动上的竞争。信息产品企业根据其差异的优势，可以部分地通过变动价格的方法来寻求比较高的市场利润。

（3）寡头竞争。这是竞争和垄断的混合物，也是一种不完全竞争。指一个行业中少数几家信息产品企业生产和销售的产品占此市场销售量的绝大部分，价格实际上是由他们共同控制的。各个寡头之间相互依存、影响，一个寡头企业调整价格都会引起其他寡头企业的连锁反应。因此，寡头企业之间互相密切注意对方战略的变化和价格的调整。寡头又可分为完全寡头垄断和不完全寡头垄断两种。两种寡头都不是完全的垄断者，但每个垄断寡头都会对价格产生重要作用。

（4）纯粹垄断。在信息产品行业中的某种产品或劳务只是独家经营，没有竞争对手。通常有政府垄断和私人垄断之分。这种垄断一般有特定条件，如垄断企业可能拥有专利权、专营权或特别许可等。由于垄断企业控制了进入这个市场的种种要素，所以它能完全控制市场价格。从理论上分析，垄断企业有完全自由定价的可能，但在现实中其价格也受到消费者情绪及政府干预等方面的限制。

4. 政府的干预程度

除了竞争状况之外，各国政府干预企业价格的制定也直接影响企业的价格决策。世界各国政府对价格的干预和控制是普遍存在的，只是干预与控制的程度不同而已。

5. 信息产品特点

信息产品的自身属性、特征等因素，在信息产品企业制定价格时也必须考虑。

（1）信息产品的种类。信息产品企业应分析自己生产或经营的产品种类是必需品还是选购品、特殊品，是威望与地位性产品，还是功能性产品。不同的产品种类对其价格有不同的要求。

（2）信息产品标准化程度。信息产品的标准化程度直接影响产品的价格决策。标准化程度高的产品价格变动的可能性一般低于非标准化或标准化程度低的产品。标准化程度高的产品的价格变动如过大，则很可能引发行业内的价格竞争。信息产品多为标准化程度较高的产品。

（3）信息产品的易腐、易毁和季节性。一般情况下容易腐烂、变质并不宜保管的信息产品，价格变动的可能性比较高。常年生产季节性消费的产品与季节性生产常年消费的信息产品，在利用价格的作用促进持续平衡生产和提高效益方面有较大的主动性。

（4）信息产品时尚性。时尚性强的信息产品价格变化较显著。一般新潮的高峰阶段，价格要定高一些。新潮高峰过后，应及时采取适当的调整策略。大多数信息产品的时尚性都很强。

（5）信息产品需求弹性。如果信息产品企业所经营产品的需求价格弹性大，那么价格的调整会影响市场需求；反之，价格的调整对销售量不会产生较大的刺激和影响。

（6）信息产品生命周期阶段。产品处在不同生命周期阶段对价格策略的影响可以从两个方面考虑：

第一，产品生命周期的长短对信息产品定价的作用。有些生命周期短的信息产品，如 MP3 等时尚产品，由于市场变化快，需求增长较快，消退也快，其需求量的高峰一般出现于生命周期的前期。所以，信息产品企业应抓住时机，尽快收回成本和利润。

第二，不同周期阶段的影响。处在不同周期阶段的信息产品的变化有一定规律，这也是信息产品企业选择价格策略和定价方法的客观依据。

6. 信息产品企业状况

信息产品企业状况主要指企业的生产经营能力和企业经营管理水平对制定价格的影响。不同的企业由于规模和实力的不同，销售渠道和信息沟通方式不同以及企业营销人员的素质和能力高低的不同，对价格的制定和调整应采取不同的策略。

（1）信息产品企业的规模与实力。规模大、实力强的信息产品企业在价格制定上余地较大。信息产品企业认为必要时，可以有条件大范围地选用薄利多销和价格正面竞争策略。而规模小、实力弱的企业生产成本一般高于大企业，价格的制定上往往比较被动。

（2）信息产品企业的销售渠道。渠道成员有力、控制程度高的企业在价格决策中可以有较大的灵活性；反之，则应相对固定。

（3）信息产品企业的信息沟通。信息产品企业的信息沟通包括企业的信息控制和与消费者的关系两个方面。信息通畅、与消费者保持良好的关系可适时调整价格并得到消费者的理解和认可。

（4）信息产品企业营销人员的素质和能力。拥有熟悉生产经营环节、掌握市场销售及供求变化等情况并具备价格理论知识和一定的实践能力的营销人员，是企业制定最有利价格和选择最适当时机调整价格的必要条件。

7. 信息产品成本因素

成本是商品价格的最低限度。一般说来，商品价格必须能够补偿产品生产及市场营销的所有支出，并补偿商品的经营者为其所承担的风险支出。成本的高低是影响定价策略的一个重要因素。

根据市场营销定价策略的不同需要，对成本可以从不同的角度作以下分类：

（1）固定成本。固定成本是指企业在一定规模内生产经营某一商品支出的固定费用，它是在短期内不会随产量的变动而发生变动的成本费用。

（2）变动成本。变动成本指企业在同一范围内支付变动因素的费用，这是随产量的增减变化而发生变化的成本费用。

（3）总成本。总成本指固定成本与变动成本之和。当产量为零时，总成本等于固定成本。

（4）平均固定成本。平均固定成本指总固定成本除以产量的商。固定成本不随产量的变动而变动，但是平均固定成本必然随产量的增加而减少，随产量的减少而增加。

（5）平均变动成本。平均变动成本指总变动成本除以产量的商。平均变动成本不会随产量增加而变动。但是当生产发展到一定的规模，工人熟练程度提高，批量采购原材料价格优惠，变动成本呈递减趋势；如果超过某一极限，则平均变动成本又可能会上升。

（6）平均成本。即总成本除以产量。因为固定成本和变动成本随生产效率提高、规模经济效益的逐步形成而下降，所以单位产品平均成本呈递减趋势。

（7）边际成本。边际成本是指每增加或减少一单位产品而引起总成本变动的数值。在一定产量上，最后增加的那个产品所花费的成本，从而引起总成本的增量，这个增量即边际成本。信息产品企业可根据边际成本等于边际收益的原则，以寻求最大利润的均衡产量。同时，按边际成本制定产品价格，使全社会的资源得到合理利用。

（8）长期成本。长期成本是指信息产品企业能够调整全部生产要素时，生产一定数量的产品所消耗的成本。所谓长期，是指足以使企业能够根据它所要达到的产量来调整一切生产要素的时间量。在长时期内，一切生产要素都可以变动。所以长期成本中没有固定成本和可变成本之分，只有总成本、边际成本与平均成本之别。

（9）机会成本。机会成本指信息产品企业为从事某项经营活动而放弃另一项经营活动所取得的收益，或利用一定资源获得某种收入时所放弃的另一种收入。另一项经营活动所应取得的收益或另一种收入即为正在从事的经营活动的机会成本。

3.2 信息产品的定价策略

信息产品的定价策略包含产品的基本定价方法、新产品定价、产品组合定价、心理定价、折扣定价及地区定价策略。

1. 基本定价方法

（1）成本导向定价法。在成本的基础上加上一定的利润和税金来制定价格的方法称为成本导向定价法。由于产品形态不同以及成本基础上核算利润的方法不同，成本导向定价法可分为以下几种形式：

1）成本加成定价法。在单位产品完全成本的基础上，加上一定比例的利润和税金，构成单位产品的价格。采用这种方法，价格一般是按成本利润率来确定的。其计算公式为：

产品单价=(完全成本+利润+税金)÷产品产量

产品单价=单位产品完全成本×(1+成本利润率)÷(1−税率)

成本利润率=要求提供的利润总额÷产品成本总额×100%

采用成本加成定价法，确定合理的成本利润率是一个至关重要的问题，而成本利润率的有效确定，必须研究市场环境、竞争程度、行业特点等多种因素。信息行业的某一种产品在特定市场以相同的价格出售时，成本低的信息产品企业能获得较高的利润率，并在激烈的市场竞争中有较大的回旋空间。

成本加成定价法的优点是：计算简便，成本资料可直接获得，便于核算，价格能保证补偿全部成本并满足其利润要求。这种定价法的缺点是：定价所依据的成本是个别成本，而不是社会成本或行业成本。因此，制定的价格可能与市场价格有一定偏离，价格难以反映市场供求状况和竞争状况，定价方法不够灵活。这种定价方法适用于经营状况和成本水平稳定的企业，适用于供求大体平衡、市场竞争比较缓和的产品，一般卖方市场条件下使用较多。

2）目标成本加成定价法。以目标成本为基础，加上预期的目标利润和应缴纳税金来制定价格的方法。上述涉及的完全成本是信息产品企业生产经营的实际成本，是在现实生产经营条件下形成的成本支出，它同将来的生产经营条件没有必然的联系。而目标成本则属于预期成本或计划成本，它与制定价格时的实际成本会有一定差别。目标成本加成法的计算公式为：

产品价格=目标成本×(1+目标利润率)÷(1−税率)

目标成本=价格×(1−税率)÷(1+目标利润率)

目标利润率=预期目标总利润÷目标成本×目标销售量×100%

目标成本并不是实际成本，它受预期定价、预期利润、目标利润率、目标销售量以及税率等多种因素的影响。其中税率是法定的，信息产品企业无修改的权力。所以，在确定目标成本时，必须建立在对价格、成本、销售量和利润进行科学预测的基础上，不能凭主观想象。这样才能使定价与实际相符合，以实现预期利润。

3）边际贡献定价法。边际贡献是指产品销售收入与产品变动成本的差额，单位产品边际贡献指产品单价与单位产品变动成本的差额。边际贡献弥补固定成本后如有剩余，就形成信息产品企业的纯收入；如果边际贡献不足以弥补固定成本，那么企业将发生亏损。在企业经营不景气，销售困难，生存比获取利润更重要时，或信息产品企业生产能力过剩，只有降低售价才能扩大销售时，可以采用边际贡献定价法。

边际贡献定价法的原则是，产品单价高于单位变动成本时，就可以考虑接受。因为不管信息产品企业是否生产、生产多少，在一定时期内固定成本都是要发生的，而信息产品单价高于单位变动成本，这是信息产品销售收入弥补变动成本后的剩余，可以弥补固定成本，以减少企业的亏损（在企业维持生存时）或增加信息产品企业的盈利（在企业扩大销售时）。这种方法的基本计算公式如下：

单位商品销售价格=(总的变动成本+边际贡献)÷总销量

4）盈亏平衡定价法。又称收支平衡定价法。它是运用损益平衡原理实行的一种保本定价方法。首先计算损益平衡点，其公式为：

损益平衡点产量=固定成本÷(单位产品价格−单位可变成本)

当信息产品企业的产量达到损益平衡点产量时，企业不盈不亏，收支平衡，保本经营。

保本定价的计算公式为：

保本定价=固定成本÷损益平衡销售量+单位产品变动成本

如果信息产品企业把价格定在保本点价格上，则只能收回成本，不能盈利；若高于保本点定价便可获利，获利水平取决于高于保本点的距离；若低于保本定价点，企业无疑是亏损的。因此，也可以将盈亏平衡定价法理解为，它规定了在产量一定的情况下，保证企业不亏本的最下限价格。

（2）竞争导向定价法。竞争导向定价法是根据竞争者产品的价格来制定企业产品价格的一种方法。常用的有以下三种方法：

1）随行就市定价法。即信息产品企业根据同行业信息产品企业的平均价格水平定价。在竞争激烈的情况下，是一种与同行和平共处、比较稳妥的定价方法，可避免风险。

2）追随定价法。即信息产品企业以行业中主导企业的价格为标准，制定本企业的产品价格，此方法可避免企业之间的正面价格竞争。

3）密封投标定价法。这是一种竞争性很强的定价方法。一般在购买大宗物资、承包基建工程时，发表招标公告，由多家卖主或承包者在同意招标人所提出的条件的前提下，对招标项目提出报价，招标者从中择优选定。密封投标定价法的定价程序是：

- 招标。由买方发布招标公告，提出征求产品或劳务的具体条件，引导卖方参与竞争。
- 投标。卖方或承包者根据招标公告的内容和具体要求，结合自己的条件，考虑成本、利润和竞争者可能提出的报价，在买方规定的截止日期内，将自己愿意承担的价格密封提出。
- 开标。买方在规定期限内，积极认真地选标，全面认真地审查卖方提出的投标报价、技术力量、工作质量、生产经验、资本金情况及信誉高低等，以此为基础选择承包商，并到期开标。

（3）需求导向定价法。需求导向定价法是以消费者对信息产品价值的理解程度和需求强度为依据的定价方法。主要方法有以下几种：

1）理解价值定价法。所谓理解价值，也叫感受价值、认知价值，是指消费者对某种商品的主观评判。理解价值定价法是指企业不以成本为依据，而以消费者对商品价值的理解度为定价的依据。使用这种方法定价，企业首先应以各种营销策略和手段，影响消费者对产品的认知，形成对信息产品企业有利的价值观念，然后再根据产品在消费者心目中的价值来制定价格。

理解价值定价法的关键在于获得消费者对有关商品价值理解的准确资料。信息产品企业如果过高估计消费者的理解价值，价格就可能过高，这样会影响商品的销量；反之，如果企业低估了消费者的理解价值，其定价就可能低于应有的水平，信息产品企业可能会因此减少收入。所以，企业必须做好市场调查，了解消费者的消费偏好，准确地估计消费者的理解价值。

2）区分需求定价法。是指根据顾客的需求差异，对同种产品或劳务制定不同价格的方法，也叫价格歧视。主要定价方式有：

- 因顾客而异。同种产品或劳务，对不同职业、收入、阶层或年龄的消费者群制定不同的价格。信息产品企业可根据上述差异在定价时给予相应的优惠或提高价格。
- 因式样而异。对式样不同的同种商品制定不同的价格，价格差异比例往往大于成本差异的比例。
- 因时间而异。根据产品季节、日期及钟点上的需求差异制定价格。
- 因空间而异。信息产品企业根据自己产品销售区域的空间位置来确定商品的价格。
- 因用途而异。同一种商品有时会有不同的用途和使用量，因而价格也应有所区别。

实行区分需求定价法要具备一定的前提条件：一是市场能够根据消费者的需求强度不同进行细分；二是细分后的市场在一定时期内相对独立，互不干扰；三是竞争者没有可能在企业以高价销售产品的市场上以低价销售；四是价格差异程度不会引起消费者的不满或反感。

2. 新信息产品定价

新信息产品定价是市场营销管理中十分棘手的问题。新产品上市之初，产品的市场定价没有可借鉴的依据。定价高了，难以被消费者接受，则市场开拓受阻；定价低了，则将影响企业的效益。一般新产品有以下定价策略：

（1）撇脂定价。在产品初上市场时，定以高价，从而在市场上撇取厚利润这层奶油。一般在如下情况下采用此策略：

- 短期内几乎没有竞争的危险（因为专利权保护、较高的市场进入壁垒或新技术不易模仿等）。
- 由于产品具有独特性，所以价格需求缺乏弹性。
- 不同的顾客有不同的价格弹性，企业有足够的时间，尽量先让弹性小的顾客充分购买，然后再向弹性大的顾客推销。
- 在大规模生产之前，对产品需求的满足极为有限。
- 较小产量的单位成本不至于高到抵消从交易中所得到的利益。
- 信息产品企业政策要求尽快收回投入成本。
- 高价能给人这样的印象：这种是高级产品，质量很好。

当信息产品企业采用撇脂定价策略时，一定要考虑到企业的最终用户是否接受此产品或服务，是否愿意支付高昂的价格。

（2）渗透定价。在产品或服务初进市场时定以低价，从而比较容易地进入市场或提高市场占有率。在下述情况下信息产品企业可考虑此种策略：

- 想要确立自己市场的基本地位。
- 阻止新的竞争者进入市场。
- 确认竞争者不会以牙还牙展开价格大战，可借此坐收低价扩大市场的好处。
- 以扩大市场占有率与投资收益率为目的。
- 市场需求显得对价格极为敏感，低价会刺激市场需求迅速增加。
- 信息产品企业的生产和分销单位成本会随着生产经验的增加而下降。

（3）满意定价。这是一种折中的价格策略。它吸取上述两种定价策略的长处，采取比撇脂价格低，比渗透价格高的适中价格。既能使信息产品企业获得一定的初期利润，又能为消费者所接受。由此而制定的价格为满意价格，也称为温和价格或君子价格。

【案例】新产品的定价技巧[5]

价格是一把“双刃剑”，一方面对着消费者和市场份额，另一方面对着竞争对手和企业利润。在新产品定价时，如何巧妙地运用定价法，又该如何及时调整以保持定价方式的科学有效呢？

iPod 的成功运用

苹果 iPod 是近几年来最成功的消费类数码产品之一。第一款 iPod 零售价高达 399 美元，即使对美国人来说，也属于高价位产品，但是有很多“苹果迷”既有钱又愿意花钱，所以纷纷购买；苹果认为还可以“撇到更多的脂”，于是不到半年又推出了一款容量更大的 iPod，定价 499 美元，仍然销路很好。苹果的撇脂定价大获成功。

哪种情况才适用，在什么情况下，企业可以采取撇脂定价法并且能取得好的效果呢？

第一，市场上存在一批购买力很强，并且对价格不敏感的消费者。

第二，这批消费者的数量足够多，企业有厚利可图。

第三，暂时没有竞争对手推出同样的产品，本企业的产品具有明显的差别化优势。

第四，当有竞争对手加入时，本企业有能力转换定价方法，通过提高性价比来提高竞争力。

第五，本企业的品牌在市场上有传统的影响力。

在上述条件具备的情况下，企业就应该采取撇脂定价的方法。使用撇脂定价法不是偶然的，以行业而言，那些竞争较弱的行业，或者行业正处于启动期的时候，普遍使用撇脂定价法。彩电行业、电脑行业到 90 年代中期还是撇脂定价，汽车行业到现在还基本是撇脂定价，尤其是中高级汽车。在 2000 年以后，首先在低端市场，然后向高端市场延伸，撇脂定价法逐渐被打破。就企业而言，品牌往往是撇脂定价最重要的前提条件，前面所说的苹果公司符合上述五个条件，所以撇脂定价就很成功。

企业必须明白，撇脂定价法即使取得了成功，也很快会由于竞争加剧而变得不适合，企业需要做的是：敏感地认识到市场的变化，主动从撇脂定价的高台阶上走下来，否则，一旦竞争对手在产品接近的情况下，采取渗透性定价，企业就会付出巨大代价。最典型的案例是 1996 年联想电脑和长虹彩电通过渗透性定价一举夺取市场第一的宝座。

定价策略及时调整

苹果 iPod 在最初采取撇脂定价法取得成功后，就根据外部环境的变化，主动改变了定价方法。2004 年，苹果推出了 iPod shuffle，这是一款大众化产品，价格降低到 99 美元一台。之所以在这个时候推出大众化产品，一方面因为市场容量已经很大，占据低端市场也能获得大量利润；另一方面，竞争对手也推出了类似产品，苹果急需推出低价格产品来抗衡，但是原来的高价产品并没有退出市场，而是略微降低了价格而已，苹果公司只是在产品线的结构上形成了“高低搭配”的良好结构，改变了原来只有高端产品的格局。苹果的 iPod 产品在几年中的价格变化是撇脂定价和渗透式定价交互运用的典范。

在激烈的市场竞争中，采用撇脂定价法的风险增大，以高性价比迅速获得消费者的认可逐渐成为定价的主流。放弃撇脂定价法首先从低端市场开始，这是应用撇脂定价法最薄弱的地方；高端市场的撇脂定价法会在最后被攻陷。例如，面向家庭的低端市场汽车价格下降得很快，在这个细分市场，几乎没有哪个企业还采用撇脂定价法，在高级汽车市场，奥迪、宝马等名车撇的脂也不像 2000 年以前那样“厚”了，价格逐渐向国际市场看齐。

在快速消费品和电子消费品行业，由于产品生命周期短，采取撇脂定价法的现象比耐用品行业要少得多，即使采取，撇脂时间也非常短，很快就改变为渗透性定价，所以，对企业推出新产品的速度就提出了很高要求，如果推出新产品的速度快于竞争对手，就可以得到一段难得的、短暂的撇脂时间，可以大幅获利，改善企业整体的盈利能力；如果推出新产品的速度慢，每次推出时，都只能随行就市，企业的盈利情况就有可能恶化。奥林巴斯在 2004 年陷入巨额亏损，根本原因就是新产品推出速度慢，产品缺乏差别化优势。企业由于无法享受到撇脂，同时又不能有效降低运营成本而陷入困境。

企业之间的竞争不仅是产品的竞争，也是定价模式的竞争。企业一方面要善于利用撇脂定价法，在新产品上市后的一段时期内尽量攫取丰厚利润，一方面要及时调整定价法，以适应竞争对手的步步紧逼。

调整撇脂定价的方法，不是简单地把价格降下来，而是与推出的新产品相结合，通过丰富产品结构、推出更高性价比的产品的方式积极调整撇脂定价法，或者把产品和服务打包，在整体上降低客户的购买成本，而不是直接诉诸低价，以保护自己的盈利能力。

思考与讨论：

分析苹果 iPod 产品的定价策略为何会获得成功。

（1）信息产品线定价。信息产品线是一组相关联的产品，信息产品企业必须适当安排产品线内各个产品之间的价格梯级。若产品线中两个前后连接的产品之间价格差额小，顾客就会购买先进的产品。此时，若两个产品的成本差额小于价格差额，企业的利润就会增加；反之，价格差额大，顾客就会更多地购买较差的产品。

（2）任选品定价。任选品是指那些与主要信息产品密切相关的可任意选择的产品。许多企业不仅提供主要产品，还提供某些与主要产品密切关联的任选产品。企业为任选品定价常用的有两种方法：一是把任选品的价格定得较高，靠它盈利；二是把任选品的价格定得低一些，以此招徕顾客。

（3）连带品定价。连带品是指必须与主要信息产品一同使用的产品。例如墨盒是打印机的连带品。许多打印机的生产企业往往是打印机定价较低，专用的墨盒定价较高。以高价的连带品获取利润，补偿主要产品低价所造成的损失。

3. 信息产品心理定价

心理定价是针对消费者的不同消费心理，制定相应的信息产品价格，以满足不同类型消费者需求的策略。心理定价策略一般包括尾数定价、整数定价、声望定价、招徕定价和习惯定价等具体形式。

（1）尾数定价。也称非整数定价，即给产品一个零头数结尾的非整数价格。消费者一般认为整数定价是概括性定价，定价不准确；而尾数定价具有可使消费者产生减少一位数的功能，产生一种经过精确计算得出了最低价格的心理。同时，消费者会觉得信息产品企业定价认真，一丝不苟，甚至连一些高价商品看起来也不太贵了。

（2）整数定价。信息产品企业在定价时，采用合零凑整的方法，制定整数价格。这也是针对消费者心理状态而采取的定价策略。因为现代商品太复杂，许多交易中消费者只能利用价格辨别商品的质量，特别是对一些名牌商品或消费者不太了解的产品，整数价格反而会提高商品的“身价”，使消费者有一种“一分价钱一分货”的想法，从而有利于商品的销售。

（3）声望定价。针对消费者“价高质必优”的心理，对在消费者心目中有信誉的产品制定较高的价格。

价格档次常被当作商品质量最直观的响应，特别是消费者识别名优产品时，这种心理意识尤为强烈。因此，高价与性能优良、独具特色的名牌产品比较协调，更易显示产品特色，增强产品吸引力，产生扩大销售的积极效果。当然，运用这种策略必须慎重，绝不是一般商品可采用的。

（4）招徕定价。信息产品定价如低于一般市价，消费者总会感兴趣的，这是一种求廉心理。有的信息产品企业就利用消费者的这种心理，有意把几种商品的价格定得很低，以此吸引顾客上门，借机扩大销售，打开销路。采用这种策略的企业，从几种“特价品”来看，企业不赚钱，甚至亏损，但从企业总的经济效益来看还是有利的。

（5）习惯定价。有些信息产品，由于销售已久，已形成一种习惯价格，即消费者已习惯按此价格购买并感到方便。生产者为了打开销路，必须依照习惯价格定价。因为这种价格已在顾客中形成习惯心理，并承认其合理，所以不能轻易涨价，涨价会引起消费者的不满；另一方面，即使生产成本降低也不能轻易降价，降价会引起消费者对商品质量的怀疑。当然，生产成本涨到一定程度，最后还是要提高价格，以形成新的习惯价格。

4. 折扣定价

信息产品企业为了实现某些交易目的或者为了使营销活动能适合某些细分市场的要求，鼓励顾客的购买行为，要对基本价格进行修改，采用价格折扣和折让。

（1）现金折扣。信息产品企业给那些当场付清货款的顾客的一种减价方法，目的是鼓励顾客提前付清款项。例如，顾客 10 天内付清货款，享受 2%的折扣；20 天内付清货款，享受 1%的折扣；30 天内付清，全部货款没有折扣。

（2）数量折扣。信息产品企业给大量购买某种产品的顾客的一种减价方法，以鼓励顾客购买更多的货物。因为大量购买能使企业降低生产、销售、储运、记账等环节的成本费用。数量折扣有两种形式：累计折扣和非累计折扣。

（3）功能折扣。又叫贸易折扣。功能折扣是制造商给某些批发商或零售商的一种额外折扣，促使他们愿意执行某种市场营销功能。

（4）季节折扣。信息产品企业对提前购买季节性商品或服务的顾客的一种减价方法，使企业的生产和销售在一年四季中保持相对稳定。

5. 地理定价

这是一种根据商品销售的地理位置不同而规定差别价格的策略。包括以下四类：

（1）原产地交货定价。信息产品企业可要求每一个购买者支付从工厂到目的地的运输成本。原产地交货是将商品放到一个运载体中，表明所有权和责任已转移到顾客手中，顾客就要支付从工厂到目的地的运费。统一运费定价，不论地理位置的远近，向所有顾客收取同样价格加上运费，这个运费是按平均运输成本来定的。采用此方法，对信息产品企业营销者来说容易管理，利于巩固和发展企业的远距离目标市场的占有率，但容易失去较近位置的部分市场。

（2）区域定价。介于原产地交货和统一运费两种定价方法之间。信息产品企业将销售市场划分为若干个区域，同一区域内的用户所付价格相同，较远区域的用户的价格略高一些。由于不同价格区域的两个相邻用户，对价格差异的存在具有较强的敏感性，所以在划定区域界线时，要注意价格差异程度，否则会引起消费者的不满。

（3）基点价格。以某个城市为基点，无论货物实际运输的长短，向所有信息产品用户收取该城市用户所在地的运费。倘若所有的卖主使用同样的基点城市，对所有顾客来讲交货价格就会相同，也就消除了价格竞争。

3.3 信息产品调价策略

信息产品价格的调整对于信息产品企业来说有两种情况：主动调价和被动调价。以下就两种情况分别进行分析。

1. 主动调整价格的策略

（1）主动调整价格的原因。信息产品企业的主动调价有主动降价和主动提价两种情况。

信息产品企业主动降价的原因有：①企业生产能力过剩，市场供大于求，需要扩大销售量，但又无法通过改进产品和增加销售努力来达到目的，只好考虑降价；②价格战的需要；③行业性的衰退或产品进入生命周期的衰退期。

信息产品企业主动提价的原因有：①生产成本提高；②产品在市场上供不应求；③通货膨胀；④竞争对手产品提价。

信息产品企业在主动调价时应关注购买者和竞争者的反应，这包括：

1）购买者对变价的反应。由于购买者对变价不理解，可能会产生一些对企业不利的后果。降价本应吸引更多的消费者，但有时对某些消费者却适得其反。这些消费者可能会认为降价是为了处理积压存货，降价的产品一般无好货，或是企业财务困难，该产品今后要停产，零配件将无处购买，价格可能还会进一步下跌，造成持币观望的局面。因此，不适当的降价反而会使销售量下降。

信息产品企业提价本该是抑制购买，但购买者可能认为提价是因为这种产品是畅销货，不及时购买将来可能买不到，或者以为该产品有特殊价值，值得购买，或认为该产品成本可能还要涨价，赶快去买。结果是涨风越大，抢购风越大。

因而，信息产品企业在产品成本涨价、降价之前和之后，都要尽可能向消费者介绍清楚，让消费者了解情况，以便于消费者对变价做出正确的购买反应。

2）竞争者对变价的反应。信息产品企业在营销中还往往受到竞争者变价的攻击，这就需要信息产品企业分析竞争者变价的目的、持久程度和对本企业的影响等，并及时做出反应。

（2）主动调价的方法。主动调价的方法包括主动降价和主动提价。

1）降价方法。调低价格对信息产品企业来说具有相当大的风险。消费者会认为降价产品的质量低于竞争产品的质量。同时，降价也有可能引发价格战，造成不必要的过度竞争。因而，调低价格策略应该与开发更有效、成本更低的产品相结合。同时要掌握好降价的时机、方式与幅度。具体方式有：让利降价，给予更大的折扣，增加延期支付数额，按变动成本定价。

2）提价方法。信息产品用户一般都不欢迎提价。信息产品企业应掌握提价的时机、方式和幅度。为避免顾客和中间商的不满，可采用以下几种方式：①单步提价策略，信息产品企业一次就把现有市场中产品的价格提高到企业欲涨价的价位水平，通过推迟报价、调整价格条款等形式完成；②分步提价策略，信息产品企业在一段时间内，分几次涨价，将信息产品企业的产品价格从原来的价格提高到企业所确定的提价价位。时间上采取均等间隔或有长有短，额度上也可采取等额或不等额式。保持名义价格不变。企业不改变现有销售价格，而是通过减少服务项目，降低质量，减少包装数量等进行隐蔽性提价。

2. 被动调整价格的策略

处于不同市场地位的信息产品企业被动调价时其做法也有很大差异，现就市场追随者和市场领导者分别进行分析。

（1）市场追随者的对策。市场追随者是指在市场中不居于领导地位的信息产品企业。通常，面对对手的调价，他们有以下对策：

1）不同性质的产品可采用不同策略。对于同质产品，如果竞争者降价，信息产品企业也要随之降价，否则，顾客就会购买竞争者的产品。如果竞争者提价，信息产品企业可以灵活面对，或者提价，或者不变。对异质产品，企业有较大的余地对竞争者调整价格做出反应，如不改变原有价格水平，采取提高产品质量和服务水平、增加产品服务项目、扩大产品差异等措施，来争夺市场竞争的主动权。

2）被动调价的主要策略。被动调价的主要策略有：随之调整价格，尤其对市场主导者的降价行为，中小信息产品企业很少有选择的余地，只能被迫应战，随之降价；反其道而行之，同时推出低价或高价的新品牌、新型号产品，以围堵竞争者；维持原价不变，如果随之降价会使企业利润损失超过承受能力，而提价会使企业失去很大的市场份额，维持原价不失为明智的策略选择，同时也可以运用非价格手段进行回击。

（2）市场领导者的对策。市场领导者有如下对策可供选择：

1）价格不变。市场领导者认为，削价会减少太多利润；保持价格不变，市场占有率也不会下降太多，必要时也很容易夺回来。借此机会，正好摆脱一些不想要的买主，自己也有把握掌握住较好的顾客。

2）运用非价格手段。比如信息产品企业改进产品、服务和市场传播，使顾客能买到比竞争者那更多的东西。很多企业都发现，价格不动，但把钱花在给顾客提供更多的利益上，往往比削价和低利经营更合算。

3）降价。市场领导者之所以这么做，是因为削价可以增加销量和产量，因而降低成本费用。同时，市场对价格非常敏感，不削价会丢失太多的占有率，而市场占有率一旦下降，就很难恢复。

4）涨价。有的市场领导者，不是维持原价或削价，而是提高原来产品的价格，并推出新的品牌，围攻竞争者品牌。

小结

客户销售策略是企业以顾客需要为出发点，根据经验获得客户需求量以及购买力的信息、商业界的期望值，有计划地组织各项经营活动，通过相互协调一致的产品策略、价格策略等，为客户提供满意的商品和服务而实现企业目标的过程。

能力训练

【情景模拟】

江山集团新建办公大楼落成，需要添置大量的电脑及网络设备等 IT 产品，虽然该企业目前还没有做采购计划，但得到这个信息后，腾飞电脑科技有限公司立即组织人员准备拿下这个销售订单。

根据情景内容制定一个客户销售策略方案。

项目五　IT 产品销售沟通

学习目标

1. 掌握倾听与应答的技巧，交流技巧。
2. 了解约见时客户的心理及需求。
3. 熟悉电话沟通术，掌握电话约见的技巧。
4. 掌握沟通技巧。

腾飞电脑科技有限公司是一家销售品牌电脑的专卖店，也是地区品牌总代理商，每天销售员主要针对店面个人客户和集团大客户进行销售服务。要求销售员能够熟练地运用交流技巧与客户进行有效沟通，通过对客户需求的分析，给客户做出满意的销售方案，从而促进成交。

沟通是一种实践的艺术。不同的环境，适合采用不同的沟通方式。在具体的沟通实践中，不同的沟通方式都遵从沟通的基本技巧，但因为各自有不同特点，所以有各自的沟通要求。

实践中，不同情景要求采用不同的沟通方式，常用的沟通方式包括面对面的口头沟通、电话沟通、书面沟通、网络沟通、演讲、谈判等。在 IT 产品销售中，最常用的沟通方式是口头沟通，其次是电话沟通，以及书面沟通、网络沟通等。

任务 1　口头沟通之店面接待客户

口头沟通就是面对面、口头传递信息的沟通方式，这种沟通方式以肢体语言、声音语言、文字语言全面地传递信息，是人际沟通中的主体沟通方式，也是公司沟通中的主要沟通方式。

1.1　口头沟通的特点与规律要求

1. 特点

口头沟通具有全面、直接、互动、立即反馈的特点。

（1）全面：沟通者在口头沟通中传递了包含文字语言、声音语言、肢体语言的全面信息，而这些全面信息又被沟通对方接收到。

（2）直接：沟通双方不需要借助其他信息渠道，双方通过自己的视觉器官、听觉器官以及心灵直接接收感知到对方发出的信息。

（3）互动：双方在沟通中都进行信息发送、接收、发送的传递过程，即双方是互动的。

（4）立即：双方的信息发送、接收、发送过程是立即开展的。

这就要求沟通者在口头沟通中尤其要遵守沟通规律，以达成沟通效果。

2. 规律

口头沟通的过程是：先远观、后近看、再言听，然后是沟通者把听到的文字信息与声音信息、看到的肢体语言信息进行综合感知，形成对沟通者、沟通信息的综合评判，再互动反馈。也就是沟通者先从较远处观察沟通对方的形象仪态，后在近处细细地察看沟通对方的行为礼仪与表情、再听沟通对方的招呼与开场白，接收综合信息以感知沟通对方是否热情、可亲，形成第一印象，构建亲和力；然后是在口头表达的过程中，通过伴随传递的声音语言、肢体语言信息继续加强亲和力；通过观察、询问、聆听来察知沟通对方心理需求，针对心理需求进行有效表述，在恰当时机进行有效促成，同时化解异议，如此达成有效沟通。只有积极心态才能确保有效的肢体语言与声音语言。

3. 要求

口头沟通的特点与规律，对我们进行口头沟通提出要求。尤其对于以客户服务为主要产品、以人际沟通为主要产品内容的公司服务工作中，销售员的口头沟通有更高要求。

（1）符合沟通程式：亲和力→察知心理需求→有效表述→促成→异议化解。

（2）重视与正确把握肢体语言与声音语言，从形象仪态、表情礼仪、开场白开始，以及在互动沟通中，有效把握肢体语言、声音语言。

（3）调整到积极心态。

（4）文字语言信息要有效、清晰、简洁。

下面从肢体语言、声音语言、文字语言，以及沟通方式四方面具体分析，展开训练。

4. 口头沟通要则

有效口头沟通须遵从沟通的一般规律，除了在肢体语言、声音语言、文字语言方面如上述正确把握以外，需要遵从沟通程式、积极心态调整、听问说三结合。

1.2 接待技巧

接待客户时展现出整洁、宜人的外表。要微笑，透过面部表情，表现出自信和热忱。尽可能尊称客户姓名来欢迎他们，永远以礼貌以尊敬来对待客户。不要打断客户说话，仔细听客户想说的话。注意身体语言，不要有任何惹人讨厌的举动。用调整过的声调，徐缓且清晰地说话。展现高水平的专业知识，以专业态度接受客户抱怨。不将客户的粗鲁言辞放在心上。如果客户有抱怨，而非单纯询问，要多为客户着想，勿与客户争执。对客户的询问，提供解决方案。如果无法协助客户，找出其他能提供协助的人。如果不能立即服务客户，招呼他并请他稍候。如果需要更多信息去处理客户询问，应多问问题。

1.3 把握客户需求

1. 明确需要解决的问题

要求明确客户的需求，必须解决以下问题：Who（谁）、What（什么）、How（怎么）、Why（为什么）、When（时间）、Where（地点）、How much（多少）。

（1）Who（谁）——关于是谁的问题。

- 谁是真正的客户？
- 谁是这批产品的直接使用者？
- 竞争对手是谁？

- 谁是购买的最后决策者？

（2）What（什么）——是什么问题。

- 客户需要什么？
- 产品是什么？产品优势在哪里？能否满足客户需求？
- 什么是决定客户购买的关键因素？是产品质量、售后服务还是价格？
- 决定销售成败的关键因素是什么？

（3）How（怎么）——关于怎么购买的问题。

- 客户的购买流程？公开招标，还是内部推荐？
- 如果是产品换代，客户准备如何处理旧设备？

（4）Why（为什么）——关于为什么要购买的问题。

- 客户为什么要购买？客户的需求背后存在的问题是什么？更大的问题是什么？
- 客户为什么要购买你的产品，而不会向竞争对手购买？
- 客户为什么要向你购买，而不是向企业其他的销售员购买？

（5）When（时间）——在什么时间购买的问题。

- 客户准备什么时间购买？
- 什么时候准备下一次购买？
- 什么时候适合推出新的产品？把握介绍产品的时间。

（6）Where（地点）——关于在哪里的问题。

- 下一次会面的地点在哪里？在客户办公室、你的办公室还是咖啡厅？
- 产品展示的地点在哪里？
- 产品将放置在哪里？

（7）How much（多少）——关于购买多少的问题。

- 客户需求多少数量？
- 客户对此次购买的预算是多少？此次采购，有多少竞争对手参与竞争？

2. 积极倾听

在挖掘信息增强了解的同时，要仔细地倾听对方的回答。在交谈中被误解或被遗漏的信息通常占 70%～90%，只有 25%左右的信息会被保留下来。让对方重复曾经说到过的话是极不礼貌的一种行为，有时可能会构成交流障碍。

事实上，做好积极倾听不是一件容易的事，接下来将要讨论的问题就是如何保证积极地倾听。

（1）站在客户的立场去倾听。站在客户的立场专注倾听客户的需求、目标，适时地向客户确认你所了解的是不是正是他想表达的意思，这种诚挚专注的态度能激励客户讲出更多内心的想法。

（2）让客户把话说完，清楚地听出对方的谈话重点，并记下重点。记住销售员是来满足客户需求、带给客户利益的，让客户充分表达他的状况以后，才能正确地满足他们的需求，就如医生要听了病人述说自己的病情后，才能开始诊断。

与对方谈话时，如果对方认知到你正确地理解了他谈话所表达的意思，他一定会很高兴。至少他知道你成功地完成了上边所说的“听事实”的层面。

能清楚地听出对方的谈话重点，也是一种能力。因为并不是所有人都能清楚地表达自己的想法，特别是在受不满等情绪的影响的时候，经常会有类似“语无伦次”的情况出现。而且，除了排除外界的干扰，专心致志地倾听以外，还要排除对方的说话方式所造成的干扰，不要只把注意力放在说话人的咬舌、口吃、地方口音、语法错误或“嗯”“啊”等习惯用语上面。秉持客观的态度和拥有宽广的胸怀。不要心存偏见，不要只听自己想听的或是以自己的价值观判断客户的想法，这一点非常关键。

对客户所说的话，不要表现出防卫的态度。当客户所说的事情，对你的业务可能造成不利时，听到后不要立刻驳斥，可先请客户针对事情做更详细地解释。如客户说“你们企业的售后服务不好”，可请客户更详细说明是什么事情让他有这种想法，客户若无法解释得很清楚时，也许在说明的过程中，也会感觉出自己的看法也许不是很正确；若是客户说得证据属实，可先向客户致歉，并答应他说明此事的原委。记住，在还没有听完客户的想法前，不要和客户讨论或争辩一些细节的问题。

掌握客户真正的想法。客户有客户的立场，他也许不会把真正的想法告诉你，他也许会用借口或不实的理由搪塞，或为了达到别的目的而声东击西，或别有隐情，不便言明。因此，你必须尽可能地听出客户真正的想法。

掌握客户内心真正的想法，不是一件容易的事情，最好在与客户谈话时，自问下列的问题：

- 客户说的是什么？它代表什么意思？
- 他说的是一个事实还是一个意见？
- 他为什么要这样说？
- 他说的我能相信吗？
- 他这样说的目的是什么？
- 从他的谈话中，我能知道他的需求是什么吗？
- 从他的谈话中，我能知道他希望的购买条件吗？

3. 技巧性地询问

询问是一种非常有用的交谈方式，它和倾听经常搭配使用，成为面谈的两大重要技巧。销售员为了了解客户需要和心里疑问，提出种种口头提示和问题，这个过程就是面谈中的询问。询问可以引起客户的注意，使客户对于一些重点的问题予以重视，它还可以引导客户的思路，获得销售员需要的各种信息。所以销售员如果善于运用询问技巧，就可以及早知道客户真正需要什么以及有何疑虑，从而有效地引导面谈的顺利进行，以下是 3 种基本询问技巧。

（1）探索式询问技巧。销售员为了了解客户的态度，确认他的需要可以向客户提出问题。例如，“您的看法？”“您是怎么想的？”“您认为我们的产品怎么样？”。

销售员通过这种方法向客户提问后，要耐心地等待，在客户说话之前不要插话，或者说鼓励的话，使客户大胆地告知有关的信息。

客户对于探索式询问方式是乐于接受的。他们一般都能认真思考问题，告诉销售员一些有价值的信息。甚至客户还会提出建议，帮助销售员更好地完成推销工作。

（2）诱导式询问技巧。这种询问技巧旨在引导客户的回答符合销售员预期的目的，争取客户的同意。在这种询问方式下，销售员应向客户提出一些问题，将客户引到所需要解决的问题上，并借客户的回答完成交易任务。如当客户在与同类产品比较后，对公司产品的价格提出疑问时，销售员应将话题转到产品的性能、质量等方面，如“你觉得产品的质量如何?”，在产品的比较中对客户进行提问，诱导客户向产品价格合理性方面转化，自然会得到客户的认可。

（3）选择式询问技巧。这种询问方法是指在提问的问题中，已包含有两个或四个以上的选项，对方须从这些选项中选出一个作为答案。在推销时，为了提醒、督促客户购买，最好采用这种询问方式，它往往能增加销量。如在销售某种热销的消费类产品时，效果较好的询问方式应该是“您买一套，还是两套？”假如客户这时不想买，这样的询问常常可以促使一些客户至少购买一套。

另外，在推销活动中，应避免向客户提出这样的一些问题，如“您还不做购买决定？”“我们能否达成协议？”“您买这种产品吗？”等这些类似最后通牒的方式，往往会使客户感到尴尬。客户为了摆脱销售员的压力，会毫无保留地拒绝销售员的建议。所以在诱导客户购买所推销的产品时，要避免向客户提出容易遭到反对的问题。

4. 询问方式

询问的方式包括开放式询问和闭锁式询问。

开放式询问指能让客户充分阐述自己的意见、看法及陈述某些事实情况，见表5-1。

表5-1 开放式询问

使用目的		开放式询问
取得信息范例	了解目前的状况及问题点	您的笔记本电脑有哪些故障
	了解客户期望的目标	您期望电池待机时间有多长
	了解客户对其他竞争者的看法	您认为××牌笔记本电脑有哪些优点
	了解客户的需求	您希望拥有怎样的一台笔记本电脑
让客户表达范例	表达看法、想法	对笔记本电脑的功能，您认为哪些还需要改进： 您的意思是…… 您的问题是…… 您的想法是……

闭锁式询问指让客户针对某个主题明确地回答“是”或“否”，见表5-2。

表5-2 闭锁式询问

使用目的	闭锁式询问
获得客户的确认	您是否认为优质的售后服务会为产品增添很高的附加值
在客户确认点上发挥自己的优势	我们的售后服务是以“顾客完美满意”为目标的，我们会在最短的时间里，用最佳的方案解决您的问题
引导客户进入你要谈的主题	您是否认为笔记本电脑的外形美观很重要
缩小主题的范围	您理想中的价位是在3000元左右吗
确认优先顺序	您购买笔记本电脑时最注重的是功能还是外观

1.4 产品演示

在初步会谈后，通过对一些谈话技巧的运用，可以认识到客户的需求，但这并不表示客户愿意购买产品，下一步需要展开进一步的攻势——产品演示。实践证明，产品演示能够突破听的单一感受，充分调动客户的眼、鼻、手、耳等器官，增强客户对产品的认识和信心，从而激起客户的购买欲望。

产品演示内容大致分为开场白、功能演示、结束语，每一部分强调的关键点以及相应的技巧分析如下：

要根据事前准备的问题进行有目的的演示。成功的产品演示一定要有充分的准备，否则演示的效果必将大打折扣，容易仅止于产品特性的说明。充分准备就是要了解客户的喜好、调查出客户的特殊要求、规划有创意的演示说明方式等，因此充分准备是演示成功的关键。

针对客户提出的问题，要灵活地掌握，要区分客户提出的问题是否合理。目前客户往往强调自身的个性，提出种种要求，对于客户提出的具体业务问题，可为其演示或解释，此类问题应注意：千万不能在小问题上与客户纠缠，占用过多时间，因为第一次演示是艺术性的，目的是签单，此时谈过多的细节问题只会有坏处不会有好处。演示过程中也要观察用户的反应，对方不感兴趣的地方尽量少讲或不讲，对方感兴趣的地方可以多讲，最后做到客户的心思全部放在产品上。

有效地控制演示现场。产品演示从开始到结束整个过程的场面和气氛应由演示员控制，切不可让客户控制，因为演示之前客户并不了解产品，而且演示的目的就是要让产品给他留下一个好的第一印象，要做到这一点，整个演示的场面和气氛得到有效控制是其基本因素。在产品演示前，可以结合事先准备好的 PPT 文档，讲解本公司的产品情况，并解答对产品演示存在的疑惑，但停顿时间不可太长。用户若在演示过程中打断演示或提出某个问题，也可以进行解答，但解答完之后即应进入下一个功能点介绍，切不可停留或扯到别的事情上去。产品演示最好要有幽默感，这样会让客户印象深刻，演示要突出重点，不要太长，也不必过于全面。太长、太全面的演示会使人感到疲劳、厌烦，特别是在演示一些客户不熟悉、结构复杂的产品时。

演示中“眼动、手动、口动”三者充分结合，以增强演示的效果。在演示的过程中，要将“手”与“口”有机地结合起来，同时要利用“眼”，观看客户的反应，灵活快速地变动讲解的内容。进一步讲，“眼动”是指观察用户的反应以便做出下一步的决策；“手动”是指操作；“口动”是指嘴上说的就是手上动的，手上动的即是嘴上说的。三者之间密切配合，不致脱节，让客户感觉是在听一场优美的演讲，浑然一体、一气呵成。产品演示时，应该注意只将客户所关注的主要问题，及解决方案展示出来给客户看，不可作详细的操作演示。这种演示是一种艺术性的演示，其目的是为了给客户展示产品的优点，给客户留下深刻的印象，讲得太多太细不但客户记不住，而且效果不好。

让客户参与演示。演示产品时，销售员不要只顾自己讲解、自己操作，要让客户提出问题，让客户一同参与操作，这样，客户就能深入到产品中去。如果不能让客户亲自操作的话，也要尽量让客户参与演示活动，如要求客户帮助做些协助工作，这样容易吸引客户的注意力。

实例论证。列举一些有影响力的现有客户，扼要介绍他们使用产品或服务的情况，这时候可以大方地告知对方：“您不妨打电话到××（合作良好的现有客户的公司名称），看看他们的使用情况。”这样通常可以让客户对产品产生认同感。

产品演示后，要仔细分析客户的实际情况，要认真地听录音信息，分析产品真正的满足程度。分析客户的需求，提取那些代表其行业方向的需求，可以提高自身的能力。总结产品演示过程中存在的问题，对演示过程中的各种表现进行评比。需要强调的是，通过客观的分析，可以改进自身在演示过程中存在的不足，即使演示效果非常好也要做总结，以便下一步销售策略的安排。

产品演示成为客户选型的一个重要环节，演示的技巧也决定了能否将销量进程继续往前推进。

1.5 处理反对意见的技巧

客户提出反对意见是常见的问题，要把反对意见视作考验加以克服，对于一切反对意见，均应及时加以解决。

由于误会产生的反对意见。起因在于缺乏沟通。

——以发问方式重复客户所提出的反对意见，等待回答。

——立即加以澄清（重复客户的意见可使对方知道你真正明白其反对理由，这样做可以帮助你更加了解对方的反对意见及表示尊重）。

合理的反对意见。客户认为建议对本身并无利益或对建议无好感。

——以技巧的发问方式重复对方所提出的反对意见，等待回答。

——强调适当的或对方曾表示喜欢的利益。

——每次均以商议或发问来解决（把你的构思或解决办法及其他的利益提出，以降低反对意见的严重性。切不可与客户争辩，只可强调对方已经认同的利益，使他们着眼于该利益之上，让客户知道你本身的建议充满热忱及信心）。

不合理的反对意见。客户只不过喜欢无中生有或纯粹为难。

——以发问方式重复客户所提出的反对意见，等待回答。

——任由客户发表意见，切不可与对方争辩，只可重提对方已经认同的利益并加以强调。

任务 2　电话沟通之电话约见客户

2.1 电话沟通的特点与规律要求

电话沟通是人际沟通中借助电话媒介来传递文字语言信息与声音语言信息的一种沟通方式。电话沟通是在沟通者双方不能见面的情况下使用最多的一种沟通方式，电话沟通在当代社会不可或缺。

1. 特点

（1）信息不全面：相比口头沟通不够全面，电话沟通传递与接收的信息只含有文字信息、语音语调信息，没有肢体语言信息。

（2）即时：沟通者双方的信息发送、接收、发送过程是立即开展的，信息反馈是即时的。

（3）间接：沟通双方需要借助其他信息渠道，双方通过自己的听觉器官以及心灵，借助电话接收感知到对方发出的信息。

（4）互动：双方在沟通中都进行信息发送、接收、发送的传递过程，即双方是互动的。

2. 规律

电话沟通与口头沟通的区别仅在于沟通渠道的不同，相比口头沟通缺少了视觉系统与感觉系统可感知到的肢体语言信息，以声音语言和文字语言传递、接收信息，但其传播信息与接收信息的沟通过程、原理相同。

总结电话沟通的规律：

（1）沟通程式：亲和力→察知心理需求→有效表述→促成。

（2）通过声音语言可感知到肢体语言信息，声音语言信息决定了亲和力。

（3）决定声音语言信息的是心态。

（4）不适于长时间沟通，需要简洁。

3. 要求

电话沟通对于销售员的作用大、要求高。

（1）符合沟通程式：亲和力→察知心理需求→有效表述→促成。

（2）重视与正确把握声音语言，不但要声音热情、礼貌、清晰，要有询问、记录、复述、FAB 表述，同时也要有正确的肢体语言，保持精神的姿势、微笑的表情。

（3）保持积极心态。

（4）文字语言信息要简洁、有效、清晰。

4. 电话沟通中的常见错误

电话沟通中常常会犯声音缺乏热情、有气无力、缺乏礼貌、对对方情况不了解、不聆听急着插话、在电话中长篇宏论、表述缺乏条理等问题。具体表现为：

（1）声音缺乏热情与自信。接电话者此时接收信息主要来自于语音语调信息，热情的、自信肯定的声音会产生巨大的影响力；反之，无力的、没有感情的、吞吞吐吐的声音则产生负面力量。

（2）缺乏必要的客套与礼貌。没有必要的礼貌用语，不是“你好，是……吗？我是……。请帮……，谢谢……”，而是“喂！给我叫老刘！……”，同时语音冷淡、蛮横。

（3）抨击竞争对手。抨击竞争对手并不是专业的销售行为，反而可能会给客户留下不好的印象。

（4）不清楚谁是主要负责人及他的情况。越多地了解客户的情况对销售就越有利。此时知道客户的名字，更容易使决策人接听电话，也会使对方有被尊重的感觉。

（5）不会聆听、急着插话。

（6）电话中的话语缺乏连贯与条理。语词的连贯产生力量，在电话中只接收声音，此时话语的停顿、不连贯、重复、没有条理，将产生很大的负面力量。

（7）在电话里谈论细节。在电话中只能简单地讲一下产品对客户的利益，避免谈论关于产品的细节。在客户了解不全面的情况下，反而容易因为细节不清楚从而产生误解，以致失去机会。

（8）在电话里与客户讨价还价。在电话里与客户讨价还价不是销售的正确步骤，一般情况下应在确认客户的需求后见面商谈，而且是在表述利益后再讨论交易条款。

总结上述所犯错误，归结为：（1）（2）（3）（5）导致丧失亲和力，（4）（5）导致不了解心理需求，（6）（7）导致不能有效表述，（8）导致不能有效促成。

所以电话沟通中不管是打电话还是接电话，还是要符合“亲和力→察知心理需求→有效表述→促成”的沟通程式，需要从声音、礼仪、察知心理需求、表述简洁、有效促成这几个方面严格要求。

2.2 电话约见

电话沟通需要符合沟通程式：亲和力→察知心理需求→有效表述→促成，同时尽可能表述简洁。在电话沟通实践中如下方法：做好准备→亲和力→察知心理需求→有效表述→促成。

1. 打电话前需做好准备工作

要有好的电话沟通，就须事先做好准备工作。“不打无准备之战”，绝对不是拎起话筒就可以的。要从心理建设、了解对方性格与需求、电话脚本设计等方面做好全面准备。

（1）了解客户。在给客户打电话之前，要有目的地去了解客户。只有准确了解客户的一般需求、潜在需求、远大目标，才能有的放矢，赢得客户的关注与信任。收集客户资料可以通过多种途径来进行，例如通过客户的行业杂志，通过互联网等。

（2）找出关键的人物。找对人才能有沟通效果，因为关键人物才能决定结果。比如业务中负责客户相关业务的关键人物可能至少有两位：一位是部门的主管人员，他是使用者，提出采购的要求；另外一位是采购经理（或者是董事长或总经理），他做最后的决策，最终决定是否接受你的产品或服务以及可能接受的具体条款。

（3）做好语言准备。

1）预先准备好文字信息：根据本次要达成的目标进行谈话内容整理，设计好电话脚本，简要记下目标、人物、观点、证据等要点，预防忘词与提示。

2）准备好声音语言：通过心理热身与身体活动，激发兴奋。

3）准备好肢体语言：通过活动身体，使身体激发活力。

（4）目的明确是为了简短信息沟通。打电话的目的是为了沟通简短信息，而不是长篇大论。所以，在服务中打电话是为了告知客人有关简短信息；在业务销售中，打电话是为了通过电话沟通获得拜访（面谈）客户的机会，即电话是用来约访的而不是希望通过电话沟通来做业务。

2. 活力身心

打电话时的肢体语言直接关联着声音语言信息，从而决定了接听者的接收信息效果，所以打电话时就必须像面对面沟通时那样地言行举止。

（1）身体端坐、最好是站立。

（2）保持笑容，笑容关系着发送的声音质量。

（3）举止得体，专注地、礼貌地感知着接听者。

（4）全神贯注地听，不能同时做别的事情，如写信、看文件等，对方能够切实感受到。

3. 亲和力建设

（1）时间要适宜：一般不宜在三餐时间、晨 7 时前、晚 10 时半后打电话，持续时间以 3 分钟为宜，若超过 3 分钟须说明主题并询问是否方便。

（2）话语有礼貌：先打招呼，须礼貌用词，注意双方的角色选择词语，比如称呼“先生，您好！”；询问对方单位，得到肯定答复后报上自己的单位、姓名；问清楚对方，致谢语。

（3）声音热情。

（4）运用“开场白”原则进行简单寒暄。

（5）语言简练，避免在电话中与客户讨论细节问题，沟通琐碎信息。

（6）当对方答应找人后，应手持电话静候，不做别的事或聊天；如对方说你要找的人不在，切不可直接将电话挂断而应先表示感谢。

4. 贵在询问与聆听

（1）简单询问，主要为了核对真实情况，通过事前准备充分了解客户。

（2）在询问后须聆听，要记录、复述核对。

5. 有效表述、沟通准确

（1）运用 FAB 表述，表达清晰、有条理，避免“牛头不对马嘴”、语词不支持当前话题。

（2）语速适中，音调悦耳、声音洪亮、语调自然、发音清晰。

（3）仔细斟酌语词，避免使用模棱两可、专业术语、不适合的俗语。

（4）表达连贯，不能停顿、前后不一，所以打电话前需列一下提纲或设计电话脚本。

（5）重要事情应向接电话人询问是否听清楚并记下，非常重要的请他再复述一遍，同时自己也记录下来以便查阅。

（6）表述简洁。

6. 有效促成、简洁地化解异议

打电话时，往往会遇到客户说“马上要开会，不方便继续通话”等情况，这其实是客户提出异议的一种方式。对于客户的此类异议，最好的处理方法是请求客户给自己一两分钟的时间简明扼要地表达自己的意图，在一般情况下，客户都会满足这样的请求。业务人员可以利用这个机会设法引发客户的兴趣。在遇到客户异议时，切记不可绝望地马上挂掉电话，因为立即挂掉电话意味着与客户沟通的失败。

【案例】小李电话约访何主任[2]

销售员：您好，请问何彩丽主任在吗？

何主任：我是。

销售员：何主任，您好！我是 SLT 公司的销售代表，马力。相信您一定听说过我们公司生产及销售的 Seed 牌电脑。

何主任：哦，我知道。

销售员：我听说《今日晨报》最近要更新一部分电脑，我可以在星期三上午 10 点拜访您，和您就这个主题面谈一下吗？

何主任：嗯……你先把你们产品的介绍资料和报价寄过来，我们研究一下，再与你联络吧！

销售员：好的，我可以先了解一下《今日晨报》对电脑设备的需求情况吗？

何主任：我一会儿要去开会。

销售员：那好，我抓紧时间，只有两个简单的问题，这样我给您寄的资料会更有针对性。

何主任：好吧。

销售员：我们公司的产品有台式电脑、笔记本等各种电脑系列产品，不知道您对哪类产品更感兴趣。

何主任：你先把笔记本电脑的资料寄过来吧。

销售员：那您是想给什么职位的人购买呢？

何主任：有些记者的笔记本电脑需要更新了，不过我们还没有最后决定呢。

销售员：好的，我马上将笔记本电脑的资料快递给您，今天下午就会送到。我们开发的几款新产品，非常适合像《今日晨报》这样发展迅速的报社使用。

希望能有机会拜访您，并当面介绍一下。您看我们暂定在星期三上午 10 点好吗？资料到了以后我再与您电话确认一下见面时间。

何主任：看过资料以后再说吧！

销售员：《今日晨报》发展很快，上周我在杭州出差时，杭州的报摊上也可以买到《今日晨报》了。

何主任：是呀，我们在杭州也建立了分销系列。

销售员：是吗？杭州是我负责的销售区域，那里的市场环境很好，商业发展很快。

何主任：杭州的确是个好地方。对不起，我要去开会了。

销售员：好吧，谢谢您，何主任。希望我们能够在星期三上午 10 点见面。

当天下午，何主任收到了资料。

任务 3　拜访大客户

3.1　拜访预约过的客户

拜访预约过的客户，销售员首先就必须引起对方的兴趣，只有对方感兴趣了，才有可能进一步往后发展。科学分析表明，吸引客户注意力的最佳时间就是在开始接触客户的头 30 秒。引起客户注意的方法有以下几种。

请教客户的意见，找出一些与业务相关的问题。一方面，向客户请教，当客户表达看法时，说明已经引起了客户的注意，同时也了解了客户的想法；另一方面，也满足了潜在客户被人请教的优越感。

迅速告诉客户他能获得哪些重大利益，这也是引起客户注意的一个好方法。因为急功近利是现代人的通性。

告诉客户一些有用的信息。每个人对身边发生的事情都非常关心、非常注意。因此，销售员可以收集一些业界、人物或时间等最新消息，在拜访客户时引起潜在客户的注意。

在拜访过程中要获得客户的好感应注意以下事项。

- 穿着。穿着是客户见到销售员的第一印象，得体的穿着让客户的心情放松。
- 肢体语言。大多数人认为，走路的方式是判断一个人的第一肢体语言。从销售员的走路方式可以看出他的自信心。
- 微笑。以微笑迎人，让别人产生愉快的情绪，也最容易争取别人的好感。
- 问候。问候的方式决定于多方面，见面的环境也同样影响着问候的方式。如果已经知道了对方的名字和称呼，那最好不过了。
- 让客户有优越感。每个人都有虚荣心，让人满足虚荣心的最好方法就是让对方产生优越感。客户的优越感被满足了，初次见面的戒备心也自然消失了，彼此距离拉近，能让双方的好感向前迈进一大步。
- 利用小赠品赢得潜在客户的好感。大多数公司都会费尽心机地制作一些小赠品，供销售员初次拜访赠送客户。小赠品的价值不高，却能发挥很大的效力，不管拿到的赠品客户喜欢与否，相信每个人受到别人的尊重时，内心的好感必然会油然而生。

3.2 拜访的开场白

在拜访客户时，开场白对销售员很重要。良好的开端是成功的一半，开场白的好坏，几乎能决定销售拜访的成败。

1. 令人印象深刻的开场白

“我们是一家专业从事电脑销售的公司，很多大公司都使用了我们公司的电脑，我们可以向客户提供最优惠的价格和最好的服务。”

2. 建立期待心理的开场白

“你们一定会非常喜欢我给你看的东西！”

“我们的合作会让你降低 20%的生产成本。”

3. 以帮助作为开场白

“王先生，在我开始之前，我要让你了解，我不是来这里向你们销售任何产品的。在我们今天短短的几分钟会面里，我只是问一些问题，来看看我们公司是否有哪些方面可以帮助您更快达成目标。”

4. 激发兴趣的开场白

“您对一种已经证实的能够在 6 个月当中增加销售业绩 20%～30%的方法是否感兴趣？”

“我只占用您 10 分钟的时间来介绍这种方法，当您听完后，您完全可以自行判断这种方法合不合适您。”

5. 引起注意的开场白

“你有没有看过一种破了但不会碎掉的玻璃？”一位销售安全玻璃的业务员问，然后递给客户一把锤子，让客户亲自敲碎玻璃，以此引起客户极大的兴趣。

6. 假设问句开场白

“如果我能证明这一产品真的有效，您是不是会有兴趣尝试一下呢？”

“假如我有一种方法可以帮助你们公司提高 20%～30%的业绩，而且这一方法经过验证之后真正有效，您愿不愿意花几千元钱投资在这件事上面呢？”

7. 以感激作为开场白

“王先生，很高兴您能够接见我，我知道你很忙，我也非常感谢你在百忙之中能够给我几分钟的时间，我会很简要地说明。”

8. 两分钟开场白

“您有两分钟的时间吗？我想向你介绍一项既省钱又能提高工作效率的产品。”

9. 以赞美作为开场白

“当初在电话中没感觉出来，今日一见没想到王经理这么年轻！如此年轻就能取得这样大的成绩，真令人羡慕！”

3.3 给大客户制定需求方案

在工作与生活中，除了口头沟通、电话沟通之外，还有一种比较正式的、以纸质载体留存信息的沟通方式，那就是书面沟通。主要的书面沟通形式有文章、信件、便笺等。

1. 书面沟通的特点

（1）保存信息：文字信息存于纸质载体，可留存信息。

（2）信息单一：只有文字信息。

（3）互动慢：不是即时反馈，反馈速度慢。

（4）正式：作为正规信息资料，内容严谨、有条理，内容组织格式清晰。

2. 规律

作为一种正式的、用于信息留存的沟通方式，沟通者以书面信息进行沟通时，同样经历亲和力（对文章的第一印象）、问题与目的是否明确、是否有效表述、有否提出有效建议的心理感知，尤其对于材料的视觉观感、内容的逻辑性与有效性、段落格式的规范性、抬头与落款的礼貌用语等方面，相比较其他沟通方式更加敏感与高要求。

总结书面沟通的规律：

（1）遵从沟通程式：亲和力→察知心理需求→有效表述→促成。

（2）亲和力非常重要，缺乏亲和力意味着书面文章丧失被认真阅读的机会。

（3）文字语言信息相对缺乏吸引力，但书面文章表面的视觉观感（如纸质、字体、干净、清楚）、段落格式的规范性、礼貌用语、内容组织的逻辑性与有效性、组合运用图表与数字材料信息，引发亲和力。

（4）视觉观感、礼貌用语取决于心态。

3. 要求

不管是学生还是员工，普通员工还是管理者，销售员还是业务员，书面沟通都是生活与工作中不可或缺的沟通方式，不但可以帮助达成有效沟通，同时体现了自己的综合素养。

（1）书面沟通须符合沟通程式：亲和力→察知心理需求→有效表述→促成。

（2）要非常重视构建书面沟通的亲和力，从书面文章的视觉观感、礼貌用语、段落格式的规范性、内容的逻辑性与有效性、图表与数字插入运用等方面，使文章具有亲和力。

（3）书面沟通时心态须调整到积极状态。

4. 文章写作

文章是相对于信件、便笺等较简短与非正式应用文的一种正式的、公开的、比较系统完整的专业性应用文，包括报告、论文、说明书等文体，这是一类非常正式的书面沟通方式。沟通者在文章写作中，永远要从文章阅读者的心理角度考虑，所以仍要遵循沟通程式“亲和力→明确需求→有效表述→促成”，同时鉴于其正式公开性与专业性，文章写作须遵照如下要求。

（1）文章具有亲和力。书面文章的视觉观感要好，如表面干净、字迹端正、载体适当，第一眼感觉好。段落格式需要规范，段落、段落符号、段落标题、首字位置要规范，没有段落、段落符号、段落标题，通篇文字挤在一起的文章，没有人愿意看。在文章中多插入图表与数字材料，增加文章的可看性、可信度。文章忌讳长篇大论。写作时心态须调整到积极状态，认真写作。在文章开头或结尾处等适当地运用恰当的礼貌用语，比如“从……角度对问题做一些粗浅的探讨，还期望专家斧正”“本文受到了……的帮助，对此深表谢意”。

（2）明确文章需求即明确必要性与效用意义。明确背景情况；说明问题情况与严重后果，要深入而具体、有明确的负效果与正效果对比，以产生强大震撼力；写清楚文章目的即问题解决的效用意义。

（3）有效分析与方法论述。问题产生的原因分析；解决问题的方法陈述；内容强调逻辑性与有效性，紧紧围绕问题解决这一目标来陈述观点、运用 FAB 原则；进行可行性论证即以实际的正反案例来证明方法的正确性；运用数字模型或公式来进一步证明方法的正确性。

（4）有效促成。根据实际情况提供建设性建议或方案，提请决策者或沟通对方做出抉择。

【案例】[7]

中国联想有限公司致江山集团建议方案

尊敬的客户：

中国联想非常荣幸能为江山集团采购方案提供建议书。提议的解决方案以联想高品质和高性能的产品与服务为基础，旨在帮助江山集团提升业务能力、提高业务灵活性，同时加强竞争优势。建议的解决方案有以下特点：

- 涵盖了在市场领先的产品，可提供出色的产品性能。
- 提供增值服务和支持计划，确保最可靠、稳定的技术支持。
- 专业的客户管理及单点联系。

中国联想已经帮助全球众多客户成功地部署了类似的业务解决方案，因此江山集团完全可以信赖我们所建议的解决方案。

中国联想将全力帮助江山集团取得成功，并且坚信我们的解决方案能够满足江山集团的各种关键业务需求。我们期待着能与您会面，接受您对我们能力的评估，向您展示我们所建议的解决方案的优势，并寻求与您进一步合作，建立稳定的业务关系来共创成功。

此致

敬礼

1．联想公司简介

1984 年，在世界东方，柳传志带领的 10 名中国计算机科技人员前瞻性地认识到了 PC 必将改变人们的工作和生活。怀揣着 20 万元人民币（2.5 万美元）的启动资金以及将研发成果转化为成功产品的坚定决心，这 11 名科研人员在北京一处租来的传达室中开始创业，年轻的公司命名为“联想”（legend，英文含义为传奇）。自 1997 年起，联想一直蝉联中国国内市场销量第一。

1994 年，联想在香港联合交易所上市，迈上发展的新台阶。联想在 2005 年 5 月完成对 IBM 个人电脑事业部的收购，迈出了国际化最重要的一步，这两家有着相同梦想的公司在联想的名下携起手来，这标志着新联想的诞生。截止到 2013 年，联想集团在美国北卡罗莱纳州罗利市三角研究园、中华人民共和国北京市和新加坡三处设立总部。

在美国《财富》杂志公布的 2008 年度全球企业 500 强排行榜，联想集团首次上榜，排名第 499 位，年收入 167.88 亿美元。联想集团的营业额达 340 亿美元，已超越部分国际知名的品牌企业。

2013 年荣获中国品牌价值研究院、中央国情调查委员会、焦点中国网联合发布的 2013 年度中国品牌 500 强、全球企业第 329 强。

（1）集团组成。联想集团全球分为 2 大总部，第 1 个是位于中国北京市联想集团全球行政总部的所在地联想中国大厦，第 2 个是 2004 年中国联想集团收购美国IBM全球PC业务时在纽约刚设立的临时总部，称为联想国际。而中国北京市联想集团联想中国大厦是联想集团真正的全球行政总部所在地。联想在全球有 27000 多名员工。研发中心分布在中国的北京、深圳、厦门、成都和上海，日本的东京及美国北卡罗莱纳州的罗利。

（2）现状。联想在国内除北京平台外，在香港、上海、深圳、惠阳、沈阳、武汉、西安、成都设有区域平台，联想确实是中国最优秀的公司！面向新世纪，联想将自身的使命概括为四为，即，为客户——联想将提供信息技术，工具和服务，使人们的生活和工作更加简便、高效、丰富多彩；为员工——创造发展空间，提升员工价值，提高工作生活质量；为股东——回报股东长远利益；为社会——服务社会文明进步。未来的联想将是“高科技的联想、服务的联想、国际化的联想”。

（3）核心价值观。

成就客户——致力于客户的满意与成功。

创业创新——追求速度和效率，专注于对客户和公司有影响的创新。

（4）产品系列。联想产品系列包括 Think 品牌商用个人电脑、Idea 品牌家用个人电脑、服务器 ThinkServer、工作站、平板电脑 Tablet PC、智能手机 Smartphone、智能电视 SmartTV。

（5）品牌精神。高端品质、创新、国际化、企业责任。

2. 专卖店简介

（1）专卖店的特征。联想专卖店连锁经营的管理公司，拥有多名认证职业经理人参与运营管理，对公司内外进行统一决策。拥有独立董事会与外部董事人员，对公司长远战略出谋划策。公司每年的销售额都超过 6000 万。拥有 10 多年的服务零售用户的经验与开发维护计算机及网络的专业实力，并致力于将卓越的创新精神与充分的实践知识应用到本公司所服务的所有领域。公司下属有 15 家按联想北京总部规定统一装修、统一服饰、统一理念、统一愿景的联想专卖店，拥有七家携手大卖场联合经营的专营店面，成为最大的联想电脑产品经营及提供专业技术服务的连锁公司之一。员工都基于公司的事业指导理论来经营店面，按照公司的使命来从事工作与管理事务。联想电脑公司都给予长期、持续、合理的回报，保障每位股东的利益，让投资者每投入的一分钱都物有所值。公司有着良好的愿景与高度的价值意识，并奋力为这些愿景与意识找到最好的文化载体，利用载体取得更高与更好的绩效。本店目前销售代理的产品有：联想家用电脑系列产品、联想商用电脑产品、联想 ThinkPad 电脑产品、联想外设系列产品、联想笔记本产品、联想服务器产品。

（2）专卖店的经营优点。

- 总体提高并长期保持知名度，宣传企业文化。
- 对现有销售渠道良好补充。

（3）CIS 企业识别系统。企业识别系统与连锁专卖店经营商标应保持一致，不仅可以让消费者识别，而且当专卖店达到一定规模时，消费者能对专卖店产生信赖感。

（4）理念连锁。经营理念即经营方式，专卖店的经营理念完全着眼于消费者，即为消费者提供“舒适的环境”“便捷规范的服务”“衷心的关怀”“最新最流行的产品”。

3. 用户需求

江山集团是以国际信息技术和房地产为主的分公司，根据跟贵公司领导沟通得知，贵公司新建办公大楼需要 120 台电脑，人事部需要 30 台笔记本，行政部需要 30 台，硬盘和 CPU 没有太多要求，性价比高就好，项目投资部需要 60 台，这个部门的电脑主要用于数据分析和查看资料，内存一定要大，但显卡和处理器也比较重要，配置一定要高。其他部件如：电源只要功率足够和稳定性好，显示器一定要清晰，这里我们建议配置一款液晶显示器，可以减小长时间使用电脑对人体的伤害。总体来说，贵公司需要的电脑应该是稳定、性价比高、售后服务一定要好。

4. 产品推荐

通过跟贵公司领导沟通交流，按照贵公司需求推荐了三款联想电脑的主流产品，并和贵公司领导达成共识，现将这三款电脑给出具体参数、价格，请贵公司领导再次审议研究，有不明之处或需要更换产品型号，我们会及时跟进为您服务。推荐产品如下：

（1）经理：联想 M5400A-IFI（8GB/1TB）

产品定位：商务办公本；操作系统：Windows 8.1 64bit（64 位简体中文版）；主板芯片组：Intel HM87；CPU 系列：英特尔酷睿 i5，4 代系列；核心/线程数：双核心/四线程；内存容量：8GB（8GB × 1）

内存类型：DDR3

插槽数量：2xSO-DIMM

硬盘容量：1TB；屏幕尺寸：15.6 英寸

（2）主管：联想 B4306A IFI

产品定位：商务办公本；操作系统：Windows 8.1 64bit（64 位简体中文版）；CPU 系列：英特尔酷睿 i5，3 代系列；核心/线程数：双核心/四线程；内存容量：2GB

内存类型：DDR3

插槽数量：1xSO-DIMM

最大内存容量：8GB

硬盘容量：500GB

（3）员工：联想扬天 M4600n-10

产品类型：商用台式机

操作系统：Windows 8.1 64bit（64 位简体中文版）

主板芯片组：Intel H81

CPU 型号：Intel 奔腾双核 G3220；内存容量：2GB

内存类型：DDR3；显卡类型：核心显卡；显示器尺寸：20 英寸

显示器分辨率：1600 × 900

显示器描述：LED 宽屏；电源：100V-240V，180W 自适应交流电源供应器

机箱类型：立式；机箱颜色：黑色

5. 总预算

电脑类别	单价	产品定位	数量	总计
联想扬天 M4600n-10	￥2650	商用台式机	60 台	159000 元
联想 B4306A IFI	￥2900	商务办公本	30 台	87000 元
联想 M5400A-IFI	￥3399	商务办公本	30 台	101970 元
总计金额				347970 元

6. 售后服务

如我公司提供的产品在保修期内出现故障，对于非设备性故障或一般性故障，我公司保证 2 小时内派专业人员到达现场，及时予以解决。对于设备性故障，一方面在系统设计时，我

们尽量避免单点故障，另一方面我们将利用公司技术服务部的备品备件库，保证故障在 24 小时内排除，如不能排除，为了不影响用户的工作，我们将提供同类可用设备免费供用户单位替代。在接到用户单位报修要求后，我公司技术服务部工程师将在 30 分钟内与使用者取得联系，确定故障现象并于上门服务时间段派遣工程师上门服务。技术服务部的上门服务时间为每周一至周日，节假日照常。

7. 结束语

联想公司凭借先进的技术和出色的支持服务以及多年来在信息产业的成功经验，相信通过双方的合作，从而为江山集团提供一个健壮、安全、可用的业务运行环境，并进一步建立长期的友好合作关系。最后，十分感谢江山集团领导和专家对联想公司的信任和支持。联想公司将全力以赴，打造一流的用户体验，完备的售后服务及先进的技术支持。联想公司拥有世界一流的信息处理技术和丰富的应用经验。联想公司相信，通过与江山集团的密切合作，能够建设一个高标准的关键业务模式，并为将来长期的友好合作关系打下良好的基础。让联想集团与江山集团共创美好的明天。

任务 4　说服、异议处理及成交

4.1　说服及异议处理

在与客户交往过程中，一般情况下与客户沟通不会一帆风顺，一定会有不满意而出现波折，客户会有异议、抱怨、投诉以及发生一些突发事件。在这种情况下就有必要尽快、有效地把问题处理掉，不然问题一定会扩大，客户的不满意会进一步增强。

这种把问题处理掉、把客户异议化于无形的能力就是异议化解力。这对于客户服务岗位的销售员具有极其重要的作用。说得好异议就化解了，说得不好不但不能化解异议，反而会更激化异议。

1. 客户异议的必然性

（1）沟通者之间心理方面的不契合。客户在“购买”服务或产品时有自己的心理需求，除了具体的未满足的需求要填补而达成利益外，他还有被尊重、表述意思与情绪的被理解、所表示异议的被认同以及自我保护心理等。

在与客户沟通中，针对客户的需求与解释，销售员更多是从自己所理解的角度展开介绍与建议，并坚持自己的观点，试图“说服”客户接受自己的观点，甚至反驳客户或求证对方错误来证明自己观点的正确性。

（2）一般沟通的结果。沟通者之间如此沟通必定产生一种结果：双方缺乏契合、客户产生异议。若销售员还不改弦更张，不从客户角度考虑问题、从客户角度进行解释，那么异议将难消除，甚至越来越大，最后一拍两散。客户感到“我的需求不被满足”“我的人格不被尊重”的遗憾；销售员感到“我的好方案不被理解”“我的热心被冷弃”的委屈，甚至进一步加重了对于客户沟通的恐惧与迷惘。

有人际交往就会有客户异议，犹如道路中一定会有障碍；障碍去除后就通向目的地，同样地化解异议后就会由客户决定双方达成协议。所以，化解异议是达成有效沟通的必然环节，也是离达成协议最近的一个环节。只要异议化解，销售员或业务员就可适当地促成协议达成。

2. 异议类型

客户的异议有许多种方式，其中典型的有：不关心、误解、怀疑、拒绝、提出真实意见等。

（1）不关心。当销售员或业务员向客户介绍产品或演示时，客户表现出一副满不在乎的架势，这从身体语言中无意显露出来或者从口头语言表示出来。如身体语言“眯着眼睛、身体后仰、左顾右盼”等；口头语言“缺乏兴趣”“与我何干？”“我太忙了”。

（2）误解。因为各种原因导致客户没有听清楚销售员的表述和演示，或者在这个过程中误解了意思，因而使得客户产生异议。如销售员介绍手机，并强调了手机是双屏的，介绍完后客户说：“双屏手机要揭盖才能看到来电号码，太麻烦了，我是不会考虑的。”

（3）怀疑。客户对产品的性能或品质等方面有怀疑。如“真有那么好吗？”“琳达，我觉得你说的 24 小时的送货时间是不太可能实现的。”“上次你介绍的产品，听我同事说并不是那么回事啊。”

（4）拒绝。客户直截了当地表示对产品或服务不感兴趣。如：“很遗憾，贵公司产品在本地没有多大市场，我们不能代理。”“先放着，有机会会联系你的。”

（5）提出真实意见。客户对产品的需求超过了产品本身的价值与功能，此时客户觉得产品有“缺陷”，当客户有此不满时就会提出“真实的意见”。如“如果你们的电视机不仅能播放，还能同步录下正在播放的节目，多好！”“要是贵公司在我们商场设立一个售后服务柜台就好了。”

3. 异议化解方法

在与客户交往中会出现多种客户异议方式，比如异议不认同、抱怨、投诉、各种饱含负面信息的突发事件等。针对上述异议，服务人员须迎难而上。逃避不是办法，想方法解决才是正道，其实异议是完全可以有效化解的。

顾客是不可能“一说就服”的。在沟通过程中，客户会经常提出种种原因不接受，这就是客户异议。对此须有良好的心理素质去面对，还要以有效的技巧去处理，化异议为同意，最终成交。

化解客户异议的一般处理程序是：

积极心理建设→认同客户异议→探询问题与原因→从另外一个角度再一次解释表述、以更有力的工具证明→促成→保持亲和力建设→重复沟通，如图 5-1 所示。

（1）积极心理建设。面对客户异议，很多人会产生消极心理，或者觉得心情紧张，甚至将自我辩护变成与人吵架，或者顺从客户异议怀疑产品，总之在这一时刻，没有能够以积极的心态面对客户异议，结果也就是没有化解异议。

要正确认识客户异议，认识到“异议是沟通中的必然环节，是必须经历的沟渠”；认识到“沟通由遭到拒绝开始，并且异议是可以去除的”“没有拒绝，只是尚未达成结果”。

（2）认同客户异议。对客户的异议决不能当场反对或否认，要对客户异议表示理解、关注、体会到了，只有这样才能建立双方的亲和关系，之后才能有可能以理论与事实为依据来作进一步的沟通说服。这里的认同是心情上的认同，绝对不是观点内容方面的同意。

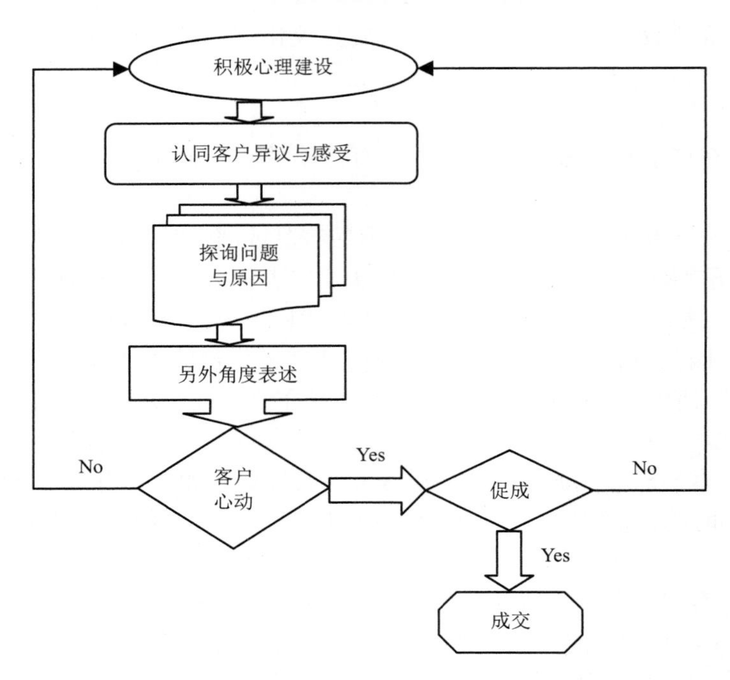

图 5-1　异议化解流程图

【案例 1】[2]

客户："我们给记者配的笔记本电脑重量要在一公斤以下，而且要求全内置，你们能够做得到吗？"

业务员："您的提议很有道理。这样记者工作时就可以减轻负担了，而且移动时不须花费很长时间整理行装。"

【案例 2】[2]

客人："你们的方案好是好，就是在费用上太高了些，不但比别家高很多，而且超过我们的预算太多了。我们单位也批不下来的。"

业务员："王经理，你的心情我非常能够理解。谁都想节约费用，况且在金融危机的关键时刻，赚钱不容易啊。关于费用应该是这样考虑的……"

（3）探询问题与原因（使客户异议具体化）。通过观察、询问等方式使客户异议具体化，找出客户的真正问题，进一步探讨问题发生的原因，找出客户的真正需求。

"刚才我提出的方案，您觉得不合你要求的地方有哪些？"

"你对这款笔记本电脑有什么具体意见？不满意在哪几个方面？在性能、外观等方面具体有哪些更细致的要求？"

（4）换一个角度解释。从另外一个角度再一次进行 FAB 利益表述，并以更有力的工具来证明。真正找到客户的利益关心所在，然后以与原来表述不同的角度来陈述产品利益，使客户清晰地认识到该产品或服务对其需求的有效满足，同时用各种资料、凭证来证明该产品对客户的利益价值，这是对客户心理的补偿。

"我们摊开来讲实在的，您对这款笔记本电脑最不满意的是什么？"

“……价格偏高啊。”

“非常能够理解您，是这样，这款在性能、形状方面都很满足你的要求，因为 IBM 电脑的质量是非常有保证的，后续的优秀服务、使用中电脑不会出问题、几年后仍然如新的外形……，综合来看每年所摊的费用其实比其他要低很多啊。”

（5）保持长久联系与跟踪服务以保持和提升亲和力。在整个沟通过程中，亲和关系的建立与保持是永远必需的，无论是正反馈时还是负反馈时，甚至负反馈时更要保持热情联系与殷勤，人毕竟是有情感的，感动与友情在于良好关系与殷勤服务的持久坚持中。只要培养了与客户良好的亲和关系，何愁沟通不成呢？

（6）回到相应拜访阶段，重复沟通以激发热情。客户沟通有四个阶段：亲和关系建设、察知客户需求、表述利益、促成。产生客户异议肯定是因为某个沟通环节没有处理好，所以就有必要从出问题的这个环节重新沟通。每一环节都可能出问题，举例如下：

1）情景：客户一副公事公办的态度。

分析：销售员或销售员尚未与客户建立亲和关系，亲和力不足。

措施：回到亲和关系建设阶段，加强闲聊、同步沟通，以建立亲和关系。

2）情景：客户应付说“对不起，现在我实在没空！”

分析：客户没感觉到利益好处，不值得停下来。

措施：回到开场白阶段，闲聊中表述将给客户带来的益处，让客户心动。

3）情景：客户说“对不起，我没兴趣。”

分析：没有找对客户的需求，表述没有让客户感受到利益价值。

措施：回到察知心理需求阶段，真正去了解客户的需求点、心动处。

4）情景：客户说“这又怎么了？”“这与我何干？”

分析：客户未感到你的表述对他有价值、效益。

措施：回到表述阶段，运用 FAB 原则进行有效利益表述。

5）情景：客户已经心动了，但你一直迟疑着……，于是客户说“那就下次再说？”“好的，下次再说。”

分析：客户没有得到客户的成交邀约，你没有促成。

措施：回到促成阶段，进行有效促成。

4. 投诉抱怨处理

处理客户的投诉抱怨，销售员应根据一定的程序，认真、及时、正确、灵活地处理。处理投诉的一般程序如下：聆听→谢歉→分析→协商→总结。

（1）倾听客户诉说。接待客户的投诉，要尽量避开在公共场所，首先应礼貌地引领客户到合适场所，请客户坐下，递上热茶，准备好笔和笔记本后，诚恳地请客户说明情况。听取客户投诉时，要认真、耐心、专注地倾听客人陈述，不打断或反驳客人。用恰当的表情表示自己对客人遭遇的同情，不时地点头示意，必要时做记录，并适时地表达自己的态度，如：

“哦，是吗！”

“我理解您的心情……”

“您别急，慢慢说……”

如果接待的是容易激动的客户，受理者一定要保持冷静，说话时语调要柔和，表现出和蔼、亲切、诚恳的态度，要让客户慢慢静下来，这类客户平静下来需要 2 分钟左右的时间，接待人员一定要有耐心。

（2）感谢并安慰客户。当客户诉说完毕，首先要向客户致谢，感谢他（她）的意见、批评和指教，然后加以宽慰，并代表公司表达认真对待此事的态度，如：

“非常抱歉地听到此事，我们理解您现在的心情。”

“我一定认真处理这件事情，我们会在 20 分钟以后给您一个处理意见，您看好吗？”

“谢谢您，给我们提出的批评、指导意见。”

有时候，客户的投诉不一定切实，但当客户在讲述时，公司员工不能用“绝不可能”“没有的事”“你不了解我们的规定”等语言反驳。

（3）及时了解事情真相。首先判断客户投诉的情况应由哪些管理者或哪个部门负责，将记录的原始资料提交给相应的管理者。负责处理投诉的人员，应立即着手了解事情的经过并加以核实，然后根据公司的有关规定拟订处理办法和意见。

（4）协商处理。将公司拟订的处理办法和意见告知客户。如客户接受则按其办法处理，如客户不同意处理意见，还需要和客户协商，以便达到一致意见。对无权做主的事，要立即报告上级主管，听取上司的意见，尽量与客户达成协议。当客户同意所采取的改进措施时，要立即行动，耽误时间只能引起客户进一步的不满，扩大负面影响。

（5）事后分析总结投诉原因。处理完客户投诉的问题，应把事情经过及处理意见整理成文字材料，分类整理存档备查。同时将问题进行分析总结，需由公司方面调整的，则应立即修正，需要告知全体员工注意的，应在各个部门班前会强调，以便杜绝类似事件发生。

5. 矛盾冲突处理

只要有人际交往就一定会有矛盾冲突，有矛盾冲突就必须要化解掉。在公司发生这类事情是不可避免的，同时在公司是尊崇“服务第一”“客户是上帝”的服务性经营企业，客户权益的全面尊重是必需的。

所以在矛盾冲突处理中，有必要运用“先情后理”的“太极”理念，先坚持“客人总是对的”。在具体行为中，把握行为步骤：“留面子→再理论→提建议。”

4.2 达成协议及成交

销售的目标只有一个：拿下订单。之前所论述的售前准备、寻找潜在客户、了解客户需求、消除异议和产品演示等无非都是实现销售的铺路石，拿下订单才是硬道理。实现操作中销售员似乎都忽略了这一点，在很多失败的案例中，客户之所以没有进一步产生购买行为，原因是“他们没有要求我们这样做”。再完美的前期工作，如果没有实现成交，那么销售过程就是失败的。可以用以下 3 种实用技巧来让客户做出购买决定。

1. 邀请型成交

当客户说没有什么问题或疑惑时，可以说：“那么，为什么你不试一试这项产品或服务呢？”这个方法不但显得低调、友好、专业，而且完全没有任何压力。还可以补充下面这些话加以强调：“接下来我会向你介绍每个细节”，让客户知道他们有多么需要你的产品。

2. 指示型成交

可以问客户：“你觉得我们的产品或服务对您有帮助吗？”当客户回答“是”的时候，可以说：“好，那么下一步我们应该这么做”，接着提出建议，让客户做出购买的决定，需要付多少订金，也可以拿出订单或合同要求他们填写。这种技巧可以让销售员掌握主动权，控制销售的局面。

3. 授权型成交

在和客户的交谈接近尾声时，一定要确认客户是否还有问题，当客户确认没有问题时，尽快拿出合同，让客户做出购买决定并签字。

要去观察顾客的体态语言，把握住火候，什么时候该成交、什么时候不成交，知道这个信号是什么，如顾客提到运输的问题，提到安装期的问题，他主动起来给你倒茶表示友好或者顾客说“嗯，不错，的确是”，出现这些信号的时候要注意，这是成交的时候到了，要时刻提高警觉，活跃思维，不要有成交信号的时候还感觉不到，那样就错过了签单的关键时机。

要敢于提出成交。跟客户交往的目标是什么，主要是为了订单，关系再好也要订单至上，不要害怕失败，假如失败可以再找下一个顾客，不至于在他身上浪费时间，所以要敢于提出成交。

小结

IT 产品销售沟通是一种发现及满足顾客需要的过程。如果要有效进行这个过程，首先必须辨认顾客有使用产品或服务的需求。而需求是指达成或改进某样东西的愿望，因为有需求才有买的动机。而要达成这样的交易，必须熟悉成功销售的步骤，并将每一步骤的技巧运用到推荐公司产品及服务中去；通过学习面对面的沟通技巧以及学习如何处理客户异议来帮助客户达成双赢的购买决定。

能力训练

【情景模拟】

1. 销售员现场接待个人客户咨询，询问联网设备。
2. 打电话给××公司商谈会务安排事宜。
3. 江山集团新建办公大楼落成，需要添置大量的电脑及网络设备等 IT 产品，虽然该企业目前还没有做采购计划，但得到这个信息后，腾飞电脑科技有限公司立即组织人员准备拿下这个销售订单。

根据情景内容模拟销售经理及销售员通过电话预约后拜访大客户。

项目六　IT 产品招投标技术

1. 了解 IT 产品的招投标流程。
2. 熟悉招投标的文件格式与写作内容。
3. 掌握招投标文件的写作技巧。
4. 了解技术交流或讲标过程中提升呈现吸引力的手段。

某集团新建办公大楼，要求购买电脑设备，采用招标形式购买。腾飞电脑科技有限公司以区域总代理身份竞争投标。

任务 1　招投标基础知识

1.1　什么是招投标

所谓招投标，是招标人应用技术经济的评价方法和市场竞争机制，有组织地开展择优成交的一种成熟的、规范的和科学的特殊交易方式。具体来讲，就是在一定范围内公开货物、工程或服务采购的条件和要求，邀请众多投标人参加投标，并按照规定程序从中选择交易对象的一种市场交易行为。

在这种交易方式下，通常是由项目采购（包括货物的购买、工程的发包和服务的采购）的采购方作为招标方，通过发布招标公告或者向一定数量的特定供应商、承包商发出招标邀请等方式发出招标采购的信息，提出所需采购的项目的性质及其数量、质量、技术要求，交货期、竣工期或提供服务的时间，以及其他供应商、承包商的资格要求等招标采购条件，表明将选择最能够满足采购要求的供应商、承包商与之签订采购合同的意向，由各有意提供采购所需货物、工程或服务的供应商、承包商报价及响应其他招标方要求的条件，参加投标竞争。经招标方对各投标者的报价及其他的条件进行审查比较后，从中择优选定中标者，并与其签订采购合同。

1. 招标的特点

（1）程序性。招投标程序由招标人事先拟定，不能随意改变（现在都有严格的规定），招投标当事人必须按照规定的条件和程序进行招投标活动。这些设定的程序和条件不能违反相应的法律法规。

（2）公开性。招标的信息和程序向所有投标人公开，开标也要公开进行，使招投标活动接受公开的监督，招标具有透明度高的特点，一般称为阳光下的操作。

（3）一次性。在某个招标项目的招投标活动中，投标人只能进行一次递价，以合理的价格定标。标在投递后一般不能随意撤回或者修改。招标不像一般交易方式那样，在反复洽谈中形成合同，任何一方都可以提出自己的交易条件进行讨价还价。投标价一旦通过开标大会唱标，核验无误签字后，则不能更改。所以有些单位招标，报几次价实际上是不合法的，这就是投标的一次性。

（4）公平性。这种公平性主要针对投标人而言的。任何有能力、有条件的投标人均可在招标公告或投标邀请书发出后参加投标，在招标规则面前各投标人具有平等的竞争机会，招标人不能有任何歧视行为。

2. 招标的基本原则

（1）公开原则：就是要求招投标活动具有较高的透明度。实行招标信息公开、招标程序公开、招标的一切条件和要求公开、公开开标、公开中标结果。

（2）公平原则：就是要求给予所有投标人平等的机会，使其享有同等的权利，并履行相应的义务。不能歧视任何一方（国际上通行的不歧视原则）。

（3）公正原则：就是要求评标时按事先公布的标准对待所有的投标人。

（4）诚实信用原则：就是我们平时讲的诚信原则。在招投标活动中诚信也还体现在不得规避招标、串通投标、泄漏标底、划小标段、骗取中标、非法允许转包等。

3. 招标的作用

有利于节省和使用采购（建设）资金。招投标可以通过投标人的公平竞争，使招标人以最低或者比较低的价格发包工程、采购设备材料、获得服务，这就会使资金的使用更为合理有效，规范的招投标活动要求依法定的程序公开进行，是公开的竞争，有相当高的透明度，有利于防止采购中的不正当竞争、钱权交易、索贿受贿等非法和腐败行为。有利于深化企业改革，推进企业技术进步。加快技术改造、大力发展高新技术是企业适应市场竞争的需要。实行招标采购，有利于企业提高资金利用率，提高技术引进的成功率和实用性，促进企业的消化吸收，推动企业技术进步；另一方面，投标方为中标成功，必然提供先进技术、合理价格，满足企业需求，从而激励企业重视技术进步，提高市场竞争力。

4. 招标的方式

（1）公开招标，是指招标人以招标公告的方式邀请不特定的法人或者其他组织投标。

（2）邀请招标，是招标人以邀请书的方式邀请特定的法人或者其他组织投标。

5. 公开招标与邀请招标的区别

（1）发布信息的方式不同。

（2）选择的范围不同。

（3）竞争的范围不同。

（4）公开的程度不同。

（5）时间和费用不同。

6. 招标的组织形式

（1）自行招标。自行招标条件：

- 具有法人资格或者项目法人资格。
- 具有与招标项目规模和复杂程度相适应的专业技术力量。

- 设有专门的招标机构或者有三名以上专职招标业务人员。
- 熟悉有关招标投标的法律、法规和规章。

（2）委托招标。招标代理机构是依法设立、从事招标代理业务并提供相关服务的社会中介组织。

委托招标条件：

- 有从事招标代理业务的营业场所和相应资金。
- 有能够编制招标文件和组织评标的相应专业力量。
- 有符合《招投标法》第三十七条第三款规定条件、可以作为评标委员会成员人选的技术、经济等方面的专家库。

1.2 招标的流程

招标投标的基本程序由六大部分组成：招标、投标、开标、评标、定标、签订合同。招标投标的几种主要流程示意图：进行资格预审时的公开招标流程示意图，如图 6-1 所示；不进行资格预审时的公开招标流程示意图，如图 6-2 所示；一般邀请招标流程示意图，如图 6-3 所示。

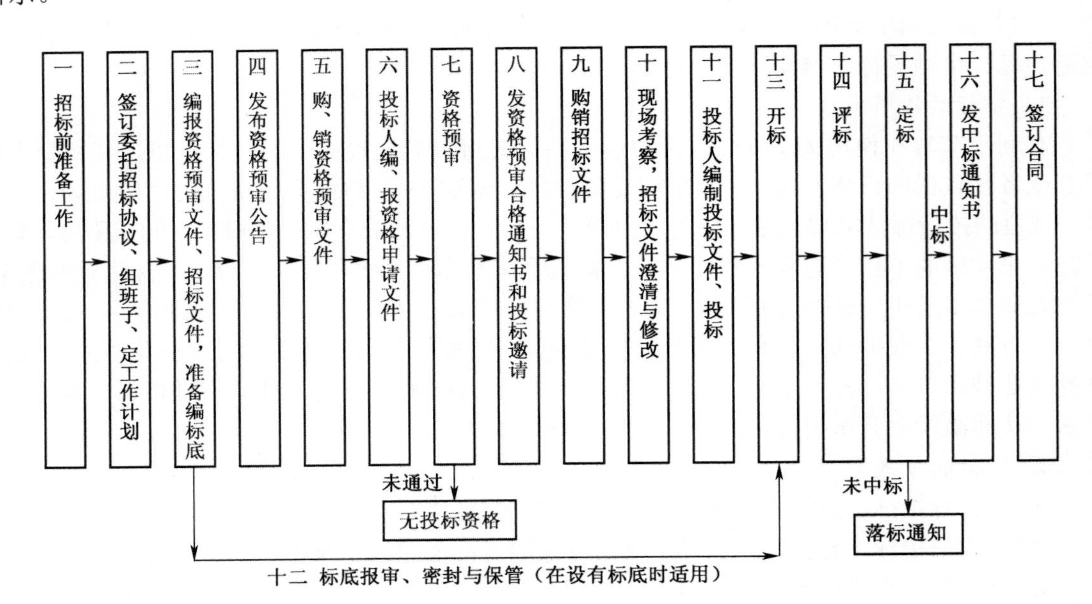

图 6-1 进行资格预审时的公开招标流程示意图

招标投标流程介绍：

1. 招标前的准备工作

（1）检查项目招标必须具备的两个基本条件。

1）招标项目按照国家有关规定需要履行项目审批手续的，应当先履行审批手续，而且已经取得了批准。

2）招标人应当有进行招标项目的相应资金，或者资金来源已经落实。工程施工招标条件：初步设计及概算、招标方案、资金、图纸及技术资料、其他。

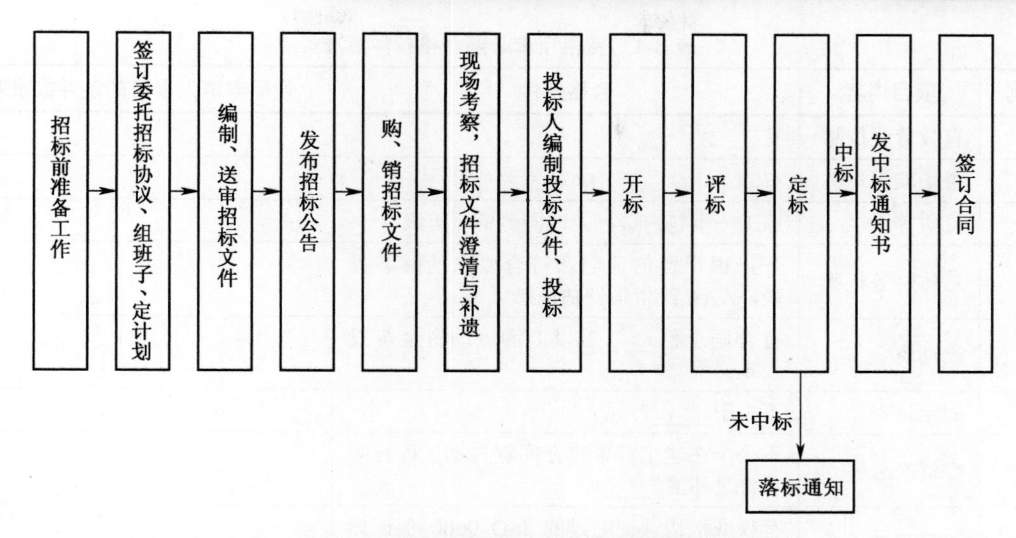

图 6-2　不进行资格预审时的公开招标流程示意图

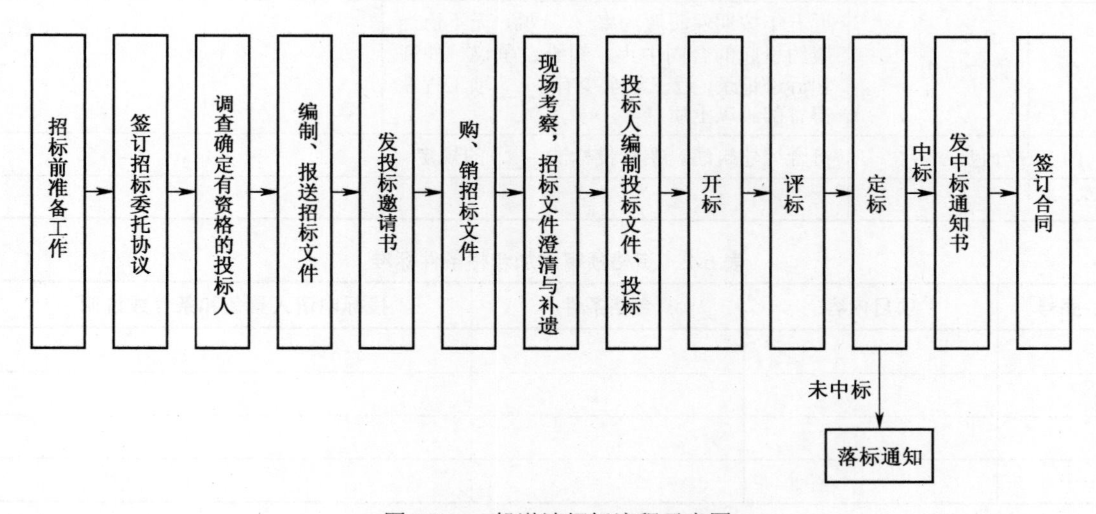

图 6-3　一般邀请招标流程示意图

（2）确定、细化招标方案。

（3）若是委托招标，要选择好招标代理机构。

2. 组建招标工作班子、(签订招标委托协议)、制订招标工作计划

3. 编制、送审招标资格预审文件，编制、送审招标文件，准备和编制标底

（1）资格预审文件。资格预审文件，是招标人指导投标人如何通过资格预审的文件，其主要内容包括：

1）申请人须知及附件。

2）资格预审申请书与各种附表，见表 6-1、表 6-2，资格预审文件按规定经过审定核准后，才能发资格预审公告。

表 6-1　资格预审必要合格条件标准

序号	项目内容	合格条件	投标申请人具备的条件或说明
1	有效营业执照	有	
2	市场准入资格	有	
3	资质等级	施工一承包一级以上或同等资质等级	
4	总体财务状况	开户银行资信证明和符合要求的财务报表，AAA 级资信评估证书	
5	流动资金	有合同总价_____%以上的流动资金可投入本工程	
6	固定资产	不少于_____万元人民币	
7	净资产总值	不少于在建工程未完合同额与本工程合同总价之和的_____%	
8	质量保证体系	有权威机构认证通过的 ISO 9000 保证体系，且有良好的运行证明	
9	履约历史	近五年按期保质履约率_____%，无不恰当履约引起的合同中止、纠纷、争议、仲裁和诉讼记录，近三年至少有_____项工程获得省部级以上质量奖	
10	分包	符合《建筑法》招标投标法_____的规定	
……			

表 6-2　资格预审附加合格条件标准

序号	项目内容	合格条件	投标申请人具备和条件或说明
1			
2			
3			
……			

表 6-1 和表 6-2 均为招标人评估使用表，由招标人根据工程具体需要确定具体内容标准后随资审文件一道发布，以便每个投标申请人都能明白资审合格标准。

（2）编制招标文件（标书）。

1）招标文件的性质与作用。

- 是投标人编制投标文件的依据。
- 是招标委员会进行评标时评标标准和评标方法的根据。
- 是招标人和中标人拟定合同文件的基础。
- 汇总招标人发包或采购所需各项要求的最重要、最完整、具有法律效力的重要文件。

2）招标文件的主要内容。工程施工项目招标文件的主要内容，由十部分构成：投标邀请、投标须知（包括评标标准与方法）、合同条款、合同格式、技术条款、投标文件格式、工程量清单与报价单、辅助资料表、资格审查表（用于后审）、图纸。

3）招标文件的送审。主管部门有规定的，应按规定的方式和办法送审。只有按规定经审批同意后，才能正式印刷，才能对外发布招标公告和发售招标文件。

4）编制招标文件的注意事项。

- 准确、完整，不能有遗漏。
- 文字严密、明确、周到细致，不能模棱两可。
- 如有修改，应当在提交投标文件截止时间至少 15 天前发出书面通知。
- 应当给投标人编制投标文件留有足够时间。
- 工程量清单中工程项目应尽量分细，消除不均衡报价。
- 提供的参考资料应是原始的观察和勘探资料，不是推论或判断。
- 招标文件必须公开载明评标标准和评标方法。
- 招标文件会审应尽量请设计和监理单位代表参加。
- 主体工程和关键工程不能分包，非主体非关键的分包应经招标人同意。
- 要有可操作性，不开空头支票。

4. 发布资格预审公告或招标公告

（1）强制招标项目的招标公告应当通过国家指定的报刊、信息网络或者其他媒介发布。

（2）招标预审公告或招标公告的主要内容，至少包括：

- 招标项目编号。
- 招标项目或标的名称。
- 招标项目的性质、资金来源、内容、规模、技术要求、实施地点及工期。
- 获取招标预审文件或招标文件的时间、地点和费用。
- 资格预审申请书或投标文件递交的地点和截止时间。
- 开标时间、地点（适用于招标公告）。
- 招标人或招标代理机构的名称、地址、联系人、联系方法以及开户银行的名称及账号等。
- 其他必须载明的条款。

5. 购、销资格预审文件

6. 投标人编制、报送资格申请文件

7. 资格预审

（1）资格预审由资格评审小组按资格预审文件中规定的标准进行评审。

（2）主要评审内容：最低标准、附加标准、履约能力、有无停业破产违约及重大质量问题等。

（3）招标人或招标代理机构向资格合格的投标申请人发出资格预审合格通知书，并同时向不合格的申请人告知资格预审的结果。

（4）资格预审的一般流程如图 6-4 所示。

8. 发资格预审合格通知书和投标邀请书

9. 购、销招标文件

10. 根据实际情况需要，组织现场考察、招标文件的澄清与修改

11. 投标人编制投标文件、投标

12. 标底报审、密封、保管

若设有标底的，编制好的标底文件应在临近开标日期以前按规定送审、密封、保管和严格保密。

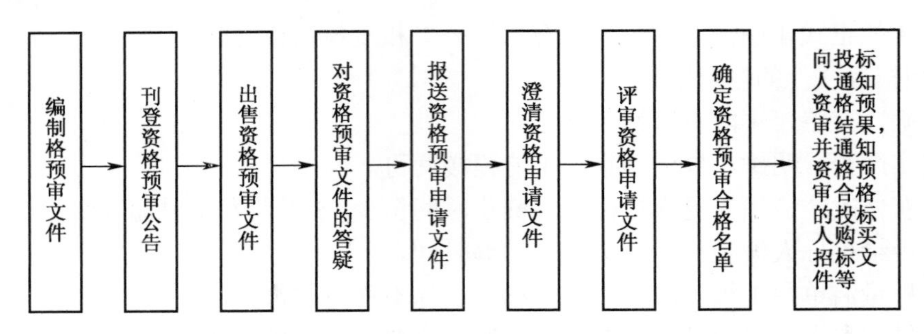

图 6-4　资格预审的一般流程示意图

投标文件一般包括下列内容：

（1）投标函。

（2）投标报价。

（3）施工组织设计。

（4）商务和技术偏差表。

投标人根据招标文件载明的项目实际情况，拟在中标后将中标项目的部分非主体、非关键性工作进行分包的，应当在投标文件中载明。

13. 开标

所谓开标，是指到了投标人提交投标截止时间，招标人（或招标代理机构）依据招标文件和招标公告规定的时间和地点，在有投标人和监督机构代表出席的情况下，当众开启投标人提交的投标文件，公开宣布投标人名称、投标价格及投标文件中的有关主要内容的过程。

14. 评标

所谓评标，是指由评标委员会根据招标文件规定的评标标准和方法，通过对投标文件进行系统的评审和比较，向招标人提出书面评标报告并推荐中标候选人，（或者根据招标人的授权直接）确定中标人的过程。

（1）评标基本原则：公平、公正、科学、择优。

（2）中标的条件，也就是评标的基本标准，即中标人的投标应符合下列条件之一：

- 能够最大限度地满足招标文件中规定的各项综合评价标准。即获得最佳综合评价的投标中标。
- 能够满足招标文件的实质性要求，并且经评审的投标价格最低；但是投标价格低于成本的除外。即最低投标价格中标。

（3）评标方法。

1）经评审的最低投标价法，又称合理最低投标价法。

2）综合评估法。一般又可分为最低评标价法或打分法。

（4）评标程序。评标工作程序如图 6-5 所示，其中星号表示该项内容根据实际情况可以省略。

（5）评标报告。评标委员会在完成评标时，应向招标人或招标代理机构提交书面评标报告。评标报告应当包括以下内容：

1）基本情况（包括项目简介、招标过程概述）。

2）评标程序及情况：要对初评、详评的情况用文字作概括的叙述，并按规定要求填写各种附表。

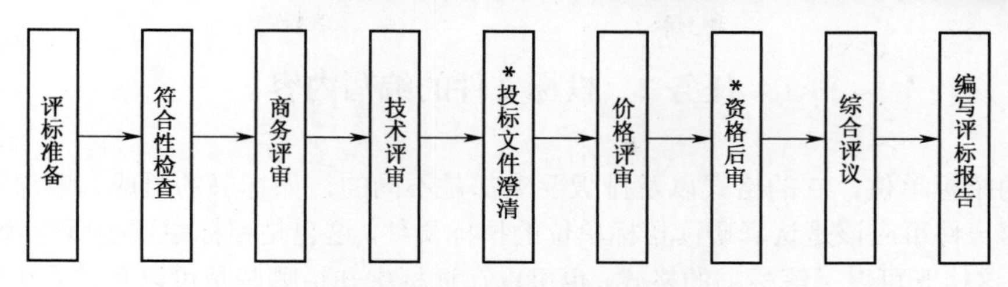

图 6-5　评标工作程序

3）评标结论，提出经评审的投标人排序和推荐的中标候选人名单。

4）其他需要说明的情况（包括有无废标的情况及说明，有无澄清、说明、补正事项，有无签订合同前要处理的事宜）。

5）附件与附表（包括评标委员会成员名单，开标记录，投标一览表，经评审的价格或者评分比较一览表，评标标准、评标方法或者评标因素一览表，经评审的投标人排序，推荐的中标候选人名单。机电产品国际招标按外经贸部规定的附表报审）。

6）全体成员签字。按规定，评标委员会成员应在评标报告上签字后，评标报告才算有效。

15. 定标

（1）所谓定标，就是招标人根据评标委员会的评标报告，在推荐的中标候选人（1～3 名）中最后核定中标人的过程。招标人也可以授权评标委员会直接确定中标人。

（2）使用国有资金投资或者国家融资的项目，招标人应确定排名第一的中标候选人为中标人。只有当第一名放弃中标、因不可抗力提出不能履行合同或在规定期限内未能交履约保证金的，招标人可确定第二名中标，以此类推。

（3）在确定中标人之前，招标人不得与投标人就投标价格、投标方案等实质性内容进行谈判。

16. 中标通知书

（1）中标人确定后，招标人应当向中标人发出中标通知书，并告知中标人应在 30 个工作日之内与招标人签订合同。

（2）中标通知书对招标人和中标人具有法律约束力。中标通知书发出后，招标人改变中标结果或中标人放弃中标的，应当承担法律责任。

（3）招标人应将招标结果通知未中标人。

（4）采用委托招标的，应按规定按时向招标代理机构交中标服务费。

17. 签订合同

（1）招标人（通常是采购的买方或发标的业主）和中标人应当自中标通知书发出之日起，在 30 个工作日内签订买卖合同或工程承包的书面合同。

（2）招标人应当按照招标文件和中标人的投标文件订立书面合同。

（3）招标文件要求中标人提交履约保证金的，中标人应当提交。

（4）招标人与中标人签订合同后 5 个工作日内，应当向中标人和未中标人退还投标保证金。

（5）中标人不与招标人订立合同的，投标保证金不予退还并取消其中标资格，给招标人造成损失超过保证金数额的，应当对超过部分予以赔偿。

（6）转让与分包的规定，在招标任务完成后，应当按规定向有关行政监督部门提交招投标情况的书面报告。

任务 2　投标文件的编写内容

不同的招标单位，它的格式以及排版要求都是不同的，如标书的组成、顺序等，所以在做标书前第一件事应该是认真研读招标单位的招标文件，这也是招标中评委所依赖的评分、评标的依据，这样既可以了解标书的格式，也可以在评标中知道哪些是可以和评委申述以及疑问的依据。投标文件各种附件格式如下：

附件一

投标函

致：××有限公司

________（投标单位全称）授权________（全权代表名称）（职务、职称）为全权代表，参加贵方组织的××招标项目的有关活动，并对此项目进行投标，为此：

1. 提供投标须知规定的全部投标文件：

（1）投标书正本一份，副本三份；

（2）资格、资质证明文件各×份；

（3）其他投标文件各×份；

（4）投标保证金（金额：壹万元人民币）已交付。

2. 投标设备及安装总投标价为（大写）：________元人民币。

3. 保证遵守招标文件中有关规定的收费标准。

4. 保证忠实地执行买卖双方所签的合同，并承担合同规定的责任义务。

5. 愿意向贵方提供任何与该项投标有关的数据、情况和技术资料。

6. 本投标自开标之日起 90 天内有效。

7. 与本投标有关的一切往来通讯请寄：地址：________

邮编：________电话：________传真：________

投标单位（盖章）：________

全权代表（签字）：________

日　　期：________

附件二

开标一览表

招标项目：××××　　　　　　（单位：人民币元）

序号	项目名称	价格
1	投标设备总价	
2	安装工程总价	
3	其他费用	
设备及安装总投标价		

注:

1. 其他费用为与设计、施工总承包等相关部门发生的费用，自行申报，含税，一次包干，不作调整。

2. 开标一览表各子目含义同附件三“投标设备型号规格、数量、原产地、价格表”和附件五“安装工程报价表”中相应子目，且与附件一“投标函”中第2项投标设备及安装总投标价一致。

投标单位（盖章）: ________________

全权代表（签字）: ________________

日　　期: ____________________

附件三

投标设备型号规格、数量、原产地、价格表

招标项目: ××××

1	2	3	4	5	6	7	8	9	10	11	12	13
产品名称	型号规格	产地品牌	数量	出厂单价	包装费运杂费	备品备件专用工具	安装费	检验及调试费	培训及技术服务费	其他费用	总价	交货期

注:

1. 第5栏包括供货范围内的主机和附件，出厂装箱单清单所列易损件，备品备件及专用工具等，并已包括利润、各种税费等。

2. 第6栏为制造厂运至交货地点全部货物的包装费、运杂费、运输保险费等。

3. 第8栏包括设备的装卸、安装就位、吊装、安装主材、辅材及人工工资等安装所需的一切费用。

4. 第12栏总价=4×5+（6+7+8+9+10+11）项。

投标单位（盖章）: ________________

全权代表（签字）: ________________

日　　期: ____________________

附件四

投标设备分项报价表

招标项目：××××　　　　　　　　（单位：人民币元）

序号	名称	型号规格	数量	原产地和制造商名称	单价（注明装运地点）	总价	至最终目的地的运费和保险费
1	主机和标准附件						
2	备品备件						
3	专用工具						
4	安装、调试、检验						
5	培训						
6	技术服务						
7	其他						
总计							

注：

1. 如果按单价计算的结果与总价不一致，以总价为准修正单价。
2. 如果不提供详细分项报价将被视为没有实质性响应招标文件。

投标单位（盖章）：________________

授权代表（签字）：________________

日　　期：________________

附件五

安装工程报价表

招标项目：××××

1	2	3	4	5	6	7
序号	设备规格型号	单位	工程量	综合单价（含税）	合价	备注
总包配合费						
安装工程总价						

注：

1. 综合单价应包含铜管、电线管、电线、制冷剂、橡塑保温材料、PPR 冷凝水管等主材费，安装费，人工费，综合费率，税金及施工现场可能发生的一切费用。综合单价中所含内容在附件中明确清楚每户材料的工程量及价格。

2. 总包配合费需明确费用，并单列汇入总价内。
3. 备注栏需明确主要材料产地及厂家。
4. 本安装工程报价表不含系统设备报价。

投标单位（盖章）: ________________
全权代表（签字）: ________________
日　　期: ________________

附件六

技术规格偏离表及建议

招标项目：××××

序号	货物名称	数量	招标文件技术规范要求	投标文件对应技术规范	偏离说明

建议:
投标单位（盖章）: ________________
全权代表（签字）: ________________
日　　期: ________________

附件七

商务偏离表

序号	招标文件条目表	招标文件的商务条款	投标文件的商务条款	说明

投标单位（盖章）: ________________
全权代表（签字）: ________________
日　　期: ________________

附件八

法定代表人授权书

本授权书声明：________________公司的法定代表人（姓名）代表本公司授权________________（姓名、职务）为本公司的全权代理人，就____________________________贵公司××招标项目工程的投标以及签约、履约等，其以本公司名义处理一切与之有关的事务，本公司均予以承认。

被授权人姓名：____________________

被授权人身份证号码：______________

被授权人家庭地址：________________

被授权人联系电话：________________

授权人（签字）：__________________

投标人（盖章）：__________________

日期：____________________________

附件九

备品配件及专用工具表

招标项目：××××

序号	名称	数量	单价	总价	备注
1					
2					
3					
4					

注：备注中填写是否包含在投标总价中。

投标单位（盖章）：________________

全权代表（签字）：________________

日　　期：________________________

附件十

资格、资质证明文件

1. 营业执照副本（复印件）
2. 生产许可证（复印件）
3. 投标人资信等级证明
4. 质量管理和质量保证体系认证证书（复印件）
5. 产品质量认证证书（复印件）
6. 产品鉴定证书（复印件）

任务 3　投标策略与技巧

投标报价竞争的胜负、能否中标，不仅取决于竞争者的经济实力和技术水平，而且还决定于竞争策略是否正确和投标报价的技巧运用是否得当。通常情况下，其他条件相同，报价最低的往往获胜。但是，这不是绝对的，有的报价并不高，但仍然得不到招标单位的信任，其原因在于投标单位提不出有利于招标单位的合理建议，不会运用投标的技巧和策略，因而未能中标。因此，必须研究在投标报价中的指导思想、报价策略、投标技巧。

所谓投标策略，是指投标单位在合法竞争条件下，依据自身的实力和条件，确定的投标目标、竞争对策和报价技巧。即决定投标报价行为的决策思维和行动，包含投标报价目标、对策、技巧三要素。对投标单位来说，在掌握了竞争对手的信息动态和有关资料之后，一般是在对投标报价策略因素综合分析的基础上，决定是否参加投标报价；决定参加投标报价后确定投标目标；在竞争中采取什么对策，以战胜竞争对手，达到中标的目的。

技巧是操作的技术和窍门，是实现中标不可缺少的艺术。投标单位有了投标取胜的实力还不行，还必须有将这种实力变为投标实现的技巧。它的作用在于：一是使实力较强的投标单位取得满意的投标成果；二是使实力一般的投标单位争得投标报价的主动地位；三是当报价出现某些失误时，可以得到某些弥补。因此，对投标单位来讲，必须十分重视对投标报价技巧的研究和使用。

3.1　投标前策略

1. 研究招标项目的特点

投标时，既要考虑自己公司的优势和劣势，也要分析投标项目的整体特点，按照工程的类别，施工条件等考虑报价策略。

（1）一般说来下列情况报价可高一些。

- 施工条件差（如场地狭窄、地处闹市）的工程。
- 专业要求高的技术密集型工程，而本公司这方面有专长，声望也高时。
- 总价低的小工程，以及自己不愿做而被邀请投标时，不便于不投标的工程。
- 特殊的工程，如港口码头工程、地下开挖工程等。
- 业主对工期要求急的工程。
- 投标对手少的工程。
- 支付条件不理想的工程。

（2）下述情况报价应低一些。

- 施工条件好的工程，工作简单、工程量大而一般公司都可以做的工程。如大量的土方工程，一般房建工程等。
- 本公司目前急于打入某一市场、某一地区，以及虽已在某地区经营多年，但即将面临没有工程的情况（某些国家规定，在该国注册公司一年内没有经营项目时，就撤销营业执照），机械设备等无工地转移时。
- 附近有工程而本项目可以利用该项工程的设备、劳务或有条件短期内突击完成的。
- 投标对手多，竞争力激烈时。

- 非急需工程。
- 支付条件好，如现汇支付。

2. 具体报价方法技能

（1）不平衡报价法。不平衡报价法（unbalanced bids）也叫前重后轻法（front loaded）。不平衡报价是指一个工程项目的投标报价，在总价基本确定后，如何调整内部各个项目的报价，以期既不提高总价，不影响中标，又能在结算时得到更理想的经济效益。

但是不平衡报价一定要建立在对工程量表中工程量仔细核对分析的基础上，特别是对报低单价的项目，如工程量执行时增多将造成承包商的重大损失，同时一定要控制在合理幅度内（一般可以在 10%左右），以免引起业主反对，甚至导致废标。如果不注意这一点，有时业主会挑选出报价过高的项目，要求投标者进行单价分析，而围绕单价分析中过高的内容压价，以致承包商得不偿失。

（2）计日工的报价。如果是单纯报计日工的报价，可以报高一些。以便在日后业主用工或使用机械时可以多盈利。但如果招标文件中有一个假定的“名义工程量”时，则需要具体分析是否报高价。总之，要分析业主在开工后可能使用的计日工数量确定报价方针。

（3）多方案报价法。对一些招标文件，如果发现工程范围不很明确，条款不清楚或很不公正，或技术规范要求过于苛刻时，只要在充分估计投标风险的基础上，按多方案报价法处理。即按原招标文件报一个价，然后再提出：“如某条款（如某规范规定）作某些变动，报价可降低多少……”，报一个较低的价。这样可以降低总价，吸引业主。或是对某些部分工程提出按“成本补偿合同”方式处理。其余部分报一个总价。

（4）增加建议方案。有时招标文件中规定，可以提出建议方案（alternatives），即可以修改原设计方案，提出投标者的方案。投标者这时应组织一批有经验的设计和施工工程师，对原招标文件的设计和施工方案仔细研究，提出更合理的方案以吸引业主，促成自己方案中标。这种新的建议方案可以降低总造价或提前竣工或使工程运用更合理。但要注意的是对原招标方案一定要标价，以供业主比较。增加建议方案时，不要将方案写得太具体，保留方案的技术关键，防止业主将此方案交给其他承包商，同时要强调的是，建议方案一定要比较成熟，或过去有这方面的实践经验。因为投标时间不长，如果仅为中标而匆忙提出一些没有把握的建议方案，可能引起很多后患。

（5）突然降价法。报价是一件保密性很强的工作，但是对手往往通过各种渠道、手段来刺探情况，因此在报价时可以采取迷惑对方的手法。即选按一般情况报价或表现出自己对该工程兴趣不大，到快投标截止时，再突然降价。采用这种方法时，一定要在准备投标报价的过程中考虑好降价的幅度，在临近投标截止日期前，根据情报信息与分析判断，再作最后决策。如果由于采用突然降价法而中标，因为开标只降总价，在签订合同后可采用不平衡报价的思想调整工程量表内的各项单价或价格，以期取得更高的效益。

（6）先亏后盈法。有的承包商，为了打进某一地区，依靠国家、某财团和自身的雄厚资本实力，而采取一种不惜代价，只求中标的低价报价方案。应用这种手法的承包商必须有较好的资信条件，并且提出的施工方案也要先进可行，同时要加强对公司情况的宣传，否则即使标价低，业主也不一定选中。如果其他承包商遇到这种情况，不一定和这类承包商硬拼，而努力争第二、第三标，再依靠自己的经验和信誉争取中标。

3. 恰当宣传投标单位的自身形象

一个好的形象对投标单位来讲无疑具有较大的吸引力，正确宣传自身形象是取得中标目的的一个技巧。宣传自身形象主要包括：

（1）公司的生产能力、技术实力、设计力量、质量保证体系及生产应变成熟程度。

（2）公司的经济实力，资金运用情况，资金调剂渠道，现在的财务状况及管理。

（3）公司承包类似项目的经验、专长，过去承建项目的技术、经济综合效果，对投标项目的承包把握及有创造性的建议。

（4）公司在履约中的保证情况，重信誉、守合同的形象。

宣传自我形象，必须实事求是，恰到好处，既要让招标单位了解，又不是引起招标单位的反感。

4. 善于分析招标单位的需要和特点

投标单位要想中标，必须善于投其所好。招标单位对工程项目的各项要求要不折不扣地予以满足，对其要求的重点要予以重点满足，对其担心的部分要予以充分提供保证措施，只有做到让招标单位满意、放心，才能有被选中标的可能。

5. 注意对合作伙伴的选择

选择恰当的合作伙伴是取得中标的重要技巧。投标工程设备项目越大，越复杂，越要精心选择。选择合作伙伴必须注意以下几点：

（1）合作伙伴必须是知名度高，专业擅长的单位，同它合作有利于增强投标的竞争地位，扩大合作的知名度。

（2）要选择能预补自身不足，以增强投标取胜的整体实力的合作伙伴。如自身设计能力不足，或无确实把握；或是关键技术或配套部分不成熟等，选择的合作伙伴必须是针对自身的薄弱环节，保证投标具有取胜的条件。

（3）合作伙伴必须是同自身实力、条件相互匹配、相互适应的，在设计上、技术上可以相互沟通的。如果不匹配和相适应，即使能达到中标目的，也不可能保证投标项目的顺利完成或达到预期的经济目的。

（4）合作伙伴要尽可能选择国外合作者，通过对引进技术、引进设备的开发运用，拓宽合作渠道，以适应对外投标报价发展的需要。

6. 善于将投标报价同优惠商务条件相结合

在投标报价同其他竞争伙伴比较不占优势的条件下，要从技术条件、质量保证、运输、资金、交货等商务条件中寻找优势，恰当地利用这些优惠条件，弥补报价的不足，增加对招标单位的吸引力。这是投标报价技巧的一个重要方面。特别需要投标单位重视的是使用优惠附加条件争取投标答辩的主动地位。

综上所述，工程设备投标报价策略是投标单位投标目标、竞争手段、投标技巧和艺术的综合体现，它的制定需要对投标要求、竞争对手、自身条件进行全面综合分析，在科学计算的基础上加以确定。投标报价策略可以有一种、两种乃至多种选择，要根据投标报价过程中的具体情况加以选择使用，以达到中标的目的和取得理想的效果。

7. 报价决策

投标报价决策是投标报价工作中的重要一环。是指投标人召集算标人员和本公司有关领导或高级咨询人员共同研究，就标价计算结果进行静态、动态分析和讨论，作出有关调整标价和最终报价金额的决定。标价的静态分析，是在假定初步测算除了暂时标价是合适的情况下，分析标价各项组成及其合理性，通过分析对明显不够合理的标价构成部分进行细致的分析检查，通过提高工效，改变施工方案，压低供应商的材料设备价格和节约管理费等措施，来修订暂时标价，形成另一低标方案，再结合计算利润和各种潜在利润以及承包商能够承受的风险，从而可以测算出最低标价方案，将原暂定标价方案、较低标价方案和最低标价方案对比分析，把对比分析资料整理后提交给有关决策人员进行决策，作为决策人进行决策的依据。标价的动态分析，是通过假定某些因素的变化，来测算标价的变化幅度，特别是这些变化对工程计划利润的影响，通过动态分析，向决策人员提供准确的动态分析资料，以便使决策人员了解某些因素的变化所造成的影响。诸如工期延误，物价和工资上涨以及外汇汇率变化，对工程标价和工程利润的影响，以供决策人员进行正确的决策。

为了做好投标报价工作，在投标报价决策中应当注意以下问题：

（1）“中标靠低价，赚钱靠索赔”的提法是不值得提倡的。由于当前国际工程承包市场竞争激烈，有些承包商为了承揽到工程，采用以低价拿标，靠索赔赚钱的策略，这方面虽有一些成功的例子，但索赔成功的确不是一件容易的事情，索赔可索但常遇不赔，承包商在处理索赔事件时又不可能不分金额大小都去付诸国际仲裁，把报价建立在没有把握的索赔期望上是一项风险很大的事情，尤其要杜绝自杀性标价竞争项目的出现，必须脚踏实地做工作，绝不能存有任何侥幸心理。

（2）在进行投标决策时，主要决策依据应是自己算标人员的计算书和分析指标，至于其他途径获得的所谓“底标价格”和关于竞争对手的“标价情报”等，只能作为一般参考，而不能以此为依据。因为所谓的“底标价格”可能是业主多年前编制的预算价格，或者只是从“可行性研究报告”上摘录出来的估算资料，它们同本工程的最后设计文件内容差别极大，毫无比较价值；某些业主为了引诱承包商以更低价格参加竞争，有时故意甚至利用中间人散布所谓的“底标价格”，而实际工程成本却比这个“底标价格”高得多，至于竞争对手的“标价情报”，有时是竞争对手故意“泄漏”自己的投标报价，引诱对手落进他的圈套，在竞争中被甩在后面。

（3）深入分析竞争对手的情况，确定自身与竞争对手的优势和劣势，采用优势劣势对比分析方法，比较各自的优劣势对标价的影响，从而确定自己的报价水平和相应采取的策略，做到“知己知彼，百战不殆”。

（4）重视决策者的素质，提高科学决策质量。科学决策是保证决策质量的前提，决策人员不仅要有强烈的市场竞争意识，超人的谋略和魄力，较强的应变能力和判断力，而且要掌握科学决策的方法，遵循科学决策过程，以作出科学决策。

投标报价人员应当懂得，除非招标文件中明确规定的“本标仅授给最低报价者”，一般来说，标价固然是得标的重要因素，但并不是唯一的因素。在投标决策过程中，如果认为自己已不可能在报价方面战胜某些竞争对手，此时还可以另辟蹊径，在其他方面发挥优势，争取获得业主的青睐，以求列入议标者的行列，为进一步争取该工程留有余地。

3.2 揭标后报价在竞标中的竞争策略

能否中标，真正起决定作用的是开标后的评标，因此，当标书启封开标后，竞标是十分重要的。开标后的竞争是投标者在投标报价后争取中标活动的继续，而这种竞争又主要体现在价格上。这是因为，其一，开标后尽管不能对报价进行修订，但可以对一些含糊不清的内容进行澄清说明；其二，评标工作不仅是对各份标书进行中标价值的文字分析和说明，而且还需要对标书不同报价因素综合考虑，将不可比较的异量因素，通过科学的方法化解为可以比较的招标价格，使评标价格最低的招标书具有中标的资格，因而，竞争仍表现为价格因素。

开标后的竞争是投标单位在投标报价后争取中标的活动的继续。投标单位能否取得竞争的有利地位，固然决定于在报价时是否了解标书中对开标、评标的具体规定和要求，并以此作为投标报价时的重要参考。然而投标单位只重视招标单位的规定和要求，忽视对开标、评标条件的分析，甚至认为开标、评标是招标单位的事，同投标单位关系不大，把投标同开标、评标分割开来，在开标、评标方面无所作为，往往会给开标后的竞争带来不利影响。

但是，更重要的是在开标、评标阶段不可放松争取中标的任何努力。它要求投标单位积极同招标单位配合，寻求标书中的某些灵活原则和可变更因素采取相应对策，使用策略性手段，使不完善的招标书更加完善，使较为完善的招标书具有更强的竞争力。

按照招标投标的有关规定，在公开开标以后，投标单位对报价不可作任何实质性的修改；招标单位也不能以任何理由要求投标单位对报价作实质性的修改。这表明投标单位在招标投标中的主动地位已经转化。但是在开标、评标过程中，允许投标单位对标书中含糊不清之处给予澄清和说明；招标单位也可以要求投标单位对报价书中的不足部分给予澄清和说明。从而为投标单位在开标后争得中标的有利地位提供了机会。投标单位绝不可在开标后消极等待，应该有自己的决策手段和方法。

（1）开标后的决定选择。公开开标后，投标单位已经明确了报价的高低位置，也看清了竞争对手的报价排列顺序和允诺报价条件的优劣。这时，投标单位就该果断地决定其进退策略。

报价在前两名的投标单位，应不放过任何竞争手段，争取中标。在这种情况下，两者共处于竞争中的有利地位，尽管报价条件又大体相近，但各有长短。这时，对于决标者，难以作出倾向性的决定。关键问题是谁的说明有吸引力，谁的信誉更好，那么谁就有中标的可能性。

报价在第三、四名的投标单位，应调整竞争策略，争取得到报价答辩的机会。特别是对投标单位经营影响较大的项目，更应通过报价答辩，发挥报价条件中的独有专长，要增强自信心，争取名列前茅，提高中标概率。

报价明显高于竞争对手的投标单位，如果报价条件无明显优势，或者投标项目无太大吸引力，就应毅然放弃，以减少投标费用支出。但也需通过报价总结其失利原因，积累报价经验；同时，要摸清竞争对手的实力和竞争手段，以便为今后的报价竞争做好准备。

（2）报价答辩的内容。公开开标后，招标单位为了选择更理想的中标者，要对有价值的标书全面认真地进行评估。报价低的标书在竞争中占据有利地位；而报价稍高、接近标底的标书，如果报价条件占有明显优势，对招标单位同样具有较大的吸引力。为了捕捉一个理想的标书，给投标单位以弥补疏漏的机会，招标单位往往组织报价前几名（一般为 1～4 名）的投标单位进行报价答辩。报价答辩不是简单的说明，不是对标书的重复申述，而是以技术、商务条件为重点，深层次地对质疑问题进行分析论证。

报价答辩需说明的主要内容是：论证提供设计、技术的先进性、适用性和可靠性；论证生产技术的诀窍，独创的生产技能和专利；论证工程设备的综合经济效益和实施经济效益的可行性；交代提供图纸的详细程度、份数和掌握要领；说明报价包括的范围、包装、运输、交货等有利条件；对结算条款的某些让步和修正；对自身优势条件的说明；对承包工程自信心的表白。

在报价答辩时，为其论证的内容、水平、指标以及有关说明，要做到实事求是，注重科学性。已经答辩的主要内容，在中标后签订经济合同时，要作为合同条款给予保证。

（3）报价答辩的准备。报价答辩主要是为了争取中标的机会，但也有力图通过报价答辩来实现其他目的。

选择什么样的策略，要根据投标单位的经营目的来决定，借报价答辩的机会去实现。

1）费用评估。对报价条件的修正和补充是经常发生的事情，但是不论是技术上的或是商务上的，都会引起投标单位承包费用的增加或减少，在报价不变的情况下，投标单位的经济效益会受到影响。因此，任何投标单位在修改报价条件时，必须要做好费用评估工作，并以费用变动对其经济效益的影响来衡量其得失，决定修改报价条件的范围和程度。

2）风险分析。通过修正技术、商务条件，争取中标的有利地位，减少招标单位的风险，但却相对增加了投标单位的风险。因此，要采取可行应急措施，分析采取这些措施需增加多少费用，增加费用的支出和风险损失哪个大，风险损失是否会带来合同、法律等其他纠纷，自身的承受能力有多大等，都要请技术、经济、法律等方面的专家进行论证分析。

3）拟定报价答辩书。通过以上工作后，投标单位编制报价答辩书。报价答辩书论证要有理有据，措施要现实可得，数据要切实可靠，必要时要附上有关分析的详细说明。报价答辩书要经投标单位负责人签字，连同投标书一起作为评标决标的法律依据。

在招标投标的全过程中，开标评标处于中界点的位置。投标单位必须以工程设备的招标书为始点，严格按照报价要求、程序和规范进行各种报价工作；同时要重视开标、评标的后续工作，遵循开标、评标的惯例，对投标书中的缺陷做好相应补救工作，以实现投标工程设备中标为终结。

小结

招投标技术是目前国际上广泛使用的分派建设任务的主要交易方式。招投标的目的是为了适应社会主义市场经济体制的需要，进行公平交易、平等竞争，提高投资效益。要找到中标的技术方法在招标中取胜。

能力训练

【情景模拟】计算机网络设备公开招标案例

××省再就业办公室采购网络设备
政府采购委托书

政府采购中心：

根据有关规定，按照少花钱，多办事的原则，委托贵中心招标购置计算机、打印机等办公设备共×台/套（详见附表），购置预算 50 万元。拟请你单位按招标程序招标后于×日内组织供货。

内容：以分组形式，制定招投标书。

目地：掌握招投标技术。

项目七　IT 产品商务谈判

学习目标

1. 熟悉订单谈判的要点。
2. 掌握举行双赢谈判的技能。
3. 掌握谈判开场、中场和终止技巧。
4. 会制定订单谈判策略。

腾飞电脑科技有限公司已经派销售主管和江山集团采购经理接洽过，并且江山集团已经有了初步购买意向，但在电脑机型、价格、售后服务等主要问题上，双方还未达成一致，江山集团基金雄厚，发展前景好，而且后续再购买电脑产品的可能性非常大，因此，要抓住这次机会，成功交易，让江山集团成为公司的固定客户群。

任务 1　商务谈判技巧与策略

在 IT 产品销售工作中，有时会遇到谈判销售这种形式，企业的商务谈判是生产信息和消费信息以及企业间商务往来的具体传播方式之一。销售员通过谈判实现整体营销的价格政策，实现产品价值，并树立企业的形象和产品的声誉。

1.1　商务谈判基础知识

1. 商务谈判的定义

商务谈判即经济活动实体为了协调彼此之间的经济关系，满足各自在经济方面的需要和利益，通过协商、妥协，获得意见的一致，将可能的商业机会确定下来的行为和过程。

商务谈判主体是指从事商务谈判的人或组织，商务谈判客体是指谈判标的和双方共同关心并希望解决的问题。

2. 商务谈判的类型

（1）按谈判的态度分类。

- 软式谈判，又叫让步式谈判。谈判目标是达成协议而不是侧重于胜利，表现不是对抗，而是屈服。
- 硬式谈判，又叫立场式谈判。实践中将自己的立场凌驾于自己的利益之上，为了立场宁肯放弃利益。
- 原则式谈判，又叫价值式谈判。它较注意人际关系，双方应相互尊重，即不以对抗为出发点，而是以双方互相尊重为出发点，尊重对方的需求。

（2）按谈判的方式分类。

- 纵向谈判，即一次只讨论一个问题，完成一个问题再讨论下一个问题。
- 横向谈判，是把要谈的议题铺开，几个问题同时讨论。

横向式具有议题灵活、可变性大的特点，谈判人员应具备掌控全局的能力。纵向式程序明确，议题简化，从某种角度讲，易对于一个议题取得彻底解决。

3. 商务谈判的过程

（1）收集信息。

（2）制订洽谈计划。

（3）建立洽谈关系。

（4）达成洽谈协议。

（5）履行洽谈协议。

（6）维持良好关系。

1.2 商务谈判的原则

1. 兼顾双方的利益原则

谈判不是游戏，它是一种妥协，是一种沟通，是双方技巧的对抗和运用。由于谈判关乎双方的利益，因此谈判的最高境界是可以做到兼顾双方的利益的，也就是做到双赢。双方在谈判中应该是合作的利己主义，双方都获得利益才是谈判所应该达到的最高境界。

2. 公平的原则

双赢局面的出现有赖于公平原则的贯彻。公平这个概念本身包括主观的公平和客观的公平。人们所认为的客观上的公平往往存在着公平中的不公平，即形式上的公平而实际上的不公平。目前谈判中最大的公平在于机会的公平。

3. 时间的原则

时间的原则实际是要讲述谈判中时间、结构和耐心的问题。如果在谈判中一方性情急躁，一方表现沉稳，其结果必然是急者败，慢者胜。但当机立断也是非常重要的。

4. 信息的原则

信息的原则是指谈判者在谈判中应该尽量多地了解对方的信息，对信息要有一个正确的理解、分析和反应，同时，也要注意保护自己的信息，在适当的时候，可以给予对方假信息，扰乱对方视线。

5. 谈判心理的原则

谈判心理的原则是指在谈判中谈判者要利用对方的心理活动因素，因势利导，促成交易。由于谈判中心理活动对于谈判的重要影响，当今对于谈判心理学的探讨研究越来越深入，对于谈判中心理活动的分析，正逐渐发展为一个新的心理学分支学科。

6. 谈判地位的原则

在谈判实务中，谈判地位也称架势，谁的谈判地位高谁处于强势地位，谁的地位低谁处于弱势地位。这里的谈判地位高与低不是自己的感觉，不是官阶或公司里的地位。谈判地位，是指谈判对手心中的地位，也即你的对手赋予你的分量与地位，只有这种分量与地位才真正代表谈判中的优势与弱势。

1.3 决定谈判成败的要素

（1）亲和关系建设。了解对方人格模式。了解谈判对手类型，营造友好气氛，选择布置舒适的谈判场所，在开局时相互有礼貌、创造尊重气氛，在谈判中始终保持轻松和谐的气氛、要对事不对人、保持人际亲和力。

（2）事先精密认真地准备。情报工作，计划与策略，谈判的有效组织等，在谈判前全面收集各方面情报，制订合理的谈判计划并进行沙盘演练。

（3）有效实施正确的谈判过程。正确过程实施：导入阶段→概述阶段→明示阶段→交锋阶段→妥协阶段→签订协议。

（4）有效僵局处理。把握“闻过则喜”的积极态度，冷静、不争吵，不直接说“不”的原则；有效运用变化求机缘、灵活让步、转移话题、动用情感、引入第三者介入等技巧。

（5）有效运用时间策略、空间策略、物质策略、信息策略、人员策略、需求策略、价格策略，以及有效运用语言技巧，结合实际情况形成最恰当的策略组合。

任务 2　商务谈判的技巧与策略

2.1 谈判技巧

商务谈判是协调经济贸易关系的行为过程，其内驱力是各自的经济需求。成功的商务谈判总是寻求达到需求结合点的途径。因此，商务谈判技巧不是研究虚假、欺诈和胁迫手段，而是探讨根据现代谈判理论和原则，为实现谈判目标，在谈判过程中熟练运用谈判知识和技能，是综合运用知识经验的艺术。将理论知识和经验运用到现实中去锻炼，培养在不同环境中，迅速、准确、自如的应用能力，是核心和关键。

1. 谈的技巧

谈判当然离不开“谈”，在商务谈判中，“谈”贯穿全过程。怎样谈得好，谈得巧，是谈判人员综合应用能力的体现，但是语气不能咄咄逼人，总想驳倒他人，否则谈判就很难取得成功。

2. 听的技巧

在谈判中我们往往容易陷入一个误区，那就是一种主动进攻的思维意识，总是在不停地说，总想把对方的话压下去，总想多灌输给对方一些自己的思想，以为这样可以占据谈判主动，其实不然，被压抑下的结果则是很难妥协或达成协议。更为关键的是，善于倾听可以从对方的话语中发现对方的真正意图，甚至是破绽。

3. 鼓励类技巧

鼓励类技巧指鼓励对方讲下去，表示很欣赏他讲话的一类技巧，如在听的过程中，插入“请继续吧”“后来怎么样呢”“我当时也有同感”，而且一定要注视对方的眼睛，缩短人际距离，保持目光接触，不要东张西望，否则会使人感觉不受尊重。面部表情也应随着对方的谈话内容而有相应的自然变化。

4. 引导类技巧

引导类技巧就是在听的过程中适当提出一些恰当的问题，促使对方说出他的全部想法。比如："你能再谈谈吗？""关于…方面您的看法是什么？""假如我们…您们会怎么样呢？"等，配合对方语气，提出自己的意见。

（1）引情法。以主动积极的态度、热情诚挚的语言、轻松愉悦的心情进行谈判。

1）赞美对方的话题。

个人：仪表、谈吐、气质、才干、经历、家庭成员等。

企业：企业规模、品牌知名度、经营业绩、管理水平、服务能力等。

所在地：名胜古迹、人文环境、社会风貌、自然环境等。

2）称赞的注意事项。

时机恰当：挑对方心情较好、气氛较缓和的时机。

内容恰当：选择对方真正过人之处，否则有讽刺之嫌。

程度恰当：不可过于夸张，否则会使对方尴尬难堪。

方式恰当：方式自然，不要让对方认为你是在刻意奉承他。

（2）幽默法。幽默是指借助多种手法，运用机智、风趣、凝练的语言所进行的一种艺术表达，幽默的语言表达能起到多种作用：可以烘托气氛，使交际双方处在一个特定的环境之中，有时用幽默的语言可以制造和谐、亲切、融洽的环境，有时可以使紧张的气氛得到缓解，化干戈为玉帛。销售员在公关活动中，充分运用幽默的语言去表达，必将事半功倍，因此推销员要学会使用幽默的语言，但幽默内容要高雅、态度要友善、要分清场合、分清对象。

（3）感化法。优良周到的服务是对销售员的基本要求。但在操作时每个人的心态并不一样，只有真正关心客户，时时记住客户，才能使客户产生真实的感动、信任、理解，并替销售员做宣传，口碑传播的效果是最好的。

（4）寒暄法。销售员在跟客户沟通的过程中，寒暄是很重要的一部分，好的寒暄可以引起对方的兴趣，促使对方继续沟通下去，寒暄也是销售的一种手段，可以沟通彼此感情，同时也是一种很重要的礼节。寒暄的内容一般与正题无关，寒暄的任务主要是造势，在交谈前创造一个有利于交谈的气氛。

（5）进攻法。态度要自尊自信，有理、有利、有节地捍卫己方尊严和正当权益。

（6）示弱法。示弱是一种以退为进的表现形式，示弱不是妥协，巧妙地利用示弱的方式与客户进行沟通，往往更能达到销售的目的。

2.2 谈判策略

1. 开局策略

谈判开局阶段，首先应该创造和谐的气氛。人们通常将谈判的开局阶段称为"破冰期"阶段，它与谈判的准备阶段不同之处在于，这个阶段谈判双方开始接触，谈判进入实质的短暂过渡阶段。谈判双方在这段时间内相互熟悉，为下一步的正式会谈做准备。

在谈判开始，双方无论是否有成见，一旦坐到谈判桌前，就应心平气和，坦诚相待，不要在一开始就涉及有分歧的议题或不可不讲效果地提出要求。

（1）红白脸策略，在商务谈判过程中，两个人分别扮演红白脸角色，使谈判进退更有节奏的一种策略。角色安排应符合习惯、职位。

（2）投石问路策略，通过巧妙提问，根据对方应答，尽可能多地了解对方信息、情况，掌握谈判主动权。特点是提问要有试探、引导倾向，落地有声；要做充分准备，以备对方含糊或反问。第三方出面，指出商品缺陷。

2. 磋商阶段常用策略

谈判的磋商阶段，即实质性谈判阶段，是指谈判开局以后到谈判终局之前，谈判双方就实质性事项进行磋商的全过程，这是谈判的中心环节。

（1）报价的策略。

1）报价时机策略，提出报价的最佳时机，一般是对方询问价格时，因为这说明对方已对商品产生交易欲望。

2）报价起点策略，卖方报价起点要高，买方报价起点要低。

3）报价表达策略，报价无论采取口头或书面方式，表达都必须十分肯定、干脆，似乎不能再做任何变动和没有任何可以商量的余地。

4）报价差别策略，同一商品由于它的流向、交货期限、购买数量、购买时间、付款方式、交货地点、客户性质等方面的不同，形成不同的购销价格，在报价中应重视。

5）引诱报价策略，投下诱饵以满足对方的需要是手段，最终满足自己的需要才是目的。

6）中途变价策略，指在报价的中途，改变原来的报价趋势，从而取得谈判成功的报价方法。

（2）讨价与还价策略。全面讨价，对总体价格和条件的各个方面要求重新报价，笼统地提要求，不易暴露己方的准确材料。具体讨价，对分项价格和具体的报价内容要求重新报价，常常用于对方第一次改善报价之后。

1）吹毛求疵策略，即谈判中处于劣势的一方对有利的一方炫耀自己的实力，谈及对方的实力或优势时采取回避态度，而专门寻找对方弱点，伺机打击对方。只有掌握了商品的有关技术知识，才有助于对商品进行正确的估价，才能将毛病挑到点子上，使对方泄气。

2）不开先例策略，是指在谈判中，握有优势的当事人一方为了坚持和实现自己所提出的交易条件，以没有先例为由拒绝让步促使对方就范，接受自己条件的一种强硬策略，是拒绝对方又不伤面子的两全其美的好办法。

3）最后通牒策略，最后通牒是指双方一直争执不下，对手不愿让步接受我方条件时，我方抛出最后通牒，及对手如果不在某个期限内接受我方的条件并达成协议，我方就退出谈判，宣布谈判破裂。

3. 谈判过程的其他策略

（1）声东击西策略，是指敌我双方对阵时，一方为更有效地打击对方，造成一种从某一面进攻的假象，借以迷惑对方，然后攻击其另一面。使用此策略的一个目的，往往是掩盖真实的企图。只有在对手毫无准备的情况下，才容易实现目标。声东击西的策略就是要达到乘虚而入的目的。

（2）幽默拒绝法策略，是指无法满足对方提出的不合理要求，在轻松诙谐的话语中设一个否定回答或讲述一个精彩的故事让对方听出弦外之音，既避免了对方的难堪，又转移了对方被拒绝的不快。在谈判中运用反问、易色、仿拟法都能增加谈判伙伴间的关系。

（3）疲劳战策略，是指和对方展开拉锯战，或是从体力上使对方感到疲劳，从而使对方精神涣散、反应程度降低、工作热情下降，这样己方就能趁机达到目标。这种疲劳战术主要适用于那些锋芒毕露、咄咄逼人的谈判对手。

（4）故布疑阵策略，谈判中一方利用向另一方泄露虚假信息的手段，诱其步入迷阵，从而实现谋利的一种方法。一般人的心理是，由间接途径或偶然得到的消息比直接得到的信息更可信任，更有价值。

（5）挡箭牌策略，这种谈判策略是指谈判者推出假设决策人，表示自己权力有限，以此来隐藏自己，金蝉脱壳。因此，精于谈判之道的人都信奉这样一句名言：在谈判中受了限制的权力才是真正的权力。这种策略的应用可以使我们在遇到棘手的问题时，争取更多的反应时间，不必马上回复对方的要求。

（6）针锋相对策略，商务谈判中往往有些难缠的人，类似铁公鸡一毛不拔，他们往往报价很高，然后在很长时间内拒不让步。如果按捺不住，做出让步，他们就会迫使你接着做出一个又一个的让步。对于这种强硬难缠的谈判对手，最好的办法就是以牙还牙，针锋相对，自己也成为难缠的谈判对手。但需要注意的是，与对手针锋相对不是目的，只是达成目标的手段，因此也要注意适度。

（7）强调双赢策略，正如前面提到的，双赢是商务谈判的前提和重要目标。因此，双赢的理念无论什么时候都要铭记在心，即使在使用前面的一些比较激烈的策略时，如针锋相对、唱黑脸等。只有谈判的各方都想着怎么把蛋糕做大而不是怎么瓜分蛋糕，商务谈判才能顺利圆满地完成。

任务 3　商务谈判礼仪

商务谈判礼仪是指商务人员在从事商务活动的过程中（即履行以买卖方式使商品流通或提供某种服务获取报酬职能的过程中）使用的礼仪规范。在今天的商业社会里，由于竞争的加剧，行业内部以及相近行业间在产品和服务方面趋同性不断增强，使公司与公司之间所提供的产品和服务并无太大差别，这样就使服务态度和商务谈判礼仪成为影响客户选择产品和服务的至关重要的因素。

3.1　商务谈判礼仪的作用和原则

1. 商务谈判礼仪的作用

自古以来，我国素有“礼仪之邦”的美称，崇尚礼仪是我国人民的传统美德。随着我国现代经济的高速发展，礼仪已渗透到社会生活中的方方面面。尤其在商务活动中，礼仪发挥着越来越重要的作用。

（1）规范行为。礼仪最基本的功能就是规范各种行为。在商务交往中，人们相互影响、相互作用、相互合作，如果不遵循一定的规范，双方就缺乏协作的基础。在众多的商务规范中，礼仪规范可以使人明白应该怎样做，不应该怎样做，哪些可以做，哪些不可以做，有利于确定自我形象，尊重他人，赢得友谊。

（2）传递信息。礼仪是一种信息，通过这种信息可以表达出尊敬、友善、真诚等感情，使别人感到温暖。在商务活动中，恰当的礼仪可以获得对方的好感、信任，进而有助于事业的发展。

（3）增进感情。在商务活动中，随着交往的深入，双方可能都会产生一定的情绪体验。它表现为两种情感状态：一是感情共鸣，另一种是情感排斥。礼仪容易使双方互相吸引，增进感情，导致良好的人际关系的建立和发展。反之，如果不讲礼仪，粗俗不堪，那么就容易产生感情排斥，造成人际关系紧张，给对方造成不好的印象。

（4）树立形象。一个人讲究礼仪，就会在众人面前树立良好的个人形象；一个组织的成员讲究礼仪，就会为自己的组织树立良好的形象，赢得公众的赞赏。现代市场竞争除了产品竞争外，更体现在形象竞争。一个具有良好信誉和形象的公司或企业，就容易获得社会各方的信任和支持，就可在激烈的竞争中处于不败之地。所以，商务人员时刻注重礼仪，既是个人和组织良好素质的体现，也是树立和巩固良好形象的需要。

2. 商务谈判礼仪的原则

任何事物都有自己的规则，商务谈判礼仪也不例外，凝结在商务谈判礼仪规范背后的共同理念和宗旨就是商务谈判礼仪的原则，是我们在操作每一项商务谈判礼仪规则的时候应该遵守的共同法则，同时也是衡量我们在不同场合、不同文化背景下的礼仪正确、得体的标准。同样的礼仪在不同的场合会带来不同的结果；同样的场合却因人的不同而有不同的含义，所以，如何在纷繁复杂、瞬息万变的商场环境中立于不败之地，就需要掌握商务谈判礼仪的基本原则。

（1）"尊敬"原则。在我们的现实社会中，人与人是平等的，尊重长辈，关心客户，这不但不是自我卑下的行为，反而是一种至高无上的礼仪，说明一个人具有良好的个人素质。尊敬人还要做到入乡随俗。尊重他人的喜好与禁忌。总之，对人尊敬和友善，是处理人际关系的一项重要原则。

（2）"真诚"原则。商务人员的礼仪主要是为了树立良好的个人和组织形象，所以礼仪对于商务活动的目的来说，不仅仅在于其形式和手段层面上的意义，同时更应注重从事商务、讲求礼仪的长远效益。也就是说商务人员与企业要爱惜其形象与声誉，就不应仅追求外在形式的完美，更应将其视为商务人员情感的真诚流露与表现。

（3）"谦和"原则。谦和不仅是一种美德，更是社交成功的重要条件。谦和，在社交场上表现为平易近人、热情大方、善于与人相处、乐于听取他人的意见，显示出虚怀若谷的胸襟，因而对周围的人具有很强的吸引力，有着较强的调整人际关系的能力。

（4）"宽容"原则。宽容就是心胸坦荡、豁达大度，能设身处地地为他人着想，谅解他人的过失，不计较个人得失，有很强的容纳意识和自控能力。遵循宽容原则，凡事想开一点，眼光放远一点，善解人意、体谅别人，才能正确对待和处理好各种关系与纷争，争取到更长远的利益。

（5）"适度"原则。人际交往中要注意各种不同情况下的社交距离，也就是要善于把握住沟通时的感情尺度。掌握并遵行礼仪原则，在人际交往、商务活动中就会成为待人诚恳、彬彬有礼的人，并受到他人的尊敬和尊重。

3.2 商务谈判中的礼仪规范

1. 谈判准备阶段的礼仪

商务谈判之前首先要确定谈判人员，与对方谈判代表的身份、职务要相当。谈判代表要有良好的综合素质，谈判前应整理好自己的仪容仪表，穿着要整洁正式、庄重。男士应刮净胡须，穿西服必须打领带。女士穿着不宜太性感，不宜穿细高跟鞋，应化淡妆。布置好谈判会场，采用长方形或椭圆形的谈判桌，门右手座位或对面座位为尊，应让给客方。谈判前应对谈判主题、内容、议程作好充分准备，制定好计划、目标及谈判策略。

2. 谈判之初的礼仪

谈判之初，谈判双方接触的第一印象十分重要，言谈举止要尽可能创造出友好、轻松的良好谈判气氛。作自我介绍时要自然大方，不可露傲慢之意。被介绍到的人应起立一下微笑示意，可以礼貌地说“幸会”“请多关照”之类。询问对方要客气，如“请教尊姓大名”等。如有名片，要双手接递。介绍完毕，可选择双方共同感兴趣的话题进行交谈。稍作寒暄，以沟通感情，创造温和气氛。

谈判之初的姿态动作也对把握谈判气氛起着重大作用，目光注视对方时，应停留于对方双眼至前额的三角区域正方，这样使对方感到被关注，觉得你诚恳严肃。手心朝上比明下好，手势自然，不宜乱打手势，以免造成轻浮之感。切忌双臂在胸前交叉，那样显得十分傲慢无礼。

谈判之初的重要任务是摸清对方的底细，因此要认真听对方谈话，细心观察对方举止表情，并适当给予回应，这样既可了解对方意图，又可表现出尊重与礼貌。

3. 谈判过程中的礼仪

这是谈判的实质性阶段，主要是报价、查询、磋商、解决矛盾、处理冷场。报价要明确无误，恪守信用，不欺蒙对方。在谈判中报价不得变换不定，对方一旦接受价格，就不再更改。

查询事先要准备好的有关问题，选择气氛和谐时提出，态度要开诚布公。切忌气氛比较冷淡或紧张时查询，言辞不可过激或追问不休，以免引起对方反感甚至恼怒。但对原则性问题应当力争不让。对方回答查问时不宜随意打断，答完时要向解答者表示谢意。

磋商讨价还价事关双方利益，容易因情急而失礼，因此更要注意保持风度，应心平气和，求大同，容许存小异。发言措词应文明礼貌。解决矛盾要就事论事，保持耐心、冷静，不可因发生矛盾就怒气冲冲，甚至进行人身攻击或侮辱对方。冷场时主方要灵活处理，可以暂时转移话题，稍作松弛。如果确实已无话可说，则应当机立断，暂时中止谈判，稍作休息后再重新进行。主方要主动提出话题，不要让冷场持续过长。

4. 谈判签约礼仪

签约仪式上，双方参加谈判的全体人员都要出席，共同进入会场，相互致意握手，一起入座。双方都应设有助签人员，分立在各自一方代表签约人外侧，其余人排列站立在各自一方代表身后。助签人员要协助签字人员打开文本，用手指明签字位置。双方代表各在己方的文本上签字，然后由助签人员互相交换，代表再在对方文本上签字。

签字完毕后，双方应同时起立，交换文本，并相互握手，祝贺合作成功。其他随行人员则应该以热烈的掌声表示喜悦和祝贺。

任务 4　IT 产品谈判方案设计及签订合同

4.1　准备阶段

1. 收集谈判对手信息

互联网搜索谈判对象基本信息：位置、规模、产品线、行业地位、文化理念、员工素质、资质信用、联系方式、赢利情况等，联系该公司采购人员和采购经理，了解采购要求。

2. 收集竞争对手信息

查找同行产品了解其信息，通过各种渠道了解竞争对手规模、预定产品型号、价格、售后服务等基本情况信息；谈判对手的资信、实力、需求、谈判期限、谈判代表、履约担保等；竞争者的地理位置、规模、技术、产品质量、性能、成本、价格、服务措施、营销手段、市场占有率等。

3. 谈判方案内容

（1）谈判主题。

（2）谈判目标：最优目标、期望目标、最低目标。

（3）谈判期限。

（4）谈判地点和场所。

（5）谈判人员。谈判组长，技术、商务、财务、法律专家和后勤保障人员。过硬的专业能力和良好的合作意识；持久的耐心和坚强的毅力；敏捷清晰的思维能力；准确的信息表达能力；敏锐的洞察力和灵活应变能力；沉稳的心理和较强的自控能力；良好的行为礼仪；健康的体魄和充沛的精力。

（6）谈判策略：开局—磋商—结束。

（7）谈判议程：谈判议题及其顺序和时间安排。

（8）谈判风险。

（9）谈判费用。

（10）联络汇报。

（11）应急预案。

4. 商务合同内容

当事人的名称（姓名）和住所、标的、数量、质量、价款及支付方式、履行期限及地点和方式、违约责任、争议的解决方法。

4.2 IT 产品谈判方案设计案例

广西国海证券与联想集团的谈判方案

1. 谈判主题

我公司购买联想电脑的相关要求与具体条件进行谈判。

2. 准备阶段

包括寻求法律支持、援引过往案例等，从而达到明确谈判目标、明确谈判切入点等目的。

谈判团队人员组成：

主谈：公司谈判全权代表；

决策人：负责重大问题的决策；

技术顾问：负责技术问题；

法律顾问：负责法律问题。

3. 谈判组成人员

A 总经理秘书主谈；B 谈判助理；C 财务经理；D 技术顾问；E 法律顾问。

4. 寻求法律支持

询问购买手段、支付手段、保险金等。

5. 知己知彼

（1）对方公司在整个产业中的位置，进一步明确这一种合作关系对双方的重要性，以确定自己的谈判目标。

联想的创新精神和 IBM 个人电脑事业部不断寻求突破的传统在今天的联想得到了延续，新联想是一个具有全球竞争力的 IT 巨人。在全球范围内，联想为客户提供屡获殊荣的 ThinkPad 笔记本电脑和 ThinkCentre 台式机，并配备了 ThinkVantage Technologies 软件工具、ThinkVision 显示器和一系列 PC 附件和选件。在中国，联想个人电脑产品的市场份额达 35.2%（Q2/FY2007，IDC 数据）。凭借其领先的技术，易用的功能、个性化的设计以及多元化的解决方案而广受中国用户欢迎。联想已连续 10 年保持中国排名第一。

因此，双方都亟需通过这次谈判，并力争使合作上升到一个新的高度。

（2）了解谈判对手，尽可能地搜集信息，包括其性格、职务、任职时间等。

（3）与对方协商确定通则，包括谈判时间、地点等安排。

6. 双方核心利益及优劣势分析

（1）我方核心利益。

（2）维护企业声誉。

（3）保持双方长期合作关系。

（4）我方优劣势分析。

1）我方优势。固定收益业务成长最快的证券公司，各项业务指标位居行业前列，拥有国内顶尖的并购业团队，投行业务在广西地区形成了独特的区域竞争优势，经纪业务在广西地区的市场占有率位居第一，2010 年，公司营业收入、净资产收益率等经营指标均居全国同类型券商前列，国内唯一的在所有业务线均采用事业部管理体系的证券公司。

2）我方劣势。购买数量不多，恐怕对方不接受我方提出的条件，不能一次性付清货款。

7. 谈判时间

2012 年 4 月 3 日下午 2:30～5:00。

8. 谈判目标

战略目标：购买电脑数 100 台，30 台配置较高，70 台普通配置。

最高目标：与我方报价达成共识，用合理方式避免赔款，保持其他合作约定。

底线：维护企业声誉，以适当价格购机，维护长期合作。

9. 谈判内容

电脑的购入单价或总价，电脑的型号、配置，售后服务，优惠政策，例如：价格、供给量、交货时限、运货方式及到货时间、货款结算。

10. 具体谈判程序及策略

（1）开局陈述。根据现有资料和情况，我方决定将谈判维持在和谐友好的气氛中，介绍本公司背景。国海证券有限责任公司前身是 1988 年创立的广西证券有限责任公司，是中国首批成立的证券公司之一，也是广西地区注册的唯一一家全国性综合类券商。公司目前注册资本 8 亿元，员工总数 803 人。2005 年 10 月，公司成为全国首批规范类券商，2007 年，在中国证监会对证券公司的首次分类监管评级中，国海证券被评为 BBB 级，目前正在推进借壳上市工作。

国海证券总部位于广西南宁，业务总部设在深圳，在北京、上海、深圳、广州、成都及广西各地设有 24 家证券营业部和 25 家证券服务部，在北京、上海、深圳、南宁等地设有投资银行、收购兼并和固定收益证券业务的分支机构，为客户提供证券代理买卖、证券发行与承销、收购兼并、资产重组、财务顾问、资产管理、投资咨询等综合金融服务。

平和开局：首先表示非常有诚意合作，再吸引对方合作。

（2）中期谈判。

1）双方进行报价。根据所要的两款机型，提出由对方首先进行报价，针对对方报价，我方协商。

我方报价：提出我方报价，对对方的报价不接受，针对电脑型号要求对方适当考虑优惠。

报价理由：结合型号和降价比率，我方经济情况，对于双方合作关系的重视。

2）货物运输及付款方式。一周内送货上门，三日安装完毕，表明我方预付方式及金额。

（3）磋商阶段。不做无谓的让步，让步让在刀口上，让得恰到好处，使自己较小的让步能给对方以较大的满足。在我方认为重要的问题上要力求对方先让步，而在较为次要的问题上，根据情况的需要，我方可以考虑先做让步。对每次让步都要进行反复磋商，使对方觉得我方让步也不是轻而易举的事情，珍惜已经得到的让步。

我方遵循的谈判方式是当我方谈判人员提出让步时，向对方表明，我方做出此让步是与公司政策或公司主管的指使相悖。因此，我方只同意个别让步，即对方必须在某个问题上有所回报，我们回去也好有个交代。

把我方的让步和对方的让步直接联系起来。表明我方可以做出这次让步，只要在我方要求对方让步的问题上能达成一致，一切就好解决。我方在与对方合作的同时，也与市场中其他厂商进行合作，因此此次争端并不只是两家公司。其他厂商的订单也是在安排之中，我方并没有义务为对方优先生产。依照我方谈判原则，可以适当采取应急措施。

11. 应急预案

如果在谈判开始对方因为蒙受的巨大损失而将谈判定在一个极其强硬的气氛中，我方则应通过回顾双方的友好合作等行为缓和气氛，同时暗示对方这一合作对双方的重要性。

如果谈判中对方一再指出自身所受到的巨大损失，试图将这一压力转嫁给我方，我方则首先需要本着理解的态度做出事先拟定的适当让步，随后指出不同的商业合同之间是没有必然联系的，本着就事论事解决问题的态度是不应如此转嫁压力的。

如果在谈判中对方坚称自己没有盈利，执意要求我方妥协，我方在进行适当让步之后，可适时提出请示公司高层管理人员，借机暂缓谈判，稳定双方情绪。

4.3　商务谈判合同的签订过程

1. 整理谈判记录

经确认的记录是起草书面协议（合同）的主要依据。

2. 起草书面协议（合同）

须认真仔细，要求表述准确，内容全面，不允许有产生歧义的可能，更不允许疏忽或遗漏，以免出现后患。

3. 审核协议文本

注意文本内容与谈判结果、谈判记录、附件在内容上的一致性。

4. 确认签署人

应出示由企业最高领导人签发的授权书，若签署人为最高领导人，则要证实其身份，如有疑问，可公证。

5. 正式签署协议（合同）

正式签署协议时应注意：

（1）注意审查对方的主体资格（即合同当事人具有相应民事权利能力和民事行为能力）。

（2）代理人须有代理权，须在代理权限内，不能越权。

（3）避免合同陷阱，尽量争取己方起草合同或协议，掌握主动权。

（4）注意签约地点的选择。

6. 商务谈判合同书

（1）结构：标题、约首、正文、约尾。

（2）合同书的基本条款：

1）《合同法》的 8 项合同条款：当事人名称或姓名和住所；标的；数量；质量；价款或报酬；履行期限、地点和方式；违约责任；解决争议的方法。

2）具体合同中所特有的必备条款。

3）当事人一方要求规定的条款或经双方协商的其他条款。

（3）合同书的写作要求：

1）基本要求：遵循法规、符合政策和原则。

2）注意事项：条款完备、具体；表述准确、严密；字迹清楚、文面整洁。

7. 合同风险规避

（1）合同担保，合同保证、定金、留置权、抵押、违约金。

（2）合同鉴定，指有关合同管理机关根据双方当事人的申请，依据国家法律、法令和政策，对商务谈判合同的合法性、可行性和真实性等进行审查、鉴定和证明的一种制度。

（3）合同公证，公证机关、证据效力，可保护当事人的合法权益、预防纠纷、防止无效合同、促进合同的履行。

【案例】合同范本[6]

商 品 买 卖 合 同

买方：__________________（下称甲方）　卖方：__________________（下称乙方）

地址：________________________________　地址：__________________

电话：________________________________　电话：__________________

传真：________________________________　传真：__________________

甲乙双方经过协商，本着自愿及平等互利的原则，就甲方向乙方出卖本合同约定的货物事宜，达成如下一致意见:

第一条　名称、规格和质量

1. 名称:

2. 规格：__________（应注明产品的牌号或商标）。

3. 质量，按下列第____项执行：

（1）按照标准执行（须注明按国家标准或部颁或企业具体标准，如标准代号、编号和标准名称等）。

（2）按样本，样本作为合同的附件（应注明样本封存及保管方式，附件略）。

（3）按双方商定要求执行，具体为：____（应具体约定产品质量要求）。

第二条　数量和计量单位、计量方法

1. 数量：______。

2. 计量单位和方法：__________。

3. 地板合理的损耗按实际铺装量计算，损耗由购买方承担。

第三条　包装方式和包装品的处理

（略）

第四条　交货方式

1. 交货时间：

2. 交货地点：

3. 运输方式：__________。

4. 保险：______。

第五条　损失风险

货物在送达交货地点前的损失风险由甲方承担，其后的损失风险由乙方承担。

第六条　价格与货款支付

1. 单价：__________；总价：______________________________（大写）。

2. 货款支付：

货款的支付时间：__________；

货款的支付方式：__________；

运杂费和其他费用的支付时间及方式__________。

3. 预付货款：__________。

第七条　提出异议的时间和方法

1. 甲方在验收中如发现货物的品种、型号、规格、花色和质量不合规定或约定，应在妥善保管货物的同时，自收到货物后____日内向乙方提出书面异议；在托收承付期间，甲方有权拒付不符合合同规定部分的货款。甲方未及时提出异议或者自收到货物之日起____日内未通知乙方的，视为货物合乎规定。

2. 甲方因使用、保管、保养不善等造成产品质量下降的，不得提出异议。

第八条　甲方违约责任

1. 甲方逾期付款的，应按逾期付款金额每日万分之____计算，向乙方支付逾期付款的违约金。

2. 甲方违反合同规定拒绝接受货物的，应承担因此给乙方造成的损失。

3. 甲方如错填到货的地点、接货人，或对乙方提出错误异议，应承担乙方因此所受到的实际损失。

4. 其他约定：________。

第九条　乙方的违约责任

1. 乙方不能交货的，向甲方偿付不能交货部分货款____%的违约金。

2. 乙方所交货物品种、型号、规格、花色、质量不符合合同规定的，如甲方同意利用，应按质论价；甲方不能利用的，应根据具体情况，由乙方负责包换或包修，并承担修理、调换或退货而支付的实际费用。

3. 乙方因货物包装不符合合同规定，须返修或重新包装的，乙方负责返修或重新包装，并承担因此支出的费用。甲方不要求返修或重新包装而要求赔偿损失的，乙方应赔偿甲方该不合格包装物低于合格物的差价部分。因包装不当造成货物损坏或灭失的，由乙方负责赔偿。

4. 乙方逾期交货的，应按照逾期交货金额每日万分之____计算，向甲方支付逾期交货的违约金，并赔偿甲方因此所遭受的损失。如逾期超过____日，甲方有权终止合同并可就遭受的损失向乙方索赔。

5. 乙方提前交的货物、多交的货物，如其品种、型号、规格、花色、质量不符合约定，甲方在代保管期间实际支付的保管、保养等费用以及非因甲方保管不善而发生的损失，均应由乙方承担。

6. 货物错发到货地点或接货人的，乙方除应负责运到合同规定的到货地点或接货人外，还应承担甲方因此多支付的实际合理费用和逾期交货的违约金。

7. 乙方提前交货的，甲方接到货物后，仍可按合同约定的付款时间付款；合同约定自提的，甲方可拒绝提货。乙方逾期交货的，乙方应在发货前与甲方协商，甲方仍需要货物的，乙方应按数补交，并承担逾期交货责任；甲方不再需要货物的，应在接到乙方通知后____日内通知乙方，办理解除合同手续，逾期不答复的，视为同意乙方发货。

8. 其他：________。

第十条　不可抗力

本合同所称不可抗力是指不能预见、不能克服、不能避免并对一方当事人造成重大影响的客观事件，包括但不限于自然灾害（如洪水、地震、火灾和风暴等）以及社会事件（如战争、动乱、政府行为等）。

如因不可抗力事件的发生导致合同无法履行时，遇不可抗力的一方应立即将事故情况书面告知另一方，并应在不可抗力事件结束后____日内，提供事故详情及合同不能履行或者需要延期履行的书面资料，双方认可后协商终止合同或暂时延迟合同的履行。

第十一条　其他事项

1. 按本合同规定应付的违约金、赔偿金、保管保养费和各种经济损失，应当在明确责任后____日内，按银行规定的结算办法付清，否则按逾期付款处理。

2. 约定的违约金，视为违约的损失赔偿。双方没有约定违约金或预先赔偿额的计算方法的，损失赔偿额应当相当于违约所造成的损失，包括合同履行后可获得的利益，但不得超过违反合同一方订立合同时应当预见到的因违反合同可能造成的损失。

3. 合同有效期内，除非经过对方同意，或者另有法定理由，任何一方不得变更或解除合同。

第十二条　争议的处理

本合同在履行过程中发生的争议，由双方当事人协商解决，也可由有关部门调解；协商或调解不成的，依法向人民法院起诉。

第十三条　解释

本合同的理解与解释应依据合同目的和文本原义进行，本合同的标题仅是为了阅读方便而设，不应影响本合同的解释。

第十四条　补充与附件

本合同未尽事宜，依照有关法律、法规执行，法律、法规未作规定的，甲乙双方可以达成书面补充协议。本合同的附件和补充协议均为本合同不可分割的组成部分，与本合同具有同等的法律效力。

第十五条　合同效力

本合同自双方或双方法定代表人或其授权代表人签字并加盖公章之日起生效。本合同正本一式____份，双方各执____份，具有同等法律效力；合同副本一式____份，送____各留存一份。

甲方（盖章）：________________________　乙方（盖章）：________________________

代表（签字）：________________________　代表（签字）：________________________

____年____月____日　　　　　　　　　　　　____年____月____日

小结

在这个以市场经济为主的社会，谈判贯穿我们生活的方方面面，随时都会遇到问题，这时就需要谈判来解决。想要成为谈判高手，我们必须扩展自己的视野，广泛地涉猎不同领域的知识，例如，心理学、礼仪、法律、国际贸易等，只有不断地拓展自己的知识面，才能得心应手地运用各种技巧，这样在商务活动中才可以为自己的企业或个人获得更多的利益。谈判不仅在商务活动中出现，而且也贯穿于生活的方方面面，学好谈判，可以帮我们解决商场与生活中的种种棘手问题。

能力训练

【情景模拟】

内容：以分组形式，情景模拟本项目 4.2 节中 IT 产品谈判方案并最后签订合同。

目的：感受真实谈判氛围，锻炼学生职业能力。

项目八　IT 产品售后服务管理

学习目标

1. 掌握售后服务日常工作。
2. 掌握 IT 产品客户管理技术。
3. 能用电话进行售后跟踪服务。
4. 能运用专业技能诊断及维修 IT 产品。

江山集团和腾飞电脑科技有限公司签订合同后，已经成为腾飞电脑科技有限公司的稳定客户，销售员还是会定期拜访客户，保持长期合作，在其购买的 IT 产品出现任何问题及故障时，腾飞电脑科技有限公司都会对其进行跟踪服务。

任务 1　IT 产品售后服务

1.1　做好客户售后服务

如果不想止步于单一的一次销售，就让售后服务使客户满意。首先应该关注的是客户的满意度。每一个购买者都希望他们购买的产品或者服务完美无瑕。售后的跟进工作是维护持续的良好业务关系所必需的，应当把客户当作业务生命赖以存在的基础。

1. 保持客户满意的途径

向客户展示你对他们的关注。除了发送新年卡、生日贺卡和感谢信外，还可以通过邮件、短信、微博等发送一些对他们有所帮助的信息。拜访他们时捎带公司的新产品与宣传册，以及为客户提供的额外服务。记住每次拜访客户前必须进行预约。

提供一份样品，以加强客户对新产品的了解和使用情况。向客户优惠提供新产品或新服务。因产品出问题而给他们带来的时间和金钱的损失做出一定的赔偿和补偿。接受退货时应当爽快，从长远来看，退货的代价比找新客户的代价小得多。要遵守商业道德，为客户的信息保密。对客户使用产品的情况进行紧密的跟踪，并定期会见客户，保持密切联系。

2. 抱怨的处理技巧

（1）针对性原则。站在客户的立场，弄清客户的问题，有针对性地回答，忌答非所问、避而不答。

（2）主动性原则。设身处地猜测客户会碰到但是没有提出的问题，主动提醒客户。

（3）保持冷静，避免个人情绪受困扰。集中研究解决问题的办法，而不是运用外交辞令。避免提供过多不必要的资料和假设。即使客户粗鲁无礼，也要保持关注。

（4）多用类似下列的语句。

- 谢谢您提醒我注意。
- 谢谢您告诉我们。
- 我们都明白您的困难/问题。
- 如果我是您，我都可能会这么做。
- 造成这样我们非常抱歉。

（5）一切投诉都要马上处理，切勿忽视任何投诉或置之不理。

1.2 售后表格管理

1. 电话记录管理

与打电话一样，接电话也需要符合沟通程式：亲和力→察知心理需求→有效表述→促成，同时尽可能地简洁表述。在电话沟通实践中遵照如下要求：

（1）微笑着接听电话。

（2）铃声响 3 遍即迅速拿起电话。

（3）主动问候对方，并告诉对方自己的姓名、单位名称、部门。

（4）表示理解，用温暖友好的语调。

（5）运用询问（例“我怎样才能帮助你？”）来获得信息。

（6）聆听，全神贯注于对方与当前话题，并记录与复述。

电话记录（表 8-1），包括五部分内容：时间（包括年、月、日、时、分）、单位、姓名及电话号码、主要内容、处理意见，最后需要记录人签名。

表 8-1　电话记录表

电话记录　　　　时间：　　年　　月　　日　　时　　分

电话人单位		电话人姓名	
主要内容：		接电话人	
		领导批示： 领导签字　　年　月　日	

（7）经常性地用一些提示语言向对方表示正在听，例如，“是的”“我明白”。

（8）尽可能迅速、准确地回答对方的问题，如无法帮忙则告诉他能为他做些什么，记得尽快将电话转给别人。

（9）结束时确认记录，检查所问过的所有问题与得到的信息。

（10）感谢对方。

【案例】[2]

接电话（A 是××公司秘书）

A:“您好，这里是××公司，我是×××，请问，您有什么需要帮忙的吗？”

B:“请问你们的销售主管王先生在吗？”

A:“对不起，他现在不在，请问怎么称呼您？”

B:“我姓陈，我是他的一个客户，有一件事要咨询他，他什么时候时候回来？”

A:“对不起，他可能在短时间内回不来，如果方便，您可以留下电话和想要办理事务的简要内容，以便他回来及时回电给您。”

B:“好的，我的电话是××× ×××，我要咨询他新产品的购买问题。”

A:“方便留下您的全名吗？”

B:“我的全名是陈××。”

A:“您好，陈××女士，您的电话是××× ×××，您想咨询他新产品购买的问题，有什么遗漏吗？”

B:“就这些，没有了。”

A:“好的，我一定及时将您的电话转给王主管，谢谢您的来电。再见。”

B:“再见。”

A（听到对方挂断电话，再挂断电话）

2. 客户档案管理表格（表 8-2）

表 8-2 客户档案管理表

客 户 档 案

客户名称		电话		地址	
负责人		年龄		性格	
厂长		年龄		性格	
接洽人		职称		负责事项	
经营状况	经营方式	□积极 □保守 □踏实 □不定 □投机			
	业务	□兴隆 □成长 □稳定 □衰退 □不定			
	业务范围				
	销货对象				
	价　格	□合理 □偏高 □偏低 □削价			
	业务金额	每年：旺季×月销量×；淡季×月销量×			
	组　织	□股份有限公司 □有限公司 □合伙店铺 □独资			
	员工人数	职员×人，工员×，合计××			
	同业地位	□领导者 □具影响 □一级 □二级 □三级			
	态　度				

续表

付款方式与本公司往来	付款期				
	方　　式				
	手　　续				
	年　　度	主要采购产品	金　　额	旺季每月	淡季每月
备注					
客户负责人			审核		调查表

3．售后维修记录管理表格（表 8-3）

表 8-3　售后维修记录管理表

售后维修记录

服务申请内容（销售员填写）申请人：		申请日期：	
客户名称：		联系人姓名职位：	
服务地点：		联系方式：	
服务时间：		期望服务人员：	
服务内容：	5．联想　笔记本电脑经常死机、掉电或自动重启维修。 6．联想　笔记本电脑开机报错，无法进入系统维修。 2．联想　笔记本电脑密码遗忘，无法进入系统维修。 3．联想　笔记本电脑不认光驱、硬盘、软驱、串口、并口等维修。 4．联想　笔记本电脑无法安装操作系统维修。 5．联想　笔记本电脑经常死机、掉电或自动重启维修。 6．联想　笔记本电脑开机报错，无法进入系统维修。 1．联想　笔记本电脑不启动，开机无显示维修。 2．联想　笔记本电脑密码遗忘，无法进入系统维修。 3．联想　笔记本电脑不认光驱、硬盘、软驱、串口、并口等维修。 4．联想　笔记本电脑无法安装操作系统维修。 5．联想　笔记本电脑经常死机、掉电或自动重启维修。 6．联想　笔记本电脑开机报错，无法进入系统维修。		
服务要点及注意事项：			
备注			

续表

售后服务信息（实施工程师/销售填写）填写人：　　　　填写日期：			
客户现场联系人信息：			
故障现象：			
判断分析：			
解决方法：			
技术总结：			
未完成情况汇报：			
负责人建议：			
后续处理方法：			
服务质量评估	客户：	销售代表：	技术总监：

4. 售后拜访跟踪客户管理表格（表 8-4）

表 8-4　售后拜访跟踪客户管理表

客户拜访记录表

拜访客户公司名称：	
拜访性质（第几次拜访）：	
拜访人：	拜访日期：
随行人员：	填表时间：
拜访目的：	
客户联系人及联系方式： 手机： 电话：	
客户公司概况：	
客户现管理设备应用及需求状况：	
客户有无购买欲望：	
客户对协同认识及对我公司设备评价：	
下次拜访计划：	

1.3 售后服务技能训练

【案例】三星公司售后服务介绍[5]

1. 服务介绍

三星电子（北京）技术服务有限公司（原北京三星电子产品技术服务中心）成立于 1995 年，是专门负责三星电子产品在大陆市场售前和售后服务业务的独资公司。公司成立之初就本着“为了顾客，三星服务称心、舒心、放心！”的宗旨，以“亲切、快速、准确”的工作作风，经过十几年时间的发展，为中国大陆的三星电子产品用户提供完善的服务保障。

三星电子（北京）技术服务有限公司从成立之初至今，工作的重心始终围绕的就是“为顾客提供最优质、最完善的服务”。没有投诉的服务就是企业最大的效益。为了保证三星服务在全球的领先性和统一性，近几年来，公司始终坚持送出去培养的方针，把中方的管理人员和技术人员分数批，时间从数周到数月、一年不等，送到韩国本部进行培养教育，最大限度地把韩国三星本部的服务特色移植到中国大陆来。公司内部几个部门的设置也是围绕“满足顾客”这个中心展开的。管理部门具体负责各地维修中心的日常管理工作及协调处理服务各个环节上的事宜；品质部门为维修中心和用户提供技术上的保障，处理疑难故障，反馈技术市场上的信息，通报技术变更等各项事宜；零配件部门储备了中国市场上销售的所有三星电子产品所需的零配件，在库存上保证了至少 3 个月的需求量，并和国内外的多家快递公司保持业务关系，最大限度地实现运输上的高效、快捷，为了使三星的服务从日常工作的点点滴滴做起，公司专门从韩国本部邀请了礼仪讲师，对公司的全体员工进行礼仪培训，从各个方面为用户提供一个“微笑、亲切、周到”的服务。总而言之，三星电子（北京）技术服务有限公司所追求的工作目标就是使三星的顾客“称心、舒心、放心”。

2. 服务领域

三星服务无处不在，表 8-5 是售后服务地区分布情况，包含 4 个直辖市，25 个省份以及 3 个自治区。

表 8-5 售后服务地区分布情况表

支社名称	管辖区域
华北支社	北京市、天津市、河北省、河南省、山西省、山东省、内蒙古自治区东部
华东支社	上海市、浙江省、湖北省、江苏省、安徽省
华南支社	广东省、广西壮族自治区、福建省、湖南省、海南省、江西省
西部支社	甘肃省、贵州省、宁夏回族自治区、青海省、西藏自治区、陕西省、四川省、新疆维语尔族自治区、云南省、重庆市
东北支社	黑龙江省、吉林省、辽宁省、内蒙古自治区西部

3. 服务政策

（1）售后服务规定。

1）参照国家“新三包”规定执行在保修期内，凡属产品本身质量引起的故障，请顾客凭已填好的保修卡正本及购机发票在全国各地三星授权的维修中心享受免费保修服务。

2）不接收由于改装或加装其他功能后出现故障的机器。

3）家用电器产品用于经营活动时，保修期为 6 个月。

4）保修卡及购买发票一经涂改，保修即行失效。

5）每次维修时由维修中心负责人员核对机器制造编号及保修证书。

6）请顾客妥善保存购机发票和保修证书一同作为保修凭证，遗失不补。

7）参照《部分商品修理、更换、退货责任规定》，属于下列情况之一者，不实行三包，但可以实行收费修理。

（2）不属于“三包”服务范围的。

1）消费者因使用、维护、保管不当造成损坏的。

2）无三包凭证及有效发票的。

3）非三星授权维修中心人员拆动造成损坏的。

4）保修凭证上的型号与修理产品型号不符或者涂改的。

4. 售后服务规范

（1）上门服务“5 个 1”。

一句问候语：进门时一句问候语“您好，打扰了，请问您是×先生（女士）吗？我是三星有限公司售后技术服务人员，为您上门服务”，临走时一句告别语“对不起，给您添麻烦了，今后有问题请随时和我们联系”。

一块洁净布：随身携带一块洁净布用于清洁。

一双鞋套：穿上自带鞋套。

一次美容：服务完毕后将用户机器内外认真清洁。

一张名片：服务完毕后送给用户一张服务名片。

（2）上门服务“九不准”。

不准顶撞用户；不准酒后上门；不准留长发；不准使用用户单位或家中电话；不准以任何借口随意乱收费；不准在用户单位或家中就餐；不准在用户单位或家中吸烟、喝水；不准随意翻动用户的物品、书籍；不准谈及有损公司形象及声誉的事。

（3）上门服务形象规范。

装束三统一：统一工具包，统一工作服，统一工作牌。着装整洁，保持干净整洁的形象，工作服要经常换洗。不允许穿拖鞋，鞋面要求洁净，不能有灰尘油垢。仪表端庄，精神饱满：不允许留长发和胡须，脸部干净，容光焕发。手要干净，手指甲不能过长。身体尽可能地挺直，与用户交流时面带微笑。眼睛要正视对方，眼神中不能透露出任何厌烦、轻视或不自信。

（4）上门服务语言规范。

语言文明、礼貌、得体，见到用户问好，自我介绍，文明交流，以示尊重。不说有损企业形象的话。不与同伴说粗话、脏话，开低级玩笑。语调温和、热情、谦恭，说话语调要稍低一点。要充满热情，谦虚恭敬。

（5）上门服务常用的语言。

开门后，欠身示意：“您好，打扰了，请问您是×先生（女士）家吗？ 我是中电数码公司售后服务人员，这是我的工作证，我们来为您上门服务。”

过程中如果需要移动用户摆放的东西时应说：“对不起，可以移动吗？”

对在服务过程中若碰到用户出于礼貌递水、递烟等应说：“谢谢，我们不喝（不抽），请原谅，这是我们的规定。”

遇到疑难故障，现场不能解决，需要再次上门，这时应委婉地向用户提出：“由于××原因××零件已经用完了，需下次上门，您看××时候可不可以？……谢谢您的支持。”

如碰到严重故障需要运回客户服务中心维修时，应委婉地征求用户的意见或给用户提供备用机：“由于大反射镜不便携带，我们要把您的机器运回维修站维修，我们将在5个工作日内把您机器修好，这是我们客户服务中心的电话号码，如果修理完毕，我们会通知您，在您的机器维修期间，我们给您提供一台机器使用。”

服务完毕，应向用户解释服务结果并向用户详细讲解使用及保养常识，并请用户亲自操作演示，征求用户的意见：“您的机器已经修好，现在请您检验机器的各项功能。”

用户填写意见：“如果您没有什么意见，请对我的工作进行鉴定，并在维修卡上签署意见。”

告别：“对不起，给您添麻烦了，您的机器修好了，请放心使用，以后有什么问题请随时和我们联系，这是我们的联系电话。”并递上名片。

5. 售后服务工作规范

工作程序，客户来电报修，部门文员（技术员）等同客户礼貌文明通话并记录客户提供的信息。把客户报修资料交至售后主管安排相关技术人员上门维修且与客户联系了解具体情况并约好时间。技术员准时到达客户家，轻轻地、有节奏地敲门，然后退三步静候。门开后主动自我介绍：“您好，打扰了，请问您是××先生（女士）吗？我是中电数码售后服务人员，我们来为您上门服务。”并向用户出示工作证、工作单。

穿好随身携带的鞋套进入用户家中，同用户适当地寒暄，核对品牌机型，登记机身编号，询问核对购机日期，观察和询问故障机器的故障现象，初步判定是本机故障还是外在因素（如为电脑、电视等连接信号或连线等非本机造成的情况，需向用户解释，不便代劳修复的请客户联系相关供应商）。

检修前后要与用户进行语言沟通，关心用户，让用户有一种被尊重感（如需搬动用户家具，要提前征询用户的意见），检修过程要干净利索，无论什么故障都应告诉用户这是小故障。

修妥故障后，用抹布清除机器里面的灰尘、污渍，全面彻底地对机器及工作台进行一次清洁，整理家具，打扫卫生。收拾干净现场（将搬动的家具恢复原位），清楚地向用户解释维修结果，向用户讲解机器的使用、操作方法和日常维修常识。征求用户意见并填写工作单，如果为自费机需要收费并开具公司的统一收据。

服务完毕，临走要向用户告别“对不起，给您添麻烦了，今后有什么事情请随时和我们联系”，并送上服务卡片，留下联系方式。如用户送出门，应请用户留步。回到公司将工作单填写清楚故障现象和处理方法等，交由主管审批后安排文员回访，了解机器修复后使用情况和服务情况。

6. 上门服务注意事项

（1）不损坏用户物品和污染用户的居室环境。

（2）提醒用户妥善保管机件周围的贵重物品。

（3）始终保持良好的服务态度，积极进取的工作精神以及耐心细致的工作方式。

（4）要遵守双方约定的时间，不得让用户久等。

（5）在任何情况下均不得与用户争吵。

（6）若遇到用户有不合理的要求或技术员无法解决的问题，应及时汇报客户售后服务经理协调解决。

（7）遇到机器不能修复，需运回公司用户服务中心修理的情况，服务技术员应向用户说明情况，耐心地说服用户，并建议用户把机器运回用户服务中心，运送过程中必须小心保护好机器的外观。

（8）任何地域的用户都有可能来电要求上门服务，如遇到不属于公司用户服务中心上门的区域，用户服务中心应以热情的态度回复用户，请用户留下联系电话、联系方式，及时和相应销售点联系处理，坚决避免用户因同一问题拨打二次报修电话，真正实现“只要用户的一个电话，所有的事情都由我们来做”的服务原则。

（9）上门维修中，会遇到一些大件的调换（大反射镜），应将情况反映到公司用户服务中心，由公司用户服务中心提供相应处理结果。

（10）不允许用抱怨的口气对用户说话，这样将会影响消费者对产品的信心，对企业造成一定范围内的损失，如退机、投诉等。

7. 用户投诉处理

处理用户抱怨的步骤：

（1）详细倾听用户的抱怨内容。

（2）若发生抱怨事件时，一定要静静地详细倾听用户的抱怨，以便随后处理。切忌在用户刚开始倾诉时，就打断其说话或立即予以反驳，如此将使用户更不愉快。

（3）向用户道歉，并探讨其原因，必要时婉转地作一些必要的说明。

（4）在听完用户的抱怨之后，应向顾客道歉，并针对事件的原因加以探讨、判断，同时婉转地向用户说明原因，以取得用户的了解和谅解。

（5）根据情况，采取上门检修或提交异常反馈单到公司等方式解决问题。

（6）赢回用户，口头道谢，给他意外的惊喜。

（7）追踪回访，以期得到用户的继续支持。

处理用户抱怨时的方式：

（1）正面的负责心态。在处理用户抱怨的时候，要向用户表明自己认真负责的态度，向用户传递事情终究会得到解决的信息。

（2）正面地关心问题。让用户知道我们是在真正地帮助他解决问题。

（3）立刻采取行动。事情有了解决方案之后，立即采取行动使事情尽快得到解决，能立即处理便尽快行事，令用户即时满意。

处理用户抱怨时的 10 项注意事项：

（1）克制自己的情绪。在处理用户的抱怨时，如果碰到愤怒或比较偏激的用户时，可以采取其他人代为处理、变换处理场所或者是变换处理时间的方式来进行，克制好自己的情绪。

（2）给用户自己可以代表公司的感觉，给用户以信任感，这样有助于事情的解决。

（3）以用户为出发点。时时从用户的角度去关心他，可使问题解决得更为顺利。

（4）以第三者的角度保持冷静。在处理用户抱怨时不可情绪化，头脑要保持冷静。

（5）倾听，多说“您、对不起、马上就办”。

（6）迅速行动。

（7）诚意是对待用户抱怨的最佳方案。

（8）以用户满意为目标，及时解决问题，恢复用户的信赖感。

（9）在处理用户抱怨的时候，就算是用户的错也先作口头让步。

（10）绝对不要与用户为敌。

任务2 IT产品常见故障及其排除

2.1 计算机常见硬件故障及排除

1. 计算机故障原因

（1）硬件本身质量不佳。粗糙的生产工艺、劣质的制作材料、非标准的规格尺寸等都是引发故障的隐藏因素。由此常常引发板卡上元件焊点的虚焊脱焊、插接件之间接触不良、连接导线短路、断路等故障。

（2）人为因素影响。操作人员的使用习惯和应用水平也不容小觑，例如，带电插拔设备、设备之间错误的插接方式、不正确的Bios参数设置等均可导致硬件故障。

（3）使用环境影响。这里的环境可以包括温度、湿度、灰尘、电磁干扰、供电质量等方面。每一方面的影响都是严重的，例如，过高的环境温度无疑会严重影响设备的性能等。

（4）其他影响。设备的正常磨损和硬件老化也常常引发硬件故障。

（5）误操作。操作人员使用过程中不小心，删除或者破坏系统文件，而导致系统瘫痪。

（6）病毒影响。由于各类病毒的攻击致使电脑系统瘫痪。

2. 检修规范

（1）检测的基本原则。

1）先软件后硬件：电脑发生故障后，一定要在排除软件方面的原因（如系统注册表损坏、Bios参数设置不当、硬盘主引导扇区损坏等）后再考虑硬件原因，否则很容易走弯路。

2）先外设后主机：由于外设原因引发的故障往往比较容易发现和排除，可以先根据系统报错信息检查键盘、鼠标、显示器、打印机等外部设备的各种连线和本身工作状况。在排除外设方面的原因后，再来考虑主机。

3）先电源后部件：作为电脑主机的动力源泉，电源的作用很关键。电源功率不足、输出电压电流不正常等都会导致各种故障的发生。因此。应该在首先排除电源的问题后再考虑其他部件。

4）先简单后复杂：目前的电脑硬件产品并不像想像的那么脆弱、那么容易损坏。因此在遇到硬件故障时，应该从简单的原因开始检查。如各种线缆的连接情况是否正常、各种插卡是否存在接触不良的情况等。在进行上述检查后而故障依旧，这时方可考虑部件的电路部分或机械部分存在较复杂的故障。

（2）检修的基本方法。

1）软件排障：由于软件设置方面的原因导致硬件无法工作很常见，这时可以采取的方法有还原Bios参数至默认设置（开机后按Del键进入Bios设置窗口→选中Load Optimized Defaults项→按Enter键后按Y键确认→保存设置退出）、恢复注册表（开机后按F8键→在启动菜单中选择Command prompt only方式启动至纯DOS模式下→输入scanreg/restore命令→选择一个机器正常使用时的注册表设备文件进行恢复）、排除硬件资源冲突（右击“我的电脑”→选择“属性”命令→在“设备管理器”选项卡下找到并双击标有黄色感叹号的设备名称→在“资源”选项卡下取消“使用自动的设置”选项并单击“更改设置”按钮→找到并分配一段不存在冲突的资源）。

2）用诊断软件测试：及时用专门检查、诊断硬件故障的工具软件来帮助查找故障的原因，如 Norton Tools（诺顿工具箱）等。诊断软件不但能够检查整机系统内部各个部件（如 CPU、内存、主板、硬盘等）的运行状况，还能检查整个系统的稳定性和系统工作能力。如果发现问题会给出详尽的报告信息，便于寻找故障原因和排除故障。

3）直接观察：即通过看、听、摸、嗅等方式检查比较明显的故障。例如，根据 Bios 报警声或 Debug 卡判断故障发生的部位；观察电源内是否有火花、异常声音；检查各种插头是否松动，线缆是否破损、断线或碰线；电路板上的元件是否发烫、烧焦、断裂、脱焊、虚焊；各种风扇是否运转正常等。有的故障现象时隐时现，可用橡皮榔头轻敲有关元件，观察故障现象的变化情况，以确定故障位置。

4）插拔替换：初步确定发生故障的位置后，可将被怀疑的部件或线缆重新插拔，以排除松动或接触不良的原因。例如，将板卡拆下后用橡皮擦擦拭金手指，然后重新插好；将各种线缆重新拔插等。如果经过拔插后不能排除故障，可使用相同功能型号的板卡替换有故障的板卡，以确定是板卡本身损坏还是主板的插槽存在问题。然后根据情况更换板卡。

5）系统最小化：最严重的故障是机器开机后无任何显示和报警信息，应用上述方法已无法判断故障发生的原因。这时可以采取最小系统法进行诊断，即只安装 CPU、内存、显卡、主板。如果不能正常工作，则在这 4 个关键部件中采用替换法查找存在故障的部件。如果能正常工作，再接硬盘，以此类推，直到找出引发故障的罪魁祸首。

6）逐步添加/移除法：

a. 添加法：从最小系统环境开始，一次添加一个部件，并查看故障现象的变化；从单一的操作系统开始，一次添加一个软件，查看故障现象的变化。

b. 移除法：从原始配置开始，一次移除一个部件，查看故障现象的变化；从现有的用户应用环境开始，一次移除或屏蔽一个软件，查看故障现象的变化。

7）升降温法：降低计算机的通风能力来升温；用电风扇对着故障机吹来降温；选择环境温度较低的时候来降温；使计算机停机 12～24h 以上来降温。

（3）检修的步骤。对电脑进行检修，应遵循如下步骤。

1）了解情况，即在服务前与用户沟通，了解故障发生前后的情况，进行初步的判断。如果能了解到故障发生前后尽可能详细的情况，将使现场维修效率及判断的准确性得到提高。了解用户的故障与技术标准是否有冲突。

2）向用户了解情况。应借助第二部分中相关的分析判断方法，与用户交流。这样不仅能初步判断故障部位，也对准备相应的维修备件有帮助。

3）复现故障，即在与用户充分沟通的情况下，确认用户所报修故障现象是否存在，并对所见现象进行初步的判断，确定下一步的操作；是否还有其他故障存在。

4）判断、维修，即对所见的故障现象进行判断、定位，找出产出故障的原因，并进行修复的过程。

5）检验。维修后必须进行检验，确认所发现的故障现象已被解决，且用户的电脑不存在其他可见的故障。电脑整机正常的标准参见《联想台式电脑整机检验规范》，必须按照《××维修检验确认单》所列内容，进行整机验机，尽可能消除用户未发现的故障，并及时排除。

3. 常见故障及其排除

（1）Bios 自检与开机故障处理。

Bios 自检代码的含义如下：

CMOS battery failed（CMOS 电池失效）

CMOS check sum error-Defaults loaded（CMOS 执行全部检查时失败）

Press ESC to skip memory test（按 Esc 键跳过内存检查）

HARD DISK INSTALL FAILURE（硬盘安装失败）

Secondary slave hard fail（检测从盘失败）

Hard disk（s）diagnosis fail（硬盘诊断失败）

Floppy Disk（s）fail 或 Floppy Disk（s）fail（80）或 Floppy Disk（s）fail（40）（无法驱动软盘驱动器）

Keyboard error or no keyboard present（键盘错误或者未接键盘）

Memory test fail（内存检测失败）

Override enable-Defaults loaded（当前 CMOS 设定无法启动系统）

Bios ROM checksum error-System（Bios 信息在进行检查时失败）

Award Bios 和 AMI Bios 的报警声及其含义见表 8-6。

表 8-6 Award Bios 和 AMI Bios 的报警声及其含义

Award Bios		AMI Bios	
报警声	含义	报警声	含义
1 短	系统正常启动	1 短	内存刷新失败
2 短	常规错误，进入 CMOS 重新设置	2 短	内存 ECC 校验错误
1 长 1 短	内存或主板出错	3 短	640KB 常规内存检查失败
1 长 2 短	显卡或显示器错误	4 短	系统时钟出错
1 长 3 短	键盘控制器错误	5 短	CPU 错误
1 长 9 短	主板 Bios 损坏	6 短	键盘控制器错误
持续的长声响	内存有问题	7 短	系统实模式错误，无法切换到保护模式
没有的短声响	电源，显示器或显卡没连好	8 短	显示内存错误
重复短声响	电源或其他故障	9 短	Bios 检测错误
没有声音提示	电源或其他故障	1 长 3 短	内存错误

判断 Bios 是否已经损坏。判断 Bios 是否正常比较困难，因为如果没有编程器等测试工具，则无法通过感官来判断 Bios 文件或芯片是否正常。对于普通用户而言，只有寻找维修商来解决。

如果屏幕显示“Bios ROM checksum error-System halted”（Bios ROM 校验和错误-系统终止）的提示，应是读取 Bios 时校验和出错，因此无法启动机器。这种问题通常是因为 Bios 程序代码更新不完全，解决方法是重新刷写主板的 Bios。

（2）主板常见故障与排除。主板是整个电脑的关键部件，在电脑中起着至关重要的作用。主板产生故障将会影响到整个 PC 系统工作。下面就一起来看看主板在使用过程中最常见的故障有哪些。

故障一：主板散热不良引起死机，电脑运行一段时间后，常出现 Windows 启动画面后死机，用 Windows 启动盘启动，故障依旧。

故障检测与排除方法：

从故障现象来看，似乎是该电脑某些硬件接触不良，运行一段时间后，一些插卡松动，可以打开机箱，将主板上插卡重装一遍，再重新启动电脑。如果故障仍未排除，说明系统的运行不正常。而直接影响系统运行的主要有两个方面，CPU 超频或 CPU 温度过高、内存不稳定。

首先检查主板上 CPU 的频率设定情况，发现 CPU 工作正常但是非常烫，这应该是 CPU 超频造成的温度太高，短时间难以散热出去。将 CPU 频率降回原频率，恢复正常。对 CPU 超频的同时，应该注意 CPU 的电压设定和 CPU 风扇的连接。

故障二：电脑能正常开机，但开机后不能通过自检。

故障检测与排除办法：

这类故障一般都会有错误提示信息，因此在排除这类故障时，主要应根据信息找出故障原因。故障原因一般是由于主板的某个部件损坏引起，多数属于硬件故障，但也不排除软件故障引起的可能。

针对软件故障的排查，可以按照以下顺序进行。

第一步，检查硬件，主要是针对在主板上的所有板卡、连接线和其他连接设备的检查。检查是否有短路、插接方法是否正确，以及接触是否良好，可以通过重新插拔来解决一些故障。

第二步，检查部件的后挡板尺寸是否合适，可以通过去掉挡板来检查。另外，对于有一些部件可以换个插槽和连接头使用。

第三步，检查 Bios 设置，首先可以尝试清除 COMS，看故障是否消失。

第四步，检查 Bios 中的设置是否与现实的配置不相符，如磁盘参数、内存类型、CPU 参数、显示类型、温度设置、启动顺序等。

故障三：电脑突然无法启动，Bios 自检不显示有关硬盘的参数。

故障检测与排除办法：

出现这类情况有 4 种可能：第一种，可能是因为 Bios 里设置不正确；第二种，可能是连接硬盘的数据线出现问题；第三种，可能是主板 IDE 接口出现问题；第四种，可能是硬盘本身故障。分析了可能发生的故障后，此时就可以按照排除法一步一步地排除。

启动电脑后，按 Del 键进入 CMOS 设置，选择 HDD IDE AUTO DETECTION 项，观察 Bios 能否检测到硬盘。如果检测不到硬盘，可以将硬盘拆下来，挂到无故障的其他电脑上。直接开机进入 Windows 环境，如果不能在其他电脑上看到新增的硬盘，就可以确定是硬盘本身有问题。如果硬盘在别的电脑上可以正常读、写，则可能是主板或硬盘数据线故障。可以先换一条数据线试试；如果仍然不行，可能是某个 IDE 接口甚至主板有故障，可以换一个 IDE 接口试试，再不行就只能更换主板了。

故障四：电脑开机自检能通过，主板的 Bios 提示发现光驱，但是在执行 Config.Sys 文件中的光驱驱动程序时，屏幕上显示“Supporting the following units”，然后死机，只能按复位热键驱动，复位后故障现象依旧。

故障检测与排除办法：

遇到这种情况时，首先通过杀毒盘检查是否中毒了，在排除系统感染病毒的情况下，发现产生上述故障的原因是 Bios 中的 SYSTEM BIOS CACHEABLE（系统 Bios 缓存）项设置为 Enabled。将该项设置为 Enabled 后，会与运行速度较慢的光驱启动程序速度不匹配而引起死机故障，兼容机中该问题尤为突出。

将 Bios 中的 SYSTEM BIOS CACHEABLE 项设置为 Disabled 后，故障即可排除。

故障五：电脑连接电源线后，只要打开插线板上的电源开关，电脑就会自动开机。

故障检测与排除办法：

查看主板上的 Soft Power On 接脚是否短路，短路会导致激活后方 Power 开关直接激活电源。不同主板上的 CMOS 设置项目可能会有一些差异。

开机后按 Del 键，进入 CMOS 设置，进入 Power Management Setup，将 Soft-off by PWR-BTTN 设为 Instant-off。也有的主板可能是 System After AC Back 项，将它设为 Soft-off 即可。

故障六：电脑已经使用了很长一段时间，由于平时没有对主机内部做过清洁，最近电脑经常出现蓝屏、非法操作或死机的故障，但这些问题出现的时间没有规律，而且随着时间的推移，死机越来越频繁。

故障检测与排除办法：

从故障的描述来看，是由于长期使用电脑，电脑机箱内灰尘过多，导致主板原件之间的短路引起频繁死机。

用小毛刷和无水酒精对主板进行清理。这里要注意的是，使用小毛刷将主板上的灰尘轻轻刷落，用力不可太大，否则可能导致主板上的元件损坏。如果使用无水酒精清理主板，则一定要待其完全干燥后才能使用。

故障七：电脑开机经常出现“CMOS checksum error-Defaults loaded”的提示，屏幕下方显示按 F1 键继续，或是按 Del 键重新设置 CMOS。如果选择 F1，计算机开机后时间会被调整为一个较老的日期。

故障检测与排除方法：

一般情况下，更换 CMOS 电池后问题即可解决。如果问题依然存在的话，最好送修或返回原厂处理。

（3）CPU 常见故障与排除。

故障一：CPU 损坏导致电脑不断重启，其表现为有时刚刚出现启动画面即重启，或者进入系统后不久就重启。

故障检测与排除方法：

a. 查杀病毒排除病毒原因，如故障依旧则进行 b。

b. 格式化硬盘重新安装操作系统，如故障依旧则进行 c。

c. 对 CPU 风扇进行清理，并在 Bios 里查看 CPU 温度，看温度是否过高。如故障依旧则进行 d。

d. 更换新的电源，如故障依旧则进行 e。

e. 采用“最小系统法”，保留系统启动必备的硬件进行故障排查，结果电脑依然不断重启，不过这就圈定了引起故障的嫌疑范围。接着使用“换件大法”，直到更换 CPU 并安装良好后，故障消失，系统重启的元凶显然是 CPU。

故障二：CPU 针脚接触不良，导致机器无法启动，开机屏幕区显示信号输出。

故障检测与排除方法：

a. 检查显示器无问题。

b. 用替换法检查后，发现显卡无问题。

c. 拔下插在主板上的CPU，仔细观察并无烧毁痕迹，但就是无法点亮机器，后来发现CPU的针脚均发黑、发绿，有氧化的痕迹和锈迹（CPU的针脚为铜材料制造，外层镀金）。便用牙刷对CPU针脚做了清洁工作，电脑又可以加电工作了。

（4）内存常见故障与排除。内存作为电脑中重要的配件之一，主要担负着数据的临时存取任务。由于内存条的质量参差不齐，所以其发生故障的几率比较大。当出现电脑无法正常启动、无法进入操作系统或运行应用软件、无故经常死机等故障时，大部分都是内存条出现问题惹的祸。

故障一：开机后显示器黑屏，电脑无法正常启动，机箱报警喇叭出现长时间的短声鸣叫，或是打开主机电源后电脑可以启动但无法正常进入操作系统，屏幕出现“Error：Unable to Control A20 Line”的错误信息后死机。

故障检测与排除方法：

以上故障多数由内存与主板的插槽接触不良引起，处理方法是打开机箱后拔出内存，用酒精和小号细毛刷擦拭内存的金手指和内存插槽，并检查内存插槽是否有损坏的迹象，擦拭检查结束后将内存重新插入，一般情况下问题都可以解决。如果还是无法开机，则将内存拔出插入另外一条内存插槽中测试，如果此问题仍存在，则说明内存已经损坏，此时只能更换新的内存条。

故障二：自检通过。在DOS下运行应用程序因占用的内存地址冲突，而导致内存分配错误，屏幕出现“Memory Allocation Error”的提示。

故障检测与排除方法：

因Confis.sys文件中没有用Himen.sys、Emm386.exe等内存管理文件设置Xms.ems内存或者设置不当，使得系统仅能使用640KB基本内存，运行的程序稍大便出现“Out of Memory”（内存不足）的提示，无法操作。这些现象均属于软故障，编写好系统配置文件Config.sys后重新启动系统即可。

故障三：Windows运行速度明显变慢，系统出现许多有关内存出错的提示。

故障检测与排除办法：

a. 在Windows下运行的应用程序非法访问内存、内存中驻留来了太多应用程序、活动窗口打开太多、应用程序相关配置文件不合理等原因均可以使系统的速度变慢，更严重的甚至出现死机。

b. 这种故障必须采用清除内存驻留程序、减少活动窗口、调整配置文件（INI）来解决，如果在运行某一程序时出现速度明显变慢，那么可以通过重装应用程序的方法来解决；如果在运行任何应用软件或程序时都出现系统变慢的情况，那么最好的方法是重新安装操作系统。

故障四：Windows系统中运行DOS状态下的应用软件（如DOS下运行的游戏软件等）时出现死机花屏的现象。

故障原因及处理方法：

这种故障一般情况下是软件之间分配、占用内存冲突造成的，一般表现为黑屏、花屏、死机，解决的最好方法是退出Windows操作系统，在纯DOS状态下运行这些程序。

故障五：内存被病毒程序感染后驻留内存中，CMOS 参数中内存值的大小被病毒修改，导致内存值与内存条实际内存大小不符，在使用时出现速度变慢、系统死机等现象。

故障检测与排除方法：

先采用最新的杀毒软件对系统进行全面的杀毒处理，彻底清理系统中的所有病毒。由于 CMOS 已经被病毒感染，因此可以通过对 CMOS 进行放电处理后恢复其默认值。方法是先将 CMOS 短接放电，重新启动机器，进入 CMOS 后仔细检查各项硬件参数，正确设置有关内存的参数值。

故障六：电脑升级进行内存扩充，选择了与主板不兼容的内存条。

故障检测与排除方法：

在升级电脑的内存条之前一定要认真查看主板使用说明，如果主板不支持 2GB 以上大容量内存，即使升级主板后也无法正常使用。如果主板支持，但由于主板的兼容性不好而导致问题，那么可以升级主板的 Bios，看看是否能解决兼容问题。

对于购买的超过主板默认频率的内存，如主板支持 DDR266 的内存，不支持 DDR400 的内存，可以通过降低内存的频率来获得更高的兼容性。另外就是使用双内存条时，并不一定是主板兼容不好造成电脑故障，也可能是两条内存条的兼容性不好而导致的。如果是这样的话，那么便只能使用一条最大容量的内存条，或是直接更换其他型号或品牌的内存条了。

（5）硬盘常见故障与排除。

故障一：无法找到 C 盘，电脑开启时提示“disk I/O error”，无法启动系统。用软盘启动后发现 C 盘里什么都看不到了，而其他盘却正常。

故障检测与排除方法：

a. 从故障来看，很可能是主引导记录 MBR 被破坏或者系统文件因意外被病毒破坏了。

b. 如果只是主引导记录和系统文件损坏，可以从软盘启动。首先查一下有无病毒，执行“A:/>FDISK/MBR”命令，再执行“SYS A:”命令，C 盘上数据或许还能挽救。如果是 FAT 表或数据本身被破坏，那就没有多少修复的可能了。

故障二：系统无法发现硬盘的存在，开机自检完成时提示错误信息“HDD controller failure Press F1 to Resume”，甚至有时用 CMOS 中的自动检测功能也无法发现硬盘的存在。

故障检测与排除方法：

a. 出现此类状况多半是由于硬盘有关的电源线、数据线的接口出现松动、接触不良、反接甚至损坏等情况造成的，也有可能是由硬盘上的主从跳线设置错误引起的。

b. 重新插拔硬盘电源线、数据线或者将数据线改插其他 DIE 接口进行替换试验。按照硬盘的跳线要求重新设置硬盘主从跳线。

故障三：系统能通过自检，但无法启动，分区信息丢失或 C 盘目录丢失或使用 Format 命令格式化 C 盘时屏幕提示“Track 0 Bad”。用 FDISK 等分区软件分区时找不到硬盘，也有可能是硬盘零磁道损坏。

故障检测与排除方法：通常处理硬盘零磁道损坏的思路是“以 1 代 0”，即在划分硬盘分区时重新定义 0 磁道，将原来的 1 磁道定义为逻辑上的 0 磁道，避开已损坏的 0 磁道。

故障四：硬盘格式化无法完成。

故障检测与排除办法：

a. 在 Bios 设置界面中将硬盘相关的速度调整到最低的状态试试。如果还不能解决，则很有可能是硬盘出现坏道。

b. 建议将这块硬盘安装在其他电脑上，并在 DOS 环境下格式化。如果仍然如此，可以用 DM 程序对硬盘进行低级格式化，这样一般都能解决问题。

故障五：使用磁盘扫描程序无法修复，也无法对硬盘进行低级格式化。

故障检测与排除办法：

a. 出现此类情况多半是硬盘出现了坏道，使用磁道扫描程序无法修复。此时想对硬盘进行低级格式化，但是用 FDISK 程序和 Partition Magic 都找不到低级格式化的选项。

b. 当硬盘出现大量逻辑坏道并且使用其他软件无法修复时，可以使用硬盘低级格式化工具 DM 和 Lformat，通过低级格式化来重新划分扇区，从而修复逻辑坏道。

故障六：硬盘平时读取时没有出现怪声。只有在刚开机时、关机后，或是在睡眠状态后再恢复使用时，硬盘总是会发出“咔”的一声。

故障检测与排除方法：

a. 一般新式硬盘的磁头都有自动校正归位的功能，而操作系统的关闭也可以将硬盘关闭，当然唤醒时又会校正读取头的关系发出声音，通常这种情形属于正常现象。

b. 如果硬盘的声音是一直持续地发出声音不会停止，那么可能就是硬盘有问题了，如果还在质保期间应尽快去更换，如果过了质保期就要考虑送修了。

故障七：开机时总会显示“Primary master hard disk fail”，根据提示信息按 F1 键后将显示“DISK BOOTFAIL...”，不能进入 Windows 系统。

故障检测与排除方法：

a. 从上述现象可以看出是硬盘引导错，出现这种故障的原因可能是硬盘主引导记录被破坏，或者是引导分区的引导扇区被破坏。

b. 把故障硬盘作为第二个硬盘挂到其他计算机上，看看能否正常读写。如果能够正常读写，说明分区表本身是好的，可以用 FDISK 命令修复。

提示：FDISK 命令有 3 个未公布的参数，分别是/MBR、/PRI、/EXT，其作用分别为重写主引导记录、重写 DOS 基本分区引导记录和 DOS 扩展分区引导记录。

如果分区表损坏，可以利用 Nirton 磁盘修复软件进行恢复，也可以用 FDISK 命令重新分区，但是这样操作之前先对盘中原有的数据作备份，否则盘中原有的数据会被彻底破坏。

故障八：格式化硬盘到 100%时，PC 喇叭一直响个不停，并在屏幕上显示“ ! ! !WARNING!!! Disk Boot sector is to be modified Type ‘Y’ to accpt any key to abort Award Software，Inc”的信息。

故障检测与排除办法：

重新启动电脑并进入 Bios 设置程序，在 Bios Features Setup（高级 Bios 特征设置）菜单中将 Virus Warning 选项设置为 Disable，保存设置并重新启动，上述问题即被排除。

故障九：每次开机完成内存自检后，就会出现“Primary IDE Channel no 80 conductor cable installed”的提示信息。

故障检测与排除办法：

将该机箱打开，检查一下数据线是否有折角或是弯曲损坏，或更换一条 ATA/66/100 专用数据线即可。

故障十：开机后无法进入 Windows 系统，却出现如下提示“Disk I/O error Replace the

disk，and then press any key”，按任意键还是出现此信息。

故障检测与排除办法：

可能是硬盘损坏了，这个时候要检查一下硬盘是否可以修复，如果不行只有换块新的硬盘了；可能是 CMOS 设置中的硬盘设置值错误；可能是硬盘的数据线有问题，如果是数据线的问题，更换一条数据线试试即可；可能是硬盘有病毒，导致硬盘的分区表被破坏；可能是硬盘没有设置开机的磁盘，如果是这种情况，用启动盘启动计算机，运行 Fdisk.exe，选择 2，再设置 C 盘为引导盘即可。

故障十一：电脑开机一切正常，并且能顺利进入系统，但使用时间长了就容易死机，尤其是运行大型程序时死机更频繁，将硬盘安装到其他电脑上使用时则没有这个现象。

故障检测与排除办法：

a. 该问题可能与硬盘散热不好有关。现在主流硬盘的转速越来越高，相应带来的发热量也增加了很多，如果硬盘散热不好，很有可能造成硬盘读/写时莫名其妙死机。

b. 加大硬盘的散热量，如在机箱上安装散热风扇直接对硬盘吹风。如果使用 7200r/min 以上的高速硬盘，最好为硬盘加装散热风扇。

一般来说，硬盘底部预留有 6 个螺丝孔，把风扇通过螺丝安装在硬盘底部即可。

（6）声卡常见故障与排除。

故障一：重新安装 Windows XP 后声卡工作不正常。

故障状况：在未安装 Windows XP 时，声卡工作正常，而安装后就死机。

故障原因：这是因为 Windows XP 系统会对主板 Bios 中有关声卡的 IRQ 和 DMA 设置内容进行自动修改，这样修改后的 IRQ、DMA 有可能会与系统的中断产生冲突，上述故障可能就是因此产生的。

排除故障：用声卡驱动程序组内自带的有关程序，修改 PnP Bios 的相关内容即可解决。

故障二：声卡时好时坏。

故障状况：声卡听久后就会变声，而且重新启动计算机后，声卡无声。

故障原因：可能是音响接触不良导致的问题，也有可能是声卡本身问题。

排除故障：建议先用正常的声音试音，如果没有声音，再检查一下设备管理器，看看声卡的驱动是否正常，如果没有异常，可能就是声卡本身的原因了。

故障三：无法安装声卡驱动程序。

故障状况：在这种操作系统下，声卡安装都不正常，而声卡在别的电脑上安装正常。

故障原因：无法安装声卡驱动可能是病毒引起的，也有可能是 Bios 中对声卡的设置不当造成的，当然声卡与主板的兼容性不好也会出现此类问题。

排除故障：首先检查电脑是否染上了病毒，用最新的杀毒软件查一查。在排除了病毒影响的因素后，主要考虑 CMOS 设置不当和各个硬件之间的冲突问题，应该再仔细看一下 CMOS 中各项设置是否合适，着重于 IRQ 和 PnP 的设置。保证所有的 IRQ 设置为 PCI/ISA/PnP。检查是否有显卡与声卡不兼容的问题，换一块显卡试试，因为它的声卡最容易出现资源冲突。如果这样还不成功，那就是主板与声卡存在不兼容问题，只能找经销商换卡了。

故障四：“设置音量”栏呈灰色。

故障状况：电脑右下角任务栏只有一个输入法标志，“音量控制”图标没有了，在“声音和音频设备属性”对话框中的“设置音量”栏是灰色的，滑块在最左端，“将音量图标放入任务栏”前面的复选框选中。

故障原因：确认声卡驱动安装是否正确，声卡是否能发声，如果声卡驱动程序没有安装正确，那么音量调节图标是不会出现的。

排除故障：安装声卡的公共驱动程序，最好是 WDM 的，或者是经过微软的 WHQL 认证的。注意有些厂商提供的驱动程序存在兼容性问题，造成不能正确调节音量。

故障五：安装声卡驱动后任务栏没有音量控制图标。

故障状况：正确安装了声卡驱动程序，在任务栏上却没有出现音量调节的图标。

故障原因：如果安装了声卡附带的音频处理软件，喇叭图标可能被这个软件屏蔽了。

排除故障：将这个软件反安装，应该就会出现喇叭图标了。如果还不出现，在“控制面板”中双击“声音和音频设备”，在“音量”选项卡下方选择“将音量图标放入任务栏”复选框即可。

故障六：六声道声卡只有 2 个声道发音。

故障状况：播放 DVD 影碟时，总是只有 2 个音响能发出声音，其他音响却没有声音。

故障原因：出现此类问题多半是音箱线没连接正确或系统里的设置不正确造成的。

排除故障：在确定音箱连接线正确、线路无故障的情况下，一般通过更改系统设置即可解决。单击桌面“开始”菜单并选择“控制面板”命令。然后选中“多媒体”图标。在“音频”回放栏中的“高级属性”选项里找到“扬声器设置”选项栏，在随后弹出的下拉列表中选中“环绕扬声器”选项后，单击“确定”按钮保存退出。打开 DVD 播放软件，在其中的“内容”或“设定”选项中，将“音响”选项的参数改为“六声道”即可。

（7）显卡常见故障与排除。

故障一：电脑开机后显示器不能显示。

解决方法：如果是开机后，显示器无显示（信号指示灯闪烁），并且主机在开机后发出一长两短的蜂鸣声，可以推断可能是以下原因造成的：一是显卡接触不良，重新插好就可以了：二是显卡损坏，换一个新的显卡；三是对于一些显卡集成的主板，可以插上另外一块显卡。

故障二：死机，感觉电脑比以前慢了许多。

解决方法：此类故障多见于非 Intel 芯片的主板与显卡不兼容或主板与显卡接触不良，显卡与其他扩展卡不兼容也会造成死机。对于不兼容型造成的问题，可以先进入 CMOS，将设置恢复成出厂默认值，然后保存后退出，再看电脑是否正常。

如果还不正常的话，就尽量安装这个主板和显卡的最新驱动和补丁，现在的主板和显卡厂商如果发现商品有问题就会马上更新驱动来解决。当显卡和其他扩展卡不兼容造成死机时，可以把其他的扩展卡换一个插槽，直到正常为止。还有就是主板的 AGP 插槽供电不足造成的故障，一般都是采取换大功率电源解决，还不行的话只有换主板或显卡了。

故障三：开机后屏幕显示的是乱码。

解决方法：此类故障主要有以下原因。

a. 显卡的质量不好，特别是显示内存质量不好，这样只有换显卡了。

b. 系统超频，特别是超了外频，导致 PCI 总线的工作频率由默认的 33MHz 超频到 44MHz，这样就会使一般的显卡负担太重，从而造成显示乱码。把频率降下来即可解决问题。

c. 主板与显卡接触不良，重新插好就可以了。

d. 刷新显卡 Bios 后造成的。刷新错误，或刷新的 Bios 版本不对，都可能造成这个故障。

只有找一个正确的显卡 Bios 版本，再重新刷新。

故障四：屏幕出现异常杂点或图案，甚至花屏。

解决方法：此类故障一般是显卡质量不好造成的，在显卡工作一段时间后（特别是在超频的情况下），温度升高，造成显卡上的质量不好的显示内存、电容等元件工作不稳定而出现问题。如果电脑是超频状态下（有些发烧友可能是 CPU 和显示卡同时超频）出现问题，建议还是降回来，另外也可能是显卡与主板接触不良造成的，可以清洁一下显卡的金手指，然后重新插上试试。

（8）显示器常见故障与排除。

故障一：屏幕无显示，前面的指示灯闪烁。

解决方法：检查显示器与计算机的信号线连接是否牢固，并检查信号线的接插口是否有插针折断、弯曲。

故障二：显示形状失真的校正。

解决方法：现今的显示器都是数字控制，用户可以通过控制选单进行倾斜、梯形、线形、幅度等校正。高档次显示器可以进行聚焦、汇聚、色彩的校正。

故障三：屏幕黑屏并显示“信号超出同步范围”（以三星显示器为例，各种品牌显示的内容不同）。

解决方法：当计算机发出的信号超出显示器的显示范围，显示器检测到异常信号停止工作。用户可以先关闭显示器，再打开，然后重新设置计算机的输出频率。

故障四：关机时屏幕中心有亮点。

解决方法：这种现象是显示器电路或显像管本身有问题造成的，虽然当时不影响使用，但时间一长，显像管被灼伤，中央出现黑斑，此时再修理，保修期已过，用户利益受到损失。

故障五：屏幕显示有杂色。

解决办法：通过显示器的前面板的消磁控功能进行消磁，但不要在半小时内重复消磁。

故障六：色彩种类不能上到 32 位。

解决方法：显卡问题，检查显卡是否具有此项性能及显卡的驱动程序是否安装。

故障七：分辨率/刷新率上不去。

解决办法：大多数情况下是使用问题。先检查显卡及显示器的驱动程序是否已安装（如果厂家提供的话），然后根据使用说明书检查显卡及显示器是否可以达到所要求的性能。如果一切正常，那就是显示器故障，只能联系维修中心送修了。

故障八：液晶显示器白屏。

故障检测与排除：

a. 出现白屏现象表示光板能正常工作，首先判断主板能否正常工作，可按电源开关查看指示灯有无反应，如果指示灯可以变换颜色，表明主板工作正常。检查主板信号输出到屏的连接线是否接触不良（可以替换连接线或屏）；检查主板各个工作点的电压是否正常，特别是屏的供电电压；用示波器检查行、场信号和时钟信号（由输入到输出）。

b. 如指示灯无反应或不亮、表明主板工作不正常。检查主板每个工作点的电压，要注意 EPROM 的电压（4.8V 左右）、复位电压（高电平或低电平，根据机型不同）、CPU 电压，如出现电源短路，要细心查找短路位置，会有 PCB 板铜箔出现短路的可能；查找 CPU 各脚与主板的接触是否良好；检查主板芯片和 CPU 是否工作，可用示波器测量晶振是否起振；必要时替换 CPU 或对 CPU 进行重新烧录。

故障九：液晶显示器黑屏。

故障检测与排除：

a. 首先要确定是主板问题还是背光板问题，可查看指示灯有无反应，如果连指示灯都不亮，则要查看主板电源部分。用万用表测试各主要电源工作点，保险丝是否熔断。断开电源，用电阻挡测试各主要电源工作点有无短路，出现短路就要仔细检查线（是否线路板铜箔短路）和各个相关元器件（是否损坏，是否连锡）；如无短路现象，则可参照白屏现象维修，保证各工作点电压和信号的输入与输出处于正常工作状态。

b. 如果主板的工作状态都正常，就要检查背光板。检查主板到背光板的连接有无接触不良；用万用表测量背光的电压，要有 12V 的供电电压、3.5～5V 的开关电压和 0～5V 的背光调节电压，背光的开关的电压最为重要，如果出现无电压或者电压过低，要检查 CPU 的输出电平和三极管的工作状态是否正常，注意有无短路现象，必要时替换各元器件。

故障十：液晶显示器缺色。

故障检测与排除：

a. 检查主芯片到连接之间有无短路、虚焊（注意芯片脚、片状排阻和连接座，特别是扁平插座）。

b. 检查屏到主板的连接线如扁平电缆之间有无接触不良。

c. 必要时更换主板、连接线甚至屏，找出问题所在。

d. 测量各个按键的对地电压，如出现电压过低或为 0，则检查按键板到 CPU 部分线路有无短路、断路、上拉电阻有无错值和虚焊，座和连接线有无接触不良。

e. 注意按键本身有无损坏。

故障十一：液晶显示器双色指示灯不亮或只亮一种颜色。

故障检测与排除：

a. 检查指示灯部分线路，由 MCU 输出到指示灯控制的三极管电平是否正常，通常为一个高电平 3.3V 和一个低电平 0，切换开关机时，两电平会变为相反，如不正常则检查电路到 MCU 之间有无短路、虚焊现象。

b. 检查三极管的供电电压（5V）是否正常，三极管输出是否正常，可测量指示灯两端电压。

c. 检查主板插座到按键板之间有无接触不良，电路板有无对地短路。

d. 必要时替换指示灯。

故障十二：液晶显示器偏色。

故障检测与排除：

a. 检查主板信号 R/G/B 由输入到主芯片部分线路（有无虚焊、短路，电容、电阻有无错值）。

b. 进入工厂模式，进行白平衡调节，能否调出正常颜色。

c. 必要时替换 MCU 或对 MCU 进行重新烧录。

故障十三：液晶显示器花屏。

故障检测与排除：

a. 测量主板时钟输出是否正常。

b. 检查主板信号 R/G/B 由输入到主芯片部分线路（有无虚焊、短路，电容、电阻有无错值）。

c. 检查主板信号输出到屏的连接座部分线路有无虚焊、短路（IC 脚、排阻及座、双列插针，特别注意扁平插座）。

d. 必要时替换屏。

故障十四：液晶显示器无信号。

故障检测与排除：

a. 通电后出现无输入信号（NO VGA INPUT）：检查 VHA 电缆连接；检查主板由行、场输入（注意 VGA 母座的行、场与地之间有无短路）到反相器输出再到主芯片部分线路（有无虚焊、短路，电容、电阻有无错值）；检查主板各个工作点电压（有可能是由于主芯片损坏）。

b. 通电后出现超出显示（VGA NOT SUPPORT 或者 FREQENCY OUT OFRANGE）：检查电脑输入信号是否超出范围；检查主板各个工作点的电压（有可能是由于主芯片损坏）。

故障十五：液晶显示器画面闪（字抖动）。

故障检测与排除：

a. 自动调节或手动调节“相位”能否调好。

b. 检查主板各个工作点的电压（有可能是主芯片损坏）。

c. 检查锁相回路电容、电阻的有无错值。

d. 检查主板由行、场输入到反相器输出再到芯片部分线路（有无虚焊、短路，电容、电阻有无错值）。

2.2 计算机常见软件故障及其排除

1. 计算机软件故障原因

（1）软件系统不兼容引起的故障。软件的版本与运行的环境配置不兼容，造成不能运行、系统死机、某些文件被改动和丢失等故障。

（2）软件相互冲突产生的故障。两种或多种软件和程序的运行环境、存取区域、工作地址等发生冲突，造成系统工作混乱、文件丢失等故障。

（3）误操作引起的故障。误操作分为命令误操作和软件程序运行误操作，执行了不该使用的命令，选择了不该使用的操作，运行某些具有破坏性的程序、不正确或不兼容的诊断程序、磁盘操作系统、性能测试程序等而使文件丢失，磁盘格式化等。

（4）计算机病毒引起的故障。计算机病毒将会极大地干扰和影响计算机使用，可以使计算机存储的数据和信息遭受破坏，甚至全部丢失，并且会传染上其他计算机。大多数计算机病毒可以隐藏起来像定时炸弹一样待机发作。

（5）不正确的系统配置引起的故障。系统故障分为 3 种类型，即系统启动忽略了 CMOS 芯片配置，系统会引导过程配置的系统命令配置，如果这些配置的参数和设置不正确，或者说没有设置，电脑也可能会不工作和产生操作故障，电脑的软故障一般可以恢复，不过在某些情况下有的软件故障也可以转化为硬件故障。

2. 计算机常见软件故障

（1）Windows 2003/Windows XP 安装故障。

故障一：在安装 Windows 2000 时提示内存不足。

故障现象：安装 Windows 2000 时提示没有足够的内存，导致安装不能继续。

解决方法：安装 Windows 2000 之前，必须保证计算机的硬件配置满足 Windows 2000 的要求，特别是内存与硬盘空间。Windows 2000 Professional 推荐的最小内存为 64MB，硬件要求至少有 850M 的可用空间。显然这台电脑的内存太小，所以不能再安装 Windows 2000，需要将内存加到 64MB 以上，这样就能顺利安装 Windows 2000 了。另一个需要考虑的是硬件兼容问题，在 Windows 2000 的安装光盘中可以查到 HCL 文件，即硬件兼容列表文件，看看各种硬件是否在清单之内。

故障二：Windows 2003 与 Windows 2000 有冲突。

故障现象：安装完 Windows 2003 后，发现原来安装的 Windows 2000 没有了。

解决方法：这是因为在安装 Windows 2003 时，是在 Windows 2000 系统下直接选择“升级安装”导致的。如果既想安装 Windows 2003，又想保留原来安装的操作系统。那么在安装时就不要选择“升级到 Windows 2003（推荐）”，而又选择“安装新的 Windows 2003（全新安装）”。

故障三：安装 Windows XP 时死机。

故障现象：安装 Windows XP 时，从复制完文件重新启动到提示按 Enter 键继续时死机。

解决方法：通常出现这种情况是由于使用的串口鼠标（串口鼠标通过一个九芯的扁平状接口和电脑串口连接），由于兼容性的问题导致安装程序将键盘锁死。换成 PS/2（小圆接口）的鼠标就可以顺利安装了。

（2）电脑启动后不能进入系统。电脑启动后不能进入系统，可以分为两大原因；电脑硬件故障，如硬件有物理性损伤等；电脑软性故障，可以通过更改设置或者使用工具软件来修复。

故障一：电脑启动后提示“DISK BOOT FAILURE，INSERT SYSTEM DISK AND PRESS ENTER”。

解决方法：

a. 电脑没有检测到硬盘。具体的操作是重新启动电脑，按 Del 键进入 CMOS 设置，选择 Stand CMOS Features 菜单，再自动检测硬盘。如果没有检测到硬盘，就关机检测硬盘数据线是否完好、硬盘和主板是否连接正常、硬盘电源线连接是否正常、硬盘跳线是否正确。如果这些都正常，但还是检测不到硬盘，就有可能是硬盘或主板坏了。

b. 硬盘上没有启动文件。如果 CMOS 中的硬盘参数设置正确，而且从软盘或光盘启动后能找到硬盘，那么是因为硬盘的主引导扇区被破坏或没有系统启动文件。硬盘的主引导扇区是硬盘中最重要的一个扇区，其中的主引导程序用于检测硬盘分区的正确性并确定活动分区，负责把引导全移交给活动分区的操作系统。引导程序损坏将无法从硬盘引导，可以运行 DOS 的 fdisk/mbr 命令直接重写硬盘的引导程序。

c. 硬盘本身有故障。硬盘本身有故障，如有坏道，造成硬盘上的系统数据读不出来，系统也启动不了。如果是这个原因的话，先把硬盘挂在其他正常的电脑上，把硬盘上能读出来的资料备份好，再用工具软件修复硬盘，修好硬盘后再重新安装系统。

故障二：启动时找不到引导文件。

故障现象：电脑启动后提示“Invalid system disk”。

解决方法：有可能是硬盘系统里面没有 io.sys 文件造成的。恢复的方法就是用 Windows 的 DOS 启动软盘或光盘启动电脑，然后在 DOS 下用“SYS C:”命令给硬盘的引导盘传一个启动系统就行了。

故障三：系统还没开始启动就死机。

故障现象：系统检测完硬件后就死机，硬盘灯长亮，没有提示任何启动信息。

解决方法：出现这种问题的原因很多，一般从硬盘的引导信息和分区表着手解决。

a. 有可能是硬盘分区表里面的主启动分区起始标识“01”被改变造成的，因为系统装在主引导分区里面，如果这个值被改变的话，那么电脑启动后就找不到主引导分区的启动文件，导致系统一直不停地找这个启动文件。知道原因后就可以用 Disk Edit 这个软件来修复。

b. 有可能是硬盘分区表里面的主启动分区类型被改变造成的，因为系统装在主引导分区里面，这个值一旦被改变，那么电脑启动后找不到主引导分区，导致系统死机。同样，可以用 Disk Edit 软件来修复。

故障四：Windows XP 启动后蓝屏。

故障现象：Windows XP 启动后蓝屏。

解决方法：这是由于系统驱动出了问题。如显卡驱动、网卡驱动、声卡驱动等没有正确安装，导致系统在启动时要加载这些硬件的驱动，但是系统又找不到正确的驱动。出现这种情况，一般也难以判定是哪个设备的驱动出现了问题，最直接的解决方法就是重新安装 Windows。

故障五：改分辨率之后不能登录。

故障现象：改变了显示分辨率后就进入不了系统。

解决方法：通常是因为把显示器分辨率设得太高了，超过了显示器所能达到的最高标准；或者显卡的性能质量太差，导致开机后进入不了 Windows。这时只能重新启动，再选择“安全模式”。启动后系统会提示显示设置不对，要重新设置显示分辨率，最好看看显示器的说明书，参照显示器能支持最大分辨率的参数，千万不要超过这个参数。

（3）进入系统后可能出现的问题。

故障一：启动后颜色不正常。

故障现象：计算机进入 Windows 后颜色不对。

解决方法：这是系统的显卡驱动没有装或装得不对造成的。把原来的驱动删除，再安装一个新的显卡驱动就可以了。如果显卡驱动安装了，颜色还是不对，那应该是在显示属性中没有把颜色设置好造成的，如只有 16 色或 256 色。重新设置增强色（16 位）或真彩色（32 位）即可，如图 8-1 所示。

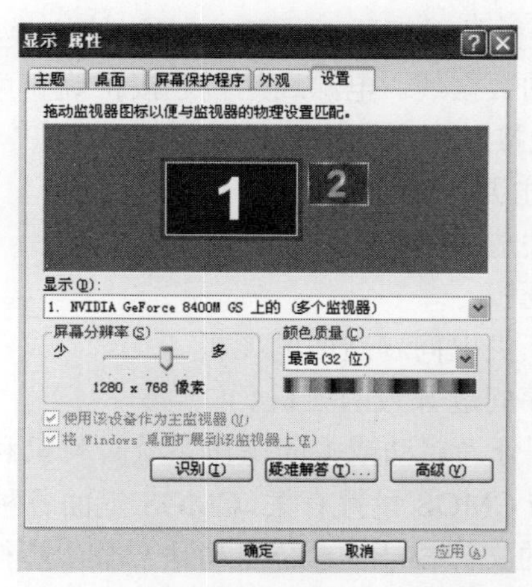

图 8-1　显示属性对话框中设置颜色

故障二：系统频繁提示安装某驱动程序。

故障现象：每次进入 Windows，系统就提示有某些设备的驱动没有装。

解决方法：这是电脑的某个硬件的驱动没有装好造成的。打开资源管理器，其中没有安装好的硬件前面都有个黄色的惊叹号，可以先把它卸载了，然后再按 F5 键刷新，这时系统就会重新查找没有安装驱动的硬件，找到后就可以给它安装驱动了。注意驱动一定要装正确，否则可能会引起蓝屏等错误。

故障三：系统没有声音。

故障现象：Windows 没有声音了。

解决方法：没有声音的现象可能由许多原因造成，下面列举一些常见的原因。

a. 首先看 Windows 桌面的右下角上有没有一个小喇叭，如果有，这个小喇叭上面有一个红色的圈和一个红色的斜杠，这就说明声卡一切正常，只是暂时被静音了，另外还要看看音量是不是调到最小了，那样也会没有声音。

b. 如果没有小喇叭的图标，那么就打开“控制面板”，双击“声音和多媒体”图标，再选择“音频”选项卡，看看“声音播放”“录音”的“首选设备”栏里面有没有声卡的型号。如果有，就在“声音”栏里把最下面的“在任务栏显示音量控制”选中，这样在 Windows 任务栏里就会出现一个小喇叭的图标了，然后再查看是否静音或者音量设置得太低。

c. 如果在“声音播放”和“录音”的“首选设备”栏里面没有声卡的型号，是灰色不可选的，那么就说明声卡没有装好驱动或者电脑没有检测到声卡。这样的话根据先排除软件故障，再排除硬件故障的次序，先看看是不是声卡驱动或声卡跟其他配件有冲突。

（4）电脑死机。死机是一种电脑常见故障，死机的表现多为显示“非法操作”、蓝屏、用鼠标和键盘无法打开任何程序、画面“花屏”无反应等。首先要分清是“真死机”还是“假死机”。

a. 电脑处理速度很慢造成的假死机现象。当一台电脑按下鼠标、键盘都没有反应后，会让人以为是死机了。很有可能是正在运行某些大的应用程序，导致电脑响应的速度变慢，感觉像是死机了，其实电脑内部还在正常运行。通常此时的硬盘指示灯会一直闪烁。

b. 排除因电源问题带来的假死机现象。应检查电脑电源是否插接好，电源插座是否接触良好，主机、显示器以及打印机、扫描仪、外置 Modem、音响等的电源插头是否可靠地插入了电源插座，各设备的电源开关是否都置于了开（ON）的位置。

c. 检查电脑内部各部件的数据线。电源线是否连接正确和可靠，插头间是否有松动现象，尤其是主机与显示器的信号线接触不良常常造成黑屏的假象。

1）硬件引起的死机故障主要分为以下几种。

a. 电脑的硬件质量不过关造成的死机。

b. 因为接触问题造成的死机。

c. 电脑因为静电、漏电、供电问题造成的死机。

d. 主板上的配件安装顺序问题导致的死机。

由软件故障引起的死机可分为启动或关闭操作系统时死机和运行应用程序时死机。

启动系统时的死机多数与 CMOS 设置有关，CMOS 里面各种参数设置不当都会引起死机；另一个原因可能是 Windows 的文件损坏。系统启动是一个步步衔接的过程，哪一步出现问题，都会导致系统不能启动。

关闭系统时的死机多数与某些操作设定或某些驱动程序的设置不当有关。系统在退出前会关闭正在使用的程序以及驱动程序，而这些驱动程序也会根据当时情况进行一次数据回写的操作或搜索设备的动作，如果设定不当就可能造成前面说的无用搜索，形成死机。解决这种情况的方法是在下次开机后进入“控制面板”，双击“系统”图标，选择“设备管理器”选项卡，在这里一般能找到出错的设备（前面有一个黄色的问号或惊叹号），删除它之后再重装驱动程序即可解决问题。

2）运行应用程序时死机的原因有以下几个。

a. 可能是程序本身存在一些 bug，也可能是应用软件与 Windows 的兼容性不好，存在冲突。

b. 不适当的删除操作可能会引起死机。这里的不适当指的是既没有使用应用软件自身的反应安装程序卸载，也没有在“添加删除程序”窗口里删除这个软件。而是直接在资源管理器中把该软件的安装目录删除。

c. 有时候运行各种软件都正常，但是却突然莫名其妙死机，重新启动后再运行这些应用程序就恢复正常了，这有可能是应用软件造成的假死机现象。出现此现象多是因为 Windows 的内存管理紊乱或发生冲突。

d. 病毒也可能导致死机。如果频繁死机，要考虑是否被病毒感染，最好找一些比较新的杀毒软件检查有没有病毒。

e. 硬盘的剩余空间不足。在 Windows 运行的过程中，它需要将硬盘的一部分空间作为虚拟内存，如果硬盘剩余空间过小，相对而言，Windows 所能用的虚拟内存空间就会变少，这就会导致计算机运行速度变慢，甚至会引起死机。

f. 系统的资源不足，若在 Windows 中同时打开了几个大型的软件，如 CorelDRAW、Photoshop、3DS Max、AutoCAD 等，有时会觉得计算机奇慢无比，因为这些软件都占用了大量的系统资源，一旦当系统资源耗尽，很容易引起系统死机。

要想真正做到电脑不死机是不可能的，除非永远都不用它，不过可以采取一些方法让系统更稳定一些。

a. 及时安装 Windows 的补丁程序，尽管新的操作系统改善了以前操作系统的很多 bug，但是还是有问题的，也要及时打补丁。

b. 不要在同一个硬盘上安装很多操作系统。

c. Windows 里面最好把不用的线程、服务、端口都关掉，以节约系统资源和减少被攻击的危险。

d. 应用软件最好使用正式版本，或者下载该软件的补丁程序。

e. 尽量使用最新的杀毒软件，并及时更新病毒库。

f. 经常整理系统虚拟内存所在磁盘的磁盘空间，保证空间足够大且连贯。

g. 尽量保证系统没有资源冲突的发生。

h. 养成良好的卸载习惯，要用软件自带的卸载程序来卸载。

i. 电脑使用时不要同时打开很多应用程序，以免程序之间发生资源冲突。

j. 不要在 Windows 下直接按电脑上的电源开关来关机。这样会给系统造成崩溃的隐患。

k. 在安装应用软件出现是否覆盖有些文件的提示时，最好不要覆盖。通常系统文件是最好、最稳定的。

最好在“文件夹选项”对话框里面选择“不显示隐藏的文件和文件夹”复选框，再把系统文件和重要的文件都设置成隐含属性，以免因误操作而删除这些文件。

（5）电脑关机问题。

故障现象：Windows 无法正常关机。

解决方法：造成这个故障的原因很多，主要有以下两个。

a. 电脑硬件的原因造成的。主板 Bios 不能很好支持，建议升级主板的 Bios，一般就可以解决；电脑的电源质量不好导致了无法正常关机，建议换一个质量好的电源。

b. 电脑软件的原因造成的。检查 Bootlog.txt 中所显示的情况，找出原因。

Terminate=Query Drivers：驱动程序问题。

Terminate=Unload Network：不能加载网络驱动程序。

Terminate=Rest Display：显卡设置或显示卡驱动程序问题。

Terminate=RIT：声卡或某些旧的鼠标驱动程序和计时器有关的问题。

Terminate=WIN32：某些 32 位应用程序锁定了系统线程。

检查是不是关机的时候已经把应用程序全部关闭了。如果没有关闭，可以关闭全部应用程序。因为有些应用软件可能没有正常关闭，而系统也不能正常结束该应用程序，从而导致出现故障。

2.3 打印机故障诊断与维修

1. 打印机常见的故障原因

（1）驱动程序问题。

（2）打印电缆线松脱、损坏。

（3）打印机的数据端口损坏。

（4）电脑主板上的打印端口损坏。

（5）打印机内部机械发生故障。

（6）打印机磁头故障。

（7）病毒造成的故障等。

2. 打印机故障检测与维修

故障一：打印机不能打印。

打印机不能打印的故障原因有硬件和软件两个方面，发生故障时，可按如下步骤进行检修。

首先检查打印机电源线连接是否可靠或电源指示灯是否点亮，然后再次打印文件。如仍不能打印，接着检查打印机与电脑之间的信号电缆连接是否可靠，检查并重新连接电缆，试着打印一下。如不能打印，则换一条能工作的打印信号电缆，然后重新打印，仍不能打印，检查下一项。

检查串口、并口的设置是否正确，将 Bios 中打印机使用的端口打开，即使打印机使用的端口设置为 Enable，检查 Bios 中打印端口模式设置是否正确，将打印端口设置为 ECP+EPP 或 Normal 方式，然后正确配置软件中打印机的端口。

如不能打印，接着检查应用软件中打印机驱动程序是否正常，如果未使用打印机原驱动程序，也会出现不能打印的故障，这时需要重新安装打印机驱动程序。

如不能打印，接着检查应用软件中打印机的设置是否正常，如在 WPS、Word 办公软件中将打印机设置为当前使用的打印机，如仍不能打印，检查下一项。

检查是否是病毒原因，用查毒软件查杀病毒后试一试。

如经过以上处理还不能打印，则可能是打印机硬件出现故障，最好将打印机送专业人员检修。

故障二：错误提示故障。

打印机不打印，提示“发生通信错误”。一般此类故障可能是打印机驱动程序有问题，打印电缆线松脱、损坏，打印机的数据端口损坏或电脑主板上的打印端口损坏等所致。

维修方法：先把原先的驱动程序删掉，再重新安装打印机驱动程序，然后试一试；如不行接着关掉电脑和打印机，把打印电缆线重新插拔一下再看看效果如何；如不行换根好的数据线，测试一下数据线好坏和端口好坏（可以把打印机安装到另一台电脑上测试）。

故障三：打印机不进纸故障。

检查打印纸是否严重卷曲或有折叠。检查打印纸是否潮湿。检查打印纸的装入位置是否正确，是否超出左导轨的箭头标志。检查是否有打印纸卡在打印机内未及时取出。打印机在打印时如果发生夹纸情况，必须先关闭打印机电源，小心取出打印纸。取纸时沿出纸方向缓慢拉出夹纸，取出后必须检查纸张是否完整，防止碎纸残留机内，造成其他故障。

检查黑色墨盒或彩色墨盒的指示灯是否闪烁或一直亮，这表示墨水即将用完或已经用完。在墨盒为空时，打印机将不能进纸，必须更换相应的新墨盒才能继续打印。

故障四：打印机夹纸故障。

当打印机出现夹纸故障时，检查打印纸是否平滑，是否存在卷曲或褶皱。在装入打印纸之前，将纸叠成扇形后展开，防止纸张带的静电使多张纸张粘连。检查装入的打印纸厚度是否超出左导轨的箭头标志。检查打印纸表面是否干净，有无其他胶类等附着物。调整左导轨的位置，使纸槽的宽度适合放入的纸张。打印纸张的克数是否过轻，造成使用的打印纸过薄，打印时走纸困难，造成夹纸。

故障五：打印速度慢故障。

打印机打印过程过长，打一张文稿要花几十分钟或打印一会儿停一会儿，不能连续打印的故障，维修方法如下：

检查主机系统是否满足打印机的最低要求。

检查打印机的驱动程序是否安装正确。

关闭所有正在运行的应用程序。

降低打印图像分辨率，在打印机驱动程序设置中打开 High Speed 选项，关闭 MicroWeave 选项。如果文件不包含彩色设置，选择“黑色”打印，同时在 Half toning 中选择 No Halftoning 选项。

故障六：打印机出现严重的打印头撞击声，打印错位。

出现此故障时，必须马上关闭打印机电源，防止造成故障扩大。如果通过打印机电源开关无法关闭打印机电源，立即拔掉打印机电源线。确定打印机断线后，检查打印机内部的包装材料是否已经完全去除，确定打印机内部没有异物，检查打印机的小车导轨是否过于脏污。

故障七：打印机墨盒故障。

故障现象：墨盒装机后打印不出来。

故障原因：此故障可能是未撕去墨盒顶部导气槽的封条，墨盒内有小气泡，打印头堵塞，打印头老坏或损坏所致。

解决方法：先将黄色封条标签完全撕去，再清洗打印头 1～2 次，如不行，更换打印头。

故障八：打印不出文字（打空白页）。

故障现象：激光打印机在正常打印时，进纸正常，但打印后纸上没有任何信息，打印机连接电脑主机没有异常现象。

故障原因：因打印机连接电脑主机没有异常现象，打印机正常打印，应排除主机的故障，可初步判断是激光打印机有问题；接着检查打印机粉盒，发现粉盒正常，安装到位，接触良好，没有异常；检查打印机硒鼓，发现硒鼓表面上有文档信息的墨粉痕迹，可确定打印机显影阶段没有故障，初步判定问题出现在排版信息从感光鼓向纸转移阶段；检查转印电极组件上的电极丝，发现电极丝并无断开，但在电极丝的前后左右有大量的漏粉，由此判断出现此故障的原因是大量的带电漏粉致使电极丝无法发生正常电晕放电，或发生的电晕放电电压过低，无法把带负电的显影墨粉吸到纸上，造成纸上无打印文档信息。

解决方法：用棉花蘸少量甲基乙基酮，在关机状态下，轻轻擦除转印机电极组件上电极丝周围的碳粉，再用棉花蘸少量酒精重新擦拭一遍，等酒精挥发干净后，再开机使用，故障排除。

故障九：激光打印机开机进入自检/预热状态时，Read/Wait 指示灯出现时好时坏现象。

故障现象：激光打印机开机后，进入自检/预热状态，电源指示灯亮，而 Read/Wait 指示灯不亮，打印机不能正常工作，而有时 Read/Wait 指示灯正常，打印机也能正常工作。

故障原因：因纸盒、硒鼓都安装到位，应排除此部件引起的此类故障；因 Read/Wait 指示灯时好时坏，打印机有时工作有时不工作，应排除控件主板的故障；初步判定打印机预热过程可能有问题。打印机的预热过程是在定影部件，只有达到一定的温度才能使打印机正常工作，因此故障可能出现在定影附件上。把定影附件从打印机中取出，去掉两侧塑料盖，打开前面的挡板，发现热敏电容和电阻上都有很多纸屑、灰尘和烤焦的废物，原来是这些东西妨碍了热敏部件发挥温控作用。

解决方法：用棉花蘸少许酒精，轻轻把测温元件上的废物擦掉，再用棉花擦干净，然后将定影附件安装在打印机上，试机，打印机工作正常，故障排除。

故障十：打印字迹无法辨认。

故障现象：打印时墨迹稀少，字迹无法辨认。

故障原因：该故障多数是由于打印机长期未用或其他原因，造成墨水输送系统障碍或喷头堵塞。

解决方法：如果喷头堵塞得不是很厉害，那么直接执行打印机上的清洗操作即可。如果多次清洗后仍没有效果，则可以拿下墨盒（对于墨盒喷嘴非一体的打印机，需要拿下喷嘴，仔细检查），把喷嘴放在温水中浸泡一会（注意，一定不要把电路板部分也浸泡在水中，否则后果不堪设想），用吸水纸吸走水滴，装上后再清洗几次喷嘴就可以了。

故障十一：行走小车错位碰头。

故障现象：打印时打印机的行走小车错位碰头。

故障原因：喷墨打印机行走小车的轨道是由两只粉末合金铜套与一根圆钢轴的精密结合来滑动完成的。虽然行走小车上设计安装有一片含油的毡垫以补充轴上润滑油，但因生活的环境中到处都是灰尘，时间一久，空气的氧化、灰尘的破坏使轴面的润滑油老化而失效，这时如果继续使用打印机，就会因轴与铜套的摩擦力增大而造成小车走错位，直至碰撞车头造成无法使用。

解决方法：出现此故障应立即关闭打印机电源，用手将未回位的小车推回停车位。找到一块海绵，放在缝纫机油里浸泡，用镊子夹住在主轴上来回擦。最好是将主轴拆下来，洗净后上油，这样的效果最好。

故障十二：打印不完全。

故障现象：打印文档时，打印不完全。

故障原因：此类故障一般由软件引起。

解决方法：更改打印接口设置即可。选择“开始”→“设置”→“控制面板”→“系统”→“设备管理”→“端口”→“打印机端口”→“驱动程序”→“更改驱动程序”→“显示所有设备”命令，将“ECP 打印端口”选项改成“打印机端口”选项，单击“确定”按钮。

故障十三：无法打印大文件。

故障原因：这种情况在激光打印机中发生得较多，主要是软件故障，与硬盘上的剩余空间有关。

解决方法：首先清空回收站，然后再删除硬盘无用的文件释放硬盘空间，故障排除。

故障十四：连接打印机时丢失内容。

故障现象：文件前面的页面能够打印，但后面的页面会丢失内容，而分页打印时又正常。

故障原因：可能是该文件的页面描述信息量较大，造成打印内存不足。

解决方法：添加打印机的内存，故障排除。

故障十五：选择打印后打印机无反应。

一般遇到这种情况时，系统通常会提示“请检查打印机是否联机及电缆连接是否正常”。

一般原因可能是打印机电源线未插好；打印电缆未正常连接；接触不良；计算机并口损坏等情况。解决的方法主要有以下几种。

如果不能正常启动（即电源灯不亮），先检查打印机的电源线是否正确连接，在关机状态下把电源线重插一遍，并换一个电源插座试一下能否解决。

如果按下打印机电源开关后打印机能正常启动，则进 Bios 设置里面去看见一下并口设置。一般的打印机用的 ECP 模式，也有些打印机不支持 ECP 模式，此时可用 ECP+EPP 或 Normal 方式。

如果上述的两种方法均无效，就需要着重检查打印电缆，先把电脑关掉，把打印电缆的两头拔下来重新插一下，注意不要带电拔插。如果问题还不能解决的话，换个打印电缆试试，或使用替代法。

小结

市场的竞争归根结底是对顾客的竞争，无论是出售产品还是出售服务，最终顾客的满意度才是检验营销工作成败的标准。所谓售后服务就是充分了解顾客，研究顾客心理，注重售后细节，改进工作缺点，提高服务质量，通过全程优质服务，以换取顾客的品牌忠诚度。

能力训练

【案例分析】

1．一天小王正在上网玩游戏，突然出现蓝屏，重启电脑，系统进入到一半时还是出现蓝屏。试了几次还是这样。

这个案例中故障出现在哪里？

2．黄先生的打印机使用了一年后，打印的纸不时有黑边，且字迹不清楚。

这个案例中故障出现在哪里？

【情景表演】

1．内容：以分组形式，情景自拟，电话接待客户售后故障维修服务。

目地：掌握诊断技能，电话接待客户服务。

2．模拟第一环节：把案例的售后服务介绍制作演示文稿文件（PPT）。

模拟第二环节：请每位学生模仿销售员做售后服务介绍。

项目九　销售指导手册案例展示

一、客户信息的获取

1. 目的

通过大量的客户信息的获取，分析并跟进，增加招商的洽谈机会。

2. 渠道与方法（4个渠道）

第一：通过网络渠道收集意向客户。

（1）通过公司的官方网站中的客服在线、客户留言、咨询电话、企业QQ等沟通方式收集客户资料。

（2）在百度贴吧、百度文库、微博，及同行网页中发布信息并查阅留言，以此来吸引和寻找产品的相关客户信息。

（3）通过行业网如高端QQ群、会销客户群、体销群、会销微信群收集客户相关信息。

收集方法：通过网络渠道收集客户的流程如下。

（1）客服每天定期进入官网与百度商桥的后台查看客户留言，每天记录通过QQ和百度商桥咨询的客户名单，每天记录通过电话咨询的客户名单，浏览相关行业网站。

（2）将收集的客户名单、电话、情况在客户咨询记录本上进行登记（准备工具：客户咨询记录本）。

（3）整理当天全部咨询客户信息填写在客户信息移交表（表9-1）上并每天定时地上交销售部负责人进行处理（注：紧急情况的客户或者需要马上答复的客户可直接交给销售部负责人进行快速处理，并在事后再补填相关记录）。

表9-1　客户信息移交表

咨询时间	姓名	电话	咨询内容（标注：重要性）

（4）第二天反馈处理结果并做出相关跟进。

第二：收集行业中的客户信息。

（1）购买和由同行提供客户信息名录。

（2）通过参加医疗器械展收集客户信息。

收集方法：收集客户名录的流程如下。

（1）参展或者委托同行提供资料、购买客户信息。

（2）将收集的客户名单、电话由客服在客户名单表上进行记录并注明信息来源。

（3）整理完毕后将客户名录表交由销售部负责人进行跟踪处理。

第三：由顾客/朋友转介绍。

（1）委托客户介绍法：已合作客户都有关系群，可委托客户介绍其他的意向客户或者有需求的客户。这类客户往往由于存在朋友推荐的信任关系，成交率较大。

（2）委托同行推荐法：通过个人的关系，或朋友、同行，由他们来介绍有需要的准客户。

收集方法：收集转介绍客户流程如下。

（1）由委托人与合适的客户进行沟通，表明意愿，请他们转介绍。

（2）将转介绍收集的客户名单、电话、转介绍人，备注在转介绍客户名录表（表 9-2）上进行记录。

表 9-2　转介绍客户名录表

介绍人	姓名	电话	备注

（3）整理完毕后将客户名录表交由销售部负责人进行处理。

（4）注意随时增加关系网并保持关系，客户与朋友推荐成功，要感谢客户。

第四：陌生拜访法。

（1）到了某个意向区域，由业务代表逐一地去访问同业店面，只要是跟自己产品和服务有关的就一家一家地去告诉他们自己所从事的服务、自己公司所提供的产品……，重点是收集相关资料。

（2）由业务代表将收集的客户名单、电话、备注用登记本进行记录。

（3）客服每天早上收集整理业务代表每周的陌生拜访客户填写在客户信息移交表统一发给销售部负责人进行处理。

（4）及时反馈处理结果并由负责业务员做出相关跟进。

3．*客户信息的管理*

所有收集的客户资料最后需由客服专员统一填写在有效客户名单表上（每周统计一次）并交由各品牌的市场总监进行管理与跟进的分配。

4. 有效客户名单表（表 9-3）

表 9-3　有效客户名单表

类型	姓名	电话	客户情况备注
大代理商客户			
小代理商客户			
专卖店客户			
会销客户			
其他客户			

二、客户的分析与评估

1. 目的

通过客户的分析与评估，筛选出优质客户与意向客户，并制定下一步的策略，以提高销售成交率。

2. 分析标准

（1）分析了解客户实力大小（企业特点、规模等）。

（2）分析客户的需求（潜在的需求与可激发需求），客户需要哪方面的产品与服务。

（3）分析了解顾客现存的问题与需要的解决方法。

（4）分析有多大的合作可能性。分析自己的产品和服务能力能否满足客户的需求。

3. 客户分析的流程与方法

（1）先确定需要哪些区域的客户。

顺序：省级客户－地级市客户－市级客户－县级客户－乡镇客户。

（2）确定区域后，再从该区域的客户中进行筛选。

首先分析客户基本信息与实力大小（企业规模、从业时间、团队大小等）；再分析客户的经营理念是否与自己的理念一致；分析客户可能的需求（需要什么类型的产品、是否需要自己的产品、自己公司的产品能带给客户什么），必要时可电话沟通；判断客户的性格特点是什么、有可能的问题、销售的难易程度。

（3）最后总结并归类：该区域的 A 类客户、B 类客户、C 类客户，通过客户分析表登记整理并归档后，交给跟进负责人进行下一步针对性的跟进策略。

4. 客户分析的使用工具（表 9-4、表 9-5、图 9-1）

表 9-4　客户档案表

区域	姓名	联系方式	客户情况备注
（A 类客户）			
（B 类客户）			
（C 类客户）			

表 9-5　重点客户分析表

客户企业名称					
客户联系人		职位		性别	
联系邮箱		联系电话		联系传真	
客户来源		区域		跟进时间	
基本情况判断					

客户初步分析

跟进计划

客户性质	A 类	是否跟进	是 √　　否

部门领导意见

后续跟进计划及记录

跟进次数	跟进时间和方式	跟进内容	是否有回复	下次跟进计划
第一次跟进				
第二次跟进				
第三次跟进				
第四次跟进				
第五次跟进				
第六次跟进				

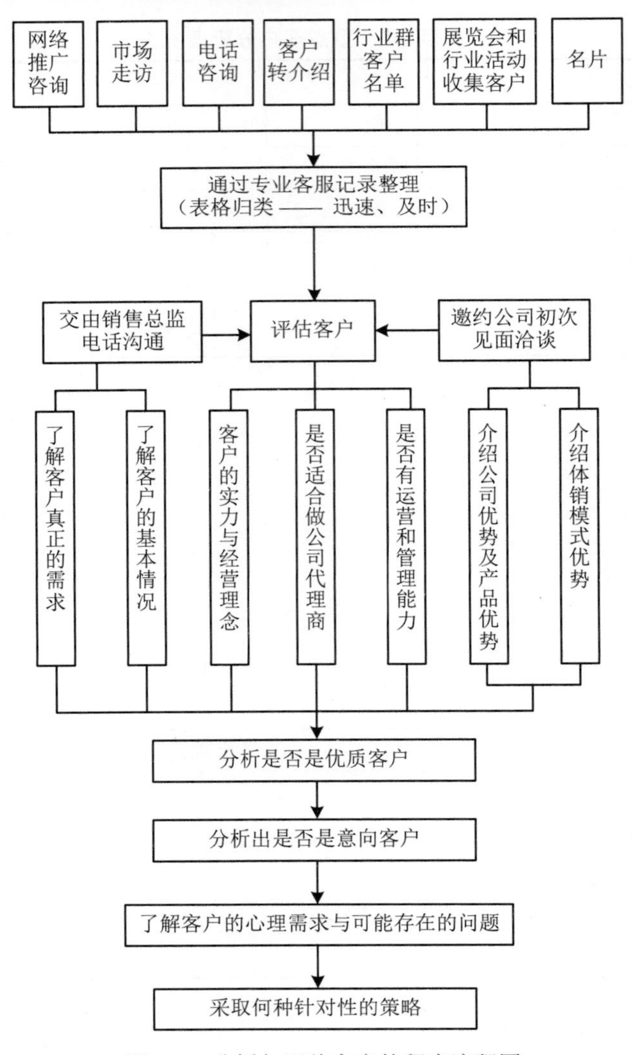

图 9-1　分析与评估客户的程序流程图

三、针对于不同客户的策略制定

1. 目的

通过对不同客户事先制定分析策略，以提高接触与洽谈过程中的成交率。

2. 客户策略制定要点

（1）以重点客户为主（重点客户重点跟进）。

（2）根据客户不同时间的心理导向制定销售的步骤。

（3）重点分析客户的需求来制定销售策略。

（4）客户的性格特点、弱点、爱好是制定销售策略的关键因素。

3. 不同类型客户的具体策略如何制定

针对三大类客户的应对策略。

（1）内在价值型客户。

特点：熟悉所购买的产品，重视产品，不相信所谓销售附加值。

方法：针对这种客户，客户熟悉产品，重视成本，洽谈可直接些，同时给予信心。先给予相关资料，重点讲解产品特点；降低销售成本，降价，同时要求提高拿货额度；保持公司的原则与定位（我们是产品供应商，区域保护）；及时推荐新的产品。

（2）外在价值型客户。

特点：愿意建立超出直接交易的关系，相信公司服务能创造出真正的价值。针对这型客户，销售员要强调公司的扶持力度能为他创造更多的价值来打动客户。

方法：先建立关系，利用公司的服务与团队来发展作用，如，“我们是最专业的团队，有资深的销售员，还请来了一些体销方面的专家。我相信我们的团队，不仅能为你们提供好的产品，还会在产品使用的基础上提出一些更适合你们的优化项目的建议，给予更专业的指导”；教育客户，合作共赢；利用愿景。

（3）战略价值型客户。

特点：相信公司的理念，坚信合作关系平等，共同成长，共同创造价值。

方法：想方设法为他创造非一般的价值；利用领导的帮助；给他们提出超出他们计划的建议和合作方案；在不影响公司发展的情况下，提供给他尽可能多的资源；平等相处，和气生财。

提示：对于战略价值型客户，必须要协同公司内部的高层一起来协调。

4. 客户策略制定使用图表（表 9-6）

表 9-6 客户跟进策略进度表

客户企业名称					
企业负责人		客户性质	A 类	地点	
基本情况分析	实力：				
	性格：				
	需求：				
	其他：				
跟进策略制定	第一步：				
	第二步：				
	第三步：				
	第四步：				
	第五步：				
后续跟进计划及记录					

续表

跟进次数	跟进时间和方式	跟进内容	效果	下次跟进计划
第一次跟进				
第二次跟进				
第三次跟进				
第四次跟进				
第五次跟进				
第六次跟进				

四、业务意向洽谈

1. 意向洽谈的目的

通过首次和客户的接触，由接触潜在客户到洽谈阶段，为下一步销售做准备。首次接触客户往往决定了销售的成败，这是成功销售员共同的经验。

2. 意向洽谈的方式

意向洽谈有三种方式：

（1）通过电话沟通接触。（这是接触客户最常用的方式）

（2）直接的拜访。

（3）约客户来公司面谈。

（第二、三种方式都属于直接和客户见面）

3. 意向洽谈的方法与操作要点

（1）通过电话和客户沟通的注意要点。打电话之前，要永远记住两个字：专注。一定要准备好后再打电话，想好电话的目的和要说的话；避开电话高峰时间进行销售，如果经常早上打电话给一位客户，但是没有一次早上找得到他，就要变换给他打电话的时间；在与客户首次电话沟通的过程中以约见为主，尽量不要在电话里和客户讲到产品的细节，也尽量不要提产品的价格；当通过电话与客户联系以后，要把他区分为ABC三级（最佳客户、好客户、比较次等的客户），要把客户资料整理得井井有条。

附：电话沟通的技巧。

- 每天安排一小时，尽可能多地打电话。
- 电话要简短。
- 在打电话前准备一个清单。
- 专注地工作。
- 避开电话高峰时间来进行销售。
- 变换致电时间。
- 客户的资料必须井井有条。
- 开始之前先要预见结果。

（2）直接和客户面谈的注意要点。走近客户时，应在离人或桌子一米左右的地方停下。不要离客户太近，给人一种被压迫的感觉；交换名片时，应主动向前迈出半步，身体略前倾；顺畅地从西服上衣口袋中掏出名片（如有提包应事先放在脚边或地上），自己的名字朝向对方，双手递出，整个动作郑重而有力；不论洽谈时间长短，务必求座。在心态、地位上使双方平等，也不会给人一种急躁、仓促的感觉。

当和客户约定见面，有一个接近的关键就是要设法打开客户的心扉；当和客户第一次接触时，要让客户有一个良好的印象。不能让客户产生信任感，就无法引起顾客的注意，更无法对客户介绍产品或服务。因此主观印象非常重要，要注意穿着打扮、发型、头发的长短、穿衣服的风格，比如皮鞋是否擦亮，指甲有没有剪好……

只有迅速地打开客户的防卫心理后，才能敞开客户的心扉，客户才可能用心倾听。打开顾客的心扉首先要让顾客产生一种信任感。

（3）首次面谈客户接近话语的技巧。称呼对方的名称，叫出对方的姓名及职称；要清晰而简要地做自我介绍，说出自己的名字和企业的名称；感谢对方的接见，要非常诚恳地感谢对方能抽出时间接见自己；寒暄，根据事前对客户的准备资料，表达对客户的赞美和能配合客户的状况，选一些客户容易谈论及感兴趣的话题；说明来意，表明拜访的理由，要让客户感觉到专业可信度，例如，“今天非常感谢张总能给我这个机会来跟您解说一下，我们公司新出来的这些产品，有一些很不错的地方……”接着要很快地说明来意；赞美及询问，每一个人都希望被赞美，可在赞美客户后接着以询问的方式引导客户的注意，引起他的兴趣和他的需求。

注：通过首次接触后要马上记录接触客户后的情况，并做好下一步的跟进计划。

五、洽谈资料的准备

1. 目的

洽谈资料通过视觉与讲解可以让客户系统快速地了解公司文化与产品优势，展示公司的企业文化与合作流程，并清晰地解答客户的疑问，为具体的合作、洽谈、销售做好铺垫工作。

2. 公司洽谈资料分类

（1）企业介绍宣传光碟，各类产品的宣传页、产品优势表，产品介绍价格表。

（2）各类操作手册（如公司的服务手册、加盟店操作手册）。

（3）PPT 演示资料（公司介绍，产品特性介绍，服务模式介绍 PPT）。

（4）视频及照片资料。（企业介绍视频、客户见证视频）。

（5）加盟店合作协议等。

3. 公司的洽谈资料清单（表 9-7）

表 9-7　公司的洽谈资料清单

公司洽谈资料分类		
1. 介绍公司的资料	2. 介绍产品的资料	3. 介绍服务体系的资料
公司介绍单页	产品宣传单页	销售模式介绍 PPT
企业宣传片、光碟	产品使用手册	体验店操作手册
招商 PPT	产品使用说明书	服务政策
	产品介绍 PPT	体验店版图介绍
	加盟协议	体验店喷画介绍
	实话实说视频、照片	体验店健康宣传用语
	产品画册	

4. 公司洽谈资料的熟悉方法展示的要点

往往使用洽谈资料的机会都是来之不易，因此对相关洽谈资料一定要非常熟悉并且反复练习。

洽谈资料的熟悉流程：

（1）熟悉介绍公司背景、文化、实力的宣传资料、手册及视频。

（2）熟悉产品介绍资料：产品使用手册、单页、价格表、画册、介绍产品优势、介绍产品 PPT。

（3）熟悉公司服务系统的资料：如体验店操作手册、体验店课程讲解内容。

（4）介绍洽谈资料的原则：自信、活力、突出重点。

介绍洽谈资料的目的是让顾客了解公司文化、产品优势，因此展示资料必须：

（1）内容恰当（展示适合该顾客的），并且按照合适的顺序说明。依次介绍企业、产品特性优点、公司的服务。

（2）以客户对各项需求的关心度，有重点地介绍产品的特性、优点、回报率等。

（3）需详细适时地回答客户的提问与异议。

其他注意点：

（1）维持良好的沟通气氛。

（2）产品说明中切不可逞能地与客户辩论。

介绍洽谈资料的忌讳：

（1）缺乏准备。

（2）以自我为中心，忽略客户的想法。

（3）介绍一堆信息和数字。

（4）边沟通边接听其他来电。

（5）骄傲自大。

（6）打断客户的话。

（7）讲低级庸俗的笑话。

六、洽谈与成交

1. 目的

通过和客户的沟通洽谈达成共识并确定合作，这也是销售的基本目标。

2. 洽谈的准备

注意自己的仪表、服装形象、心态准备、洽谈资料准备。

3. 洽谈与成交流程及技巧使用

（1）寒暄。寒暄就是打开客户的心中之门，寻找客户的需求，捕捉客户的购买点。

在寒暄时，要记住“赞美价连城”，如果能从恭维客户开始来展开话题，调动起客户的情绪，就很容易与客户建立交谈。

消除客户的戒心与不安，使之拆除先前心里筑起的防御之墙，或产生不妨谈一下的念头，与之建立同理心，再适时引入到共同话题之中。比如拉家常、说轻松话题、寻找优点、说好听的话。

（2）赞美。保持微笑、寻找赞美点、请教、用心去说、赞美缺点中的优点、赞美别人赞美不到的地方、注意力放在别人的优点而非自己身上、只有赞美没有建议。

注意：寒暄、赞美是为了营造一个良好的签单氛围，不是没完没了地聊天，感觉气氛好，就及时做出成交动作。

（3）不同类型客户的洽谈话术。不同类型的客户有着共同和不同的特点，对不同的客户采取针对性的方法和话术是有效的成交方法。下面是不同顾客的类型与应对原则：

第一类型：自以为是。

这类顾客，总是认为自己比营销员懂得还多，也总是在自己知道的范围内，毫无保留地诉说。当你进行商品介绍说明时，他也喜欢打断你的话，说："这些我早知道了。"他不但喜欢夸大自己，而且表现欲极强，可是人也心里也明白，仅凭他自己粗浅的相关知识，是绝对不及一个受过训练的营销员的，他有时会自找台阶，说："嗯，你说得不错。"

面对这种顾客，在产品说明之后，可以告诉他："我不想耽搁您太多的时间，您可以自己先仔细考虑，再与我联系。"

在产品说明时，千万别说得太详细，稍作保留，让他产生疑惑，然后告诉他："您对这件产品的优点已经了解，而且也很认同，您需要多少呢？"

第二类型：斤斤计较。

善于讨价还价的顾客，贪小也不失大，用各种理由和手段拖延交易的达成，以观察营销员的反应。如果营销员的经验不足，极容易中其圈套，因怕失去来之不易的机会而主动降低交易条件。

事实上，这类顾客爱还价是本性所致，并非对商品或服务有实质的异议，他在考验营销员对交易条件的坚定性。这时要制造一种紧张气氛，比如：现货不多、不久涨价、已经有人预订等，然后再强调产品或服务的实惠，双管齐下，使其无法锱铢必较，引导成交。

第三类型：心怀怨恨。

这类顾客爱数落、抱怨别人的不是。一见营销员上门，就不分青红皂白地无理攻击，将以往的积怨发泄到陌生的营销员身上，其中很多都是不实之词。从表面看，顾客好像是在无理取闹，但肯定是有原因的，至少从顾客的角度看这种发泄是合理的。营销员应查明这种怨恨的原由，然后缓解这种怨恨，让顾客得到充分的理解和同情，平息怨气之后的顾客也许从此会对营销员有了认同感。

第四类型：冷静思考。

这类顾客，喜欢靠在椅背上思索，有时则以怀疑的眼光观察营销号，有时直接表现出一幅厌恶的表情。由于他的沉默不语，总会给人一种压迫感。

这种思考型的顾客在营销员向他介绍产品时常常仔细地分析营销员的为人，想探知营销员的态度是否真诚。

面对这种顾客，最好的办法是必须很注意地听取他说的每一句话，而且铭记在心，然后再从他的言词中去推断他的真实想法。

此外，营销员必须诚恳而有礼貌地与他交谈，态度谦和而有分寸，千万别露出一幅迫不及待的样子。不过，在解说产品特点和公司策略时，则必须热情地予以说明。

第五类型：借故拖延。

营销员在进行面谈说明时，这类顾客倾听得十分仔细，回答也很合作，并且有成交的信号出现。但要求他做购买决定时，则推三阻四，让营销员无计可施。这类顾客临事不断，定有隐情、苦衷。

应对之策是寻求其不做决定的真正原因，然后再对症下药、有的放矢。

第六类型：好奇心强烈。

事实上，这类顾客对购买根本就不存在抗拒心理，不过，他想了解产品的特点以及其他一切有关的情报。

只要时间允许，他很愿意听营销员介绍产品。他的态度认真、有礼貌，同时还会在产品说明时积极地提出问题。

他会是一个好买主，不过必须看产品是否合他的心意。这是一种属于冲动购买的典型，只要能够引发他的购买动机，便很容易成交。

因此，你需要主动而热忱地为他解说产品利益，使他乐于接受。而同时，你还可以告诉他，目前正在打折中，这样一来，他会高高兴兴地付款购买。

第七类型：滔滔不绝。

这类顾客在营销过程中愿意发表意见，往往一开口便滔滔不绝、口若悬河，离题甚远。如果营销员附和顾客，就容易使营销面谈成为家常闲聊，耗尽心思也难得结果。对待这类顾客，营销员首先要有耐心，给顾客一定时间，由其发泄，然后巧妙引导话题，转入销售。要注意倾听顾客的谈话内容，或许能够发现销售良机。

第八类型：大吹大擂。

这类顾客喜欢在他人面前夸耀自己的财富，但实际并不代表他真的有钱，实际上他可能很拮据。虽然他也知道有钱不是什么了不起的事，但是，他还是会通过夸耀来增强自己的信心。

对这类顾客，在他炫耀自己的财富时，必须恭维他，表示想跟他交朋友。然后，在接近或成交阶段，问："你可以先付定金，余款改天再付。"这样说，一方面可以顾全他的面子，另外也可以让他有周转的时间。

第九类型：虚情假意。

这类顾客表面上非常友善，比较合作，有问必答。但实际上他们对购买缺少诚意和兴趣，在营销员要求成交时，闪烁其词、装聋作哑。如果营销员不能够识别此类顾客，往往会花费大量的时间、精力与其交往，直到最后空手而归。鉴别这类顾客需要营销员的经验和功力。

第十类型：生性多疑。

这类顾客对营销员所说的话都持怀疑态度，甚至对产品本身也是这样。

因此，以亲切的态度和他交谈，千万别和他争论，同时也要尽量避免对他施加压力，否则，只会使情况更糟。

进行产品说明时，态度要沉着，言辞要恳切，并注意观察顾客的忧虑，以一种友好的态度询问、关心，等他完全心平气和，再按照一般方法与他洽谈。

第十一类型：情感冲动。

这类顾客容易受外界环境影响，生性冲动，稍微受到外界刺激，便言所欲言、为所欲为，至于后果如何，毫无顾忌。比如，常打断营销员的话，借题发挥、妄下断语。对于自己原有的主张和承诺，也会因一时兴起，全部推翻或不愿负责任。而且，经常为感情冲动的行为而后悔。"快刀斩乱麻"或许是应对这类顾客的原则。营销员首先要让对方接受自己，然后说明产品能够为他带来的好处并做演示。

第十二类型：沉默寡言。

与多言型的顾客相反，这类顾客沉着冷静，对营销员的谈话虽注意倾听，但反应冷淡，其内心感受不得而知。这也是一类比较理性的顾客。营销员首先要用询问的技巧探求顾客的内心活动，并且着重以理服人，同时使自己的言谈举止让对方接受，提高自己在顾客心中的地位。

第十三类型：先入为主。

这类顾客在刚与营销员见面时，便会先发制人地说："只看看，不想买。"

这类人作风干脆，在与他接触之前，他已经准备好问什么，回答什么。因此，在这种心理准备下，他能够与销售员自由交谈。事实上，这类顾客比较容易成交。虽然他一开始就持否定态度，但对交易而言，这种心理抗拒是极其脆弱的。

对于他先前的话语，可以先不理会，因为他并非真心地说那些话，只要以热忱的态度接近他，便很容易成交。

第十四类型：思想保守。

这类顾客思想保守、固执，不易受外界干扰或他人的劝导而改变消费行为或态度。表现为习惯与熟悉的营销员往来，长期使用一种品牌和产品。对于现状，常常持满意态度，即使有不满，也能容忍，不轻易显露人前。营销员必须寻求其对现状不满的地方和原因，然后仔细分析自己的营销建议中的实惠和价值，请顾客尝试接受新的交易对象和产品。

第十五类型：内向含蓄。

这类顾客很神经质，很害怕与营销员有所接触。一旦接触，则喜欢东张西望，不专注于同一方向。这类顾客在交谈时，显得困惑不已，坐立不安，心中老是嘀咕着："他会不会问一些尴尬的事呢？"另一方面，他深知自己极易被说服，因此总是害怕在营销员面前出现。

第十六类型：固执己见。

这类顾客凡事一经决定，则不可更改。即使明白错了，也一错到底，有时也会出言不逊。即使以礼相待，也往往难以被接纳。

从心理学上讲，顽固之人心底往往脆弱和寂寞，较一般人更渴望理解和安慰。如果持之以恒、真诚相待，适时加以恭维，时间久了，或许能博得好感，转化其态度，甚至被认同为知音。

第十七类型：犹豫不决。

这类顾客外部平和、态度从容，比较容易接近。但长期交往，便可发现他言谈举止十分迟钝，有胆怯于做决定的个性与倾向。在购买活动需要经济付出时，则更难以下决心了。

这类顾客可能性格就是优柔寡断，往往注意力不集中，不善于思考问题。因此，营销员首先要自信，并且把自信传达给对方，同时鼓励对方多思考问题，并尽可能地使谈话围绕营销核心与重点，而不要设定太多、太复杂的问题。

第十八类型：精明理智。

这类顾客由其理智支配、控制其购买行为。不会轻易相信广告和营销员的一面之词，而是根据自己的学识和经验对商品进行分析和比较再做出购买决定。因此，营销员很难用感情打动来达到目的，必须从其熟悉的产品或服务的特点入手，多比较、分析、论证，使产品和服务给顾客带来的好处令人信服。

（4）异议处理。

1）预先化解客的异议。例如可以指出，"如果您现在马上做一个决定，可以预计的收益是……，所担心的最大问题我们也已经解决……"让客户有一种感觉，"对呀，使用了你们的产品或这套服务系统的话，我的最大担心就解决了”。从客户和竞争者的方面都可能造成异议。这些异议有可能是该产品价格比较高，或是产品与竞争对手的产品有一些差异。要注意的是，千万不要去批评竞争对手的缺点，但可以去做比较，更不可以去抱怨竞争对手，因为这很容易给顾客带来反感，要小心地化解异议。

2）对异议的处理。有这样的情形，客户会说，“我现在投资并使用你们的这套机器，那我原来的那套机器是不是就不能用了，我的钱不是白浪费了吗？”……有这种可能，买了产品，他要舍弃他原来的东西，所以要做好异议的处理。

3）如果最后他终于觉得销售员说的非常有道理，他会觉得谈话很高兴，并对销售员产生了一定的信赖，这时就可以签订单或合同了。

4）其他注意点：

a. 维持良好的洽谈气氛。

b. 选择恰当的时机进行成交提议。

c. 产品说明中切不可逞能地与客户辩论。

d. 预先想好销售的商谈内容。

e. 运用销售辅助物，如投影和幻灯片、产品名录、企业简介。

f. 借助对销售有帮助的报刊、杂志的报道及其他任何有助于销售的辅助物。

g. 指出客户目前期望解决问题的疑点或得到满足的需求。预先化解异议，如从客户、竞争者等方面可能造成的异议。

（5）成交签单。整体来讲成交可以遵循以下几点来展开：

1）痛苦要深挖，快乐要给够。

2）痛苦—老板头痛的问题，快乐—给方法（主要分享成功客户的故事）。

3）找出话题切入点，挖一个痛苦，给一个快乐，最后成交。

4）顾问式的成交方式。

5）随时抓住成交机会要求成交。

6）成交后动作。成交后恭喜合作愉快。成交后千万不要说谢谢，否则他会以为你赚了他很多钱，可以说“×总，恭喜您做了一个明智的决定，祝我们合作愉快。”要懂得转换话题，否则继续聊交易方面的话题，万一引出其他问题，那就麻烦大了；可以聊家常，兴趣爱好（简单几句就好）。

4. 洽谈与成交练习

分组：将人员按偶数分为若干组，如 6 人一组，选出组长，组长负责召集、监督、打分等。

练习：1 课时，两人一对，分别扮演销售和客户。演练，点评，再演练，然后互换角色（重点练习代理商如何沟通成交）。

演练标准：符合成交逻辑，话术流畅，并有吸引力，适时导入成交动作和话术。

七、售后服务

1. 售后服务的概念

服务就是站在客户立场上，帮助客户解决问题，满足客户的需要，让客户满意并觉得物有所值。售后服务是推销的延续，只有满意的服务，才能创造满意的客户，进而借由满意的服务创造再次销售的机会。

2. 售后服务的目的

树立公司业内的品牌与口碑、建立满意的客户群，增加返单率，和客户建立牢固的合作关系。

3. 售后服务的好处

提高返单率、客户可能会购买公司的其他产品、客户转介绍客户。

4. 售后服务的方法

（1）定期服务：制订客户服务计划，根据计划定期给予相应的客户服务与产品服务。客户的生日、客户公司的纪念日；节假日，尤其是春节、端午、中秋等人情味儿浓的节日给予节日祝贺（邮寄生日、周年庆的祝贺卡）；举行客户学习沙龙，或公司客户大型旅游活动；定期沟通，解决客户售后问题，定期寄送广告刊物。

（2）非定期服务：

- 新产品出台时。
- 公司优惠政策出台时。
- 客户公司发生变化时，如扩张、开店时。
- 客户不满指责时。
- 客户需要帮助时。
- 客户有其他需求时。

（3）做好售后服务要注意的十大措施：

- 对客户的承诺高于一切。
- 通过短信、电话，经常保持与客户的关系。
- 建立客户服务档案。
- 经常提供资讯，管理工具。
- 帮助客户解决一些管理上的问题。
- 为客户收集整理行业信息。
- 寄贺卡、信件表达感恩之心。
- 积极处理客户的抱怨。
- 给予客户高于他们期望值的服务。

收集有用的知识信息送给他；主动了解企业一些问题，帮他解决；整合自己和公司的信息资源，适时帮客户牵线搭桥。

- 每年一至三次按不同内容举行客户集体联欢和座谈活动。

八、请客户转介绍

1. 转介绍的定义

利用缘故关系和原有的客户，介绍开发新的客户资源的方法。

2. 转介绍的意义

（1）转介绍比其他方法更容易获取有潜质的准客户。

（2）转介绍客户可信度强，销售成功机率高，受拒绝的可能小。

（3）可较容易获得优质客户资源，并由客户再次转介绍其他客户的机率高。

（4）转介绍客户沟通容易，容易建立成熟的目标市场。

3. 转介的使用原则

（1）转介无处不在，何时何地任何人都可以转介。

（2）主动要求，坚持不断地提出转介要求。

（3）深度沟通的原则，需转介人和被转介人都应沟通好。

4. 转介绍的应用方法

（1）请售前客户转介。

张总，您好：恭喜您。您是有长远眼光的老板，对人才的培养非常重视。我想您身边一定有和您一样的朋友，我也想帮助他们设定目标。因此，想请教几个朋友的姓名。比方说，有谁是您生意上的朋友，能介绍给我吗？

（2）请售后客户转介绍。

张总，通过接触我发现您不但生意做得好，还很热情豪爽，为人特别好。您现在已经成为我的客户，也就是我的贵宾，我想今后我会为您提供最好的服务，现在我有一个小小的请求，想一想，在您的周围有没有像您一样有爱心、爱学习的同行可以介绍给我？如得到肯定的答复，那现在就写给我吧，谢谢了（递笔、纸、目光肯定并充满期待）。因为您知道我的工作就是不断认识更多像您这样的客户。

注意：等待回答过程中，如果他犹豫不决，说想不出谁的名字，就提示他看手机。

（3）转介绍中必须具备的几个注意点。

1）转介绍的自豪感。只有让转介绍的人有一种自豪感和荣誉感，转介绍才会生生不息，才会快速裂变成一项全民性、公益性的活动，才可以真正使企业转介绍工程永久地进行下去。为此，对于实现转介绍的人应该给予一定的宣传与奖励，奖励不能只限于一种任务式的转介绍多少人就可以获得什么金钱或者是产品，那样给人的感觉是不舒服的，并且是没有动力的。

2）转介绍的价值感。有价值才会有付出，顾客的转介绍本身就是一种付出，是一种大公无私的付出，如果转介绍者深刻体会到了这种转介绍的价值，那么他们转介绍的动力将给他们带来一种成就与满足，他们会津津乐道于自己的转介绍，为自己的这种爱心，为自己爱心的体现与传承兴奋而自豪，但是前提是他们的转介绍一定是一种需要社会认同的价值存在。

3）转介绍的支持体系。任何一种形式都需要完善的支持体系，否则，那就成了没有后勤保障的战斗，所以，企业在进行营销推广中已经开始出现了转介绍的方式，可是是不是已经为转介绍做好准备了呢？会不会是一时心血来潮变换政策呢？支持体系需要一个系统的框架，而不是单独的几个奖励措施，需要的是建立一套有序的管理与考核体系。

参考文献

[1] 冯莉．IT 产品营销案例实训[M]．北京：高等教育出版社，2009.

[2] 卓志宏，陈剑．IT 产品销售与服务[M]．北京：清华大学出版社，2012.

[3] 陈守森．IT 职业素养[M]．北京：清华大学出版社，2009.

[4] 朱伟华．计算机组装与维护基础教程[M]．大连：东软出版社，2013.

[5] 陈艳．信息产品营销[M]．大连：大连理工大学出版社，2009.

[6] 李旭穗．商务谈判[M]．北京：清华大学出版社，2009.

[7] 张丽威．销售语言技巧与服务礼仪[M]．北京：中国经济出版社，2011.